Valtyr Gudmundsson

Island am Beginn des 20. Jahrhunderts

Verlag
der
Wissenschaften

Valtyr Gudmundsson

Island am Beginn des 20. Jahrhunderts

ISBN/EAN: 9783957002242

Auflage: 1

Erscheinungsjahr: 2014

Erscheinungsort: Norderstedt, Deutschland

Hergestellt in Europa, USA, Kanada, Australien, Japan
Verlag der Wissenschaften in Hansebooks GmbH, Norderstedt

Island

am Beginn des 20. Jahrhunderts

von

Valtýr Guðmundsson.

Aus dem Dänischen

von

Richard Palleske.

Mit einem farbigen Titelbilde
und
108 in den Text gedruckten Abbildungen.

Kattowitz in Schlesien.
Druck und Verlag von Gebrüder Böhm.
1904.

Nordlicht hinter Wolken. (Akureyri, Sept. 1899.)

Herrn Geheimen Justizrat

L. Passarge

dem verdienstvollen Vermittler skandinavischer Literatur
in Dankbarkeit und Verehrung

der Übersetzer.

Landeshut in Schlesien, im Juli 1904.

Vorwort des Verfassers.

Die Schilderung der isländischen Kulturverhältnisse am Beginn des 20. Jahrhunderts, die hier — zugleich mit einem Rückblick auf die Entwicklung im 19. Jahrhundert — der deutschen Lesewelt vorgelegt wird, ist ursprünglich .im Jahre 1899 und zwar als Beitrag zu dem Werke „Danmarks Kultur ved Aar 1900" (Dänemarks Kultur um das Jahr 1900) geschrieben worden. Nach dem anfänglichen Plane sollte nämlich dieses Werk nicht nur Dänemark selbst, sondern auch dessen Nebenländer umfassen, und die Leiter dieses Unternehmens forderten damals Professor Th. Thóroddsen und mich auf, ein Bild von den Natur- und Kulturverhältnissen Islands zu geben. Dieser Aufforderung kamen wir nach und lieferten unsere Beiträge ein. Da indessen die erhoffte Staatsunterstützung für die Herausgabe dieses Werkes ausblieb, so war man gezwungen, auf jenen ersten Plan zu verzichten und u. a. die beabsichtigte Schilderung der Nebenländer Dänemarks fortzulassen. Ich war jedoch der Ansicht, dass es nicht ohne Bedeutung sein möchte, die von uns verfasste Darstellung der Öffentlichkeit zu übergeben, da sie — bei aller Kürze und Unvollkommenheit — doch mancherlei Angaben enthielt, die nur in Island selbst zu erlangen waren, und so entschloss ich mich, sie in Form eines besonderen Werkes erscheinen zu lassen; zu diesem erhielt ich auf meinen Antrag eine Unterstützung aus dem dänischen „Carlsbergfonds".

Das Buch behielt indessen nicht in jeder Hinsicht dieselbe Gestalt wie der ursprüngliche Beitrag zu „Danmarks Kultur". Zahlreiche Zusätze wurden an den verschiedensten Stellen gemacht, und besonders die Abschnitte über die Literatur und die Erwerbszweige wurden völlig umgearbeitet und bedeutend erweitert. Auch eine Anzahl Literatur-

proben wurde hinzugefügt, und die Zahl der Abbildungen wurde um
das Vierfache vermehrt. Diese Tatsache ist zum Teil dem Wohlwollen
zu verdanken, das Herr Hauptmann Daniel Bruun meiner Arbeit
bewies, indem er mir gestattete, die von ihm angelegte, in ihrer Reich-
haltigkeit einzig dastehende Sammlung von isländischen Bildern zu
benutzen. Ferner aber hat der Zeitraum, der zwischen der dänischen
Ausgabe und der deutschen Übersetzung des Buches verstrichen ist,
gleichfalls viele Abänderungen nötig gemacht. Dies gilt namentlich
von einer grossen Reihe von Zahlenangaben, die ich jetzt bis in die
Gegenwart habe führen können, und von den Abschnitten über Islands
Verfassung und Verwaltung, auf welchen Gebieten kurz vor dem Erscheinen der deutschen Ausgabe durchgreifende Veränderungen stattgefunden haben. Dazu kommen die Beilagen, die der sorgsame Übersetzer, Herr Gymnasial-Oberlehrer R. Palleske, dem Buche beigegeben
hat, und über die er voraussichtlich selbst sich äussern wird.

Wenn demnach das Buch auch in mannigfacher Hinsicht geändert und erweitert worden ist, so hat es doch in allen wesentlichen
Punkten seine ursprüngliche Form als Beitrag zu „Danmarks Kultur",
dem eine bestimmte Seitenzahl zugemessen war, bewahrt. Ich gebe
mich der Hoffnung hin, dass der Leser bei seiner Beurteilung diesen
Umstand mit in Rechnung ziehen wird. Wenn ich von vornherein
die Arbeit als ein selbständiges Werk geplant hätte, so würde die
Darstellung in verschiedenen Punkten ein anderes Gepräge erhalten
haben und vor allem viel umfangreicher geworden sein. Hinsichtlich
der als Anhang beigefügten Literaturproben muss ich ausserdem aus-
drücklich bemerken, dass man bei der Auswahl der Gedichte an die
vorliegenden deutschen Übersetzungen gebunden war. Es würde
deshalb unberechtigt sein, allein nach den wenigen Proben ein ent-
scheidendes Urteil über die Dichter zu fällen. Dasselbe gilt von
den Novellen, indem ich aus diesen nur solche Abschnitte ausgewählt
habe, die einen Einblick in das isländische Volksleben gestatten.

Die von mir mitgeteilten Zahlen sind grösstenteils den statistischen Verzeichnissen („Landshagsskýrslur") entnommen, die alljährlich
als Beilage der „Regierungszeitung für Island" („Stjórnartíðindi fyrir

Ísland") erscheinen. Einzelne Angaben stammen jedoch aus anderen
Quellen. So beruhen die Bevölkerungsziffern auf den Mitteilungen
des amtlichen „statistischen Bureaus" in Kopenhagen über die Volkszählung auf Island vom 1. November 1901. Obgleich die Ergebnisse
dieser Zählung noch nicht veröffentlicht sind, so bin ich doch infolge
des Entgegenkommens der Behörde in der Lage, sie in dieser deutschen Ausgabe zu benutzen, während ich in der dänischen Ausgabe
mich mit den Zahlen von 1890 begnügen musste. Die Einwohner-
zahlen für die vier Städte und ganz Island beruhen auf den neuesten
Mitteilungen isländischer Zeitungen.

Zum Schlusse möchte ich nicht unterlassen, Herrn Professor
Dr. Thóroddsen meinen Dank auszusprechen für die Erlaubnis; seine
treffliche Schilderung der isländischen Natur als Einleitung zu meiner
Schrift zu benutzen. Die Verantwortung für die Auswahl der Abbildungen fällt indessen auch für diesen Abschnitt mir allein zu.

Kopenhagen, im Dezember 1903.

Valtýr Guðmundsson.

Vorwort des Übersetzers.

Das Erscheinen dieser deutschen Übersetzung von „Islands Kultur ved Aarhundredsskiftet 1900", die nach meinem ursprünglichen Plane schon vor einem Jahre der Öffentlichkeit übergeben werden sollte, ist durch allerlei widrige Umstände verzögert worden. Im Grunde ist das aber für das Werk selbst vorteilhaft gewesen, da so, wie schon im Vorwort des Verfassers angedeutet, die Ergebnisse der folgenreichen Tagung des isländischen Landtags vom Jahre 1903 in der deutschen Ausgabe mit verwertet werden konnten. Im übrigen möge das Buch für sich selbst reden; nur das eine möchte ich hier aussprechen, dass ich hoffe, es werde sich zu einer Zeit, wo so mancher Vergnügungsreisende, ohne von überflüssiger Sachkenntnis beschwert zu sein, nach kurzem Besuche der Insel sich herausnimmt, öffentlich sein absprechendes Urteil mit Prophetenmiene vorzutragen, denen, die sich ein wirkliches Verständnis für die Grundlagen und Zustände der isländischen Kultur verschaffen wollen, als ein zuverlässiger Wegweiser erweisen.

Diesem Zwecke sollen auch an ihrem Teile die beiden letzten Anhänge dienen, die ich dem Urtexte hinzugefügt habe. Die Winke für Islandreisen beruhen in erster Linie auf den Angaben des dänischen Islandforschers Herrn Daniel Bruun in den Jahrgängen 1898 und 1899 der Zeitschrift des Dänischen Touristenvereins und des „Guide to Iceland" von Lock, ferner auf persönlichen Mitteilungen des Verfassers dieser Schrift und der Oberlehrerin Fräulein Loewe in Kattowitz, die Island zweimal besucht hat. Das Verzeichnis von Büchern und grösseren Aufsätzen, bei dem die umfangreiche deutsche Literatur über das alte Island ausser Betracht geblieben ist, will nichts als ein erster Versuch sein und erhebt auf unbedingte Vollständigkeit keinen Anspruch. Von Buchstaben, die dem Isländischen eigentümlich sind, ist das dem germanistisch nicht geschulten Deutschen fremdartige isländische Zeichen für th, sowie die dänisch-isländische Verschlingung von a und e durch th und ae ersetzt worden, während ich das ð (gesprochen wie th in englisch father) beibehalten habe. Für das dem Dänischen eigentümliche Zeichen für ö (ein durchstrichenes o) habe ich ö eingesetzt. Die im Urtexte angewandten dänischen Masse (Zoll, Fuss, Meile usw.) sind im allgemeinen in die heute bei uns üblichen Masse umgerechnet worden. Nur die Geviertmeilen durch Quadrat-Kilometer zu ersetzen konnte ich mich nicht entschliessen, da die betreffenden Zahlen durch ihre Grösse den meisten Lesern unübersichtlich zu sein pflegen und völlige Verständlichkeit mir wichtiger erschien. Von diesem Standpunkte aus wolle man es auch in erster Linie verstehen, wenn ich mich bemüht habe, ein fremdwortreines Deutsch zu schreiben, soweit das ging, ohne der Sprache Gewalt anzutun. Ausserdem aber bin ich der Meinung, dass es keine Schande für ein wissenschaftliches Buch ist, in wirklichem Deutsch geschrieben zu sein.

Zum Schlusse erfülle ich die angenehme Pflicht, allen denen, die auf mannigfache Weise mir bei dieser Arbeit behülflich gewesen sind, hiermit meinen herzlichen Dank auszusprechen. In erster Linie gilt dieser meiner lieben Frau, die trotz schweren Leidens es sich nicht hat verdriessen lassen, Seite für Seite meiner Übersetzung mit mir auf den Wortlaut zu prüfen, Gedichte abzuschreiben, den Probeabzug zu lesen u. v. a.; weiter Herrn K. K. Regierungsrat Poestion in Wien und Fräulein M. Lehmann-Filhés in Berlin, die mir bereitwillig mehrere ungedruckte Übersetzungen isländischer Gedichte zum Abdruck überlassen oder auch eine solche auf meine Bitte angefertigt haben (dies gilt — wenigstens zum grössten Teile — von dem für uns Deutsche so bemerkenswerten Gedicht „Bismarck"), sowie Fräulein L.-F. für gütige Übernahme der Übersetzung der an erster Stelle stehenden Probe der isländischen Novellistik, die ich selber infolge grossen Zeitmangels anzufertigen nicht in der Lage war; endlich auch Herrn Dr.

X

Gebhardt, Privatdozenten in Erlangen, der mich schon bei einer früheren Arbeit auf dem gleichen Gebiete (einer Übersetzung aus dem Neuisländischen) mit Rat und Tat unterstützt hatte, Herrn Oberlehrer M. phil. Küchler in Varel und Herrn Landgerichtsrat Bruns in Torgau, sowie dem Verfasser, Herrn Dr. Valtýr Guðmundsson, Dozenten an der Hochschule zu Kopenhagen, und Herrn Hauptmann Daniel Bruun für Überlassung des Titelbildes. Auch den Verlegern, den Herren Gebrüder Böhm in Kattowitz, bezeuge ich gerne meine Dankbarkeit dafür, dass sie in keiner Hinsicht sich gegenüber meinen Wünschen, soweit diese über das in der dänischen Vorlage Vorhandene hinausgingen, ablehnend verhalten, und vor allem dafür, dass sie das stimmungsvolle Titelbild dem Buche beigegeben haben.

Landeshut i. Schl., im Juli 1904.

Richard Palleske.

Inhaltsverzeichnis.

Verzeichnis der Abbildungen.

Die von D. Bruun entlehnten Bilder sind folgenden Werken dieses Verfassers entnommen:
1. Fortidsminder og Nutidshjem paa Island. Kopenhagen 1896.
2. Faeröerne, Island og Grönland paa Verdensudstillingen i Paris 1900. Kopenhagen 1901.
3. Hesten i Nordboernes Tjeneste paa Island, Faeröerne og Grönland. Kopenhagen 1902.
4. Det höje Nord. Faeröernes, Islands og Grönlands Udforskning. Kopenhagen 1902.

Das Bildchen auf Seite 160 enthält die Wiedergabe einer von der Königlichen Porzellanfabrik zu Kopenhagen aus Anlass der Einweihung des Krankenhauses für Aussätzige hergestellten Platte. Auf der Zeichnung, die von Professor A. Krogh ausgeführt ist, sieht man den isländischen Falken auf einem gewaltigen getöteten Drachen sitzen, dessen Schwanz sich um die im Hintergrunde sichtbare Hekla windet — eine Versinnbildlichung des Gedankens, dass die verheerende Landplage des Aussatzes vor den Fortschritten der Neuzeit hat weichen müssen. Die drei Ringe, die an der Parierstange des Schwertes hängen, sind das Abzeichen des Oddfellow-Ordens, der Island das Gebäude geschenkt hat (vgl. S. 155).

1. Schwefelquellen bei Krísuvík (Halbinsel Reykjanes).
Nach D. Bruun.

1. Die Natur.

Wenn man auf der Reise nach Island die ersten Bergspitzen aus dem Meere auftauchen sieht, so empfängt man die Vorstellung einer eigenartigen, grossen Natur. Der Eindruck ist verschieden, je nachdem man sich dem Süden oder andern Teilen der Insel nähert. Die meisten Reisenden bekommen auf der Fahrt nach der Hauptstadt Reykjavík zuerst das Südland zu sehen; breite, schneeweisse, glänzende Gletscherkuppen tauchen aus dem Meere empor. Kommt man näher, so werden nach und nach die Westmänner-Inseln (Vestmannaeyjar) sichtbar, seltsam geformte, steile, zerrissene Felsspitzen aus braunem und schwarzem Gestein, die von Scharen kreischender Seevögel umschwärmt werden. Darauf kommt man an der Halbinsel Reykjanes vorüber, die nahezu vollständig von Lavaströmen und Kratern bedeckt ist; selten sieht man einen grünen Streifen, die dunklen Farben herrschen überall vor, nur hier und dort steigen weisse Dampfsäulen von warmen Sprudeln und Schwefelquellen empor, während der Atlantische

1

Ozean in gewaltiger Brandung sich an den tiefschwarzen Lavaklippen der Küste bricht. Im Innern dieser breiten Halbinsel erblickt man eine unübersehbare Reihe kegelförmiger oder scharfzackiger Berge. Ausserhalb der südwestlichen Spitze haben mehrfach vulkanische Ausbrüche im Meere stattgefunden, Inseln sind entstanden und wieder verschwunden, und auf einigen übrig gebliebenen Klippen hatte der nunmehr ausgestorbene nordische Pinguin (Alca impennis, isl. geirfugl) seine letzte Zufluchtsstätte. Nachdem man Skagi, die äusserste Spitze der Halbinsel umschifft hat, kommt man in die breite Faxabucht (Faxafjörður)[1] hinein, und die Einfahrt in diese ist bei gutem Wetter ausserordentlich schön und eigenartig. Besonders majestätisch wirkt der einstige Vulkan Snaefellsjökull im Norden des Faxafjörður am Ende der Halbinsel Snaefellsnes: der einsame schneeweisse Kegel ist ganz von Gletschern bedeckt, und am Abend bei Sonnenuntergang glüht er

2. Snaefellsjökull.

in unbeschreiblicher Farbenpracht.

Läuft man dagegen auf der Reise nach Island zuerst die Nord-, Ost- oder Nordwestküste an, so ist das Aussehen des Landes ganz anderer Art. Hier steigen schwarze, drohende Felsmauern überall fast senkrecht aus dem Meere empor, die aus vielen wagerechten Basaltschichten bestehen, welche bei vulkanischen Ausbrüchen in der Tertiärzeit entstanden sind. Die einzelnen Schichten heben sich bis nach oben mit schmalen Absätzen, die steilen Treppenstufen gleichen, von einander ab; diese werden besonders deutlich sichtbar, wenn im Gebirge etwas Schnee gefallen ist. Die Basaltmassen werden von einer grossen Anzahl von Tälern und Fjorden durchschnitten, die durch steile, oft 450—550 Meter hohe Spitzen getrennt werden.

[1] Der in diesem Buche häufig vorkommende isländische Ausdruck „fjörður" ist das dänisch-norwegische „Fjord".   Der Übers.

3. Basaltberg am Ísafjörðar (Westland) im Frühjahr.

Islands Küste bietet mit ihren Klippen aus der Entfernung oft einen wilden, düsteren Anblick. Aber kommt man näher, z. B. in den Eingang der grossen Fjorde, so erhält das Landschaftsbild mehr Leben: die Brandung bricht sich an den äussersten Klippen, wo oft Tausende von Alken, Seepapageien und anderen Seevögeln reihenweise auf den Absätzen der Klippen sitzen, während Schwärme von weissen Seemöwen sich gleich wirbelnden Schneeflocken oben am Rande der Steilküste tummeln. Der Fjord selbst wird von steilen Felsen begrenzt; eine Menge kleiner Bäche hat Rinnen in die Abhänge gegraben und springt und stürzt in zierlichen Wasserfällen von einem Absatz zum andern. Der Fuss des Gebirges und der schmale Küstenstreifen ist mit grünem Rasen bedeckt, während das Gebirge in der Regel nur aus dunklem Fels und Geröll mit weissen Schneeflecken in den höheren Lagen besteht. Drunten am Fjord, wo

4. Bauernhof am Fusse eines Abhanges.
Nach D. Braun.

1*

verschiedene Täler sich nach dem Innern zu verzweigen, sieht man vielfach
Gruppen von Bergen in grösserer oder kleinerer Zahl, oder Kämme,
Kuppen und Spitzen, oft von abenteuerlicher Form, während die Steilküste
an den Fjorden Mauern mit Bastionen und Schiessscharten gleicht. An
manchen Fjorden liegen Handelsplätze mit weiss oder rot angestrichenen
Holzhäusern, und unterhalb der Abhänge verstreut schauen die weissen
Giebel der Gehöfte mitten aus den saftigen Grasfeldern (tún) hervor.

Island ist eine sehr grosse Insel (1903 Geviertmeilen)[1]) und liegt
im Atlantischen Ozean zwischen $63^{1}/_{2}$ und $66^{1}/_{2}$ Grad n. Br.; seine
nördlichsten Punkte werden somit vom Polarkreise berührt, und im
Hochsommer macht deshalb die Mitternachtssonne an der Nordküste
die Nacht zum Tage. Die Bevölkerung ist an Zahl sehr gering (nur
80 000 Einwohner), aber sie ist nicht über das ganze Gebiet verstreut;
nur die Küsten, die Täler und einige kleinere Tiefebenen werden
bewohnt, das übrige Land besteht ausschliesslich aus unbewohnbaren,
hochgelegenen Wüsten, Gletschern und Lavaströmen. Eine grosse
Zahl von Fjorden schneidet im Westen, Norden und Osten tief in die
Küsten ein, und im Nordwesten erstreckt sich eine vielgegliederte
Halbinsel weit ins Meer hinaus. An der Südküste gibt es keine Fjorde
und Häfen; hier treten die grossen Inlandgletscher nahe an die Küste
heran, und die vom Eise mitgeführten Schuttmassen haben die einstigen
Fjorde ausgefüllt. Hier ist der schmale Streifen zwischen den Gletschern
und dem Meere vollständig eben, und die Schuttflächen werden von
unzähligen, vielverzweigten Gletscherflüssen durchfurcht. Im Südwesten
erweitert sich das Küstenland und bildet beim Geysir und der Hekla
eine Ebene von 70 Geviertmeilen im Umfang; diese ist grasreich und
verhältnismässig dicht bewohnt. Ein kleineres Tiefland liegt im Westen
an der innersten Stelle des Faxafjörður und umfasst zwanzig Geviertmeilen; im übrigen gibt es keine Tiefebene von grösserer Ausdehnung.
Die vielen bewohnten Täler im Nord- und Ostlande sind meist ziemlich
eng; doch verzweigen sie sich in zahlreichen schmalen Armen in das
dahinterliegende Hochland. In den Tiefebenen und in den Tälern leben
die Bewohner fast ausschliesslich von der Schafzucht, während die
Küstenbevölkerung sich grösstenteils vom Fischfange nährt.

---

[1]) Nach den neuesten Untersuchungen von Hermann Wagner in Göttingen
30 weniger, so dass es richtig sein wird, wenn Valtýr Guðmundsson (in seiner Zeitschrift „Eimreiðin") danach als runde Zahl 1870 Geviertmeilen angibt. Der Übers.

Das Hochland, das den grössten Teil der Insel einnimmt, besteht aus Hochebenen, die 600—1100 Meter über dem Meeresspiegel liegen; über diese wieder erheben sich eisbedeckte Flächen bis zu einer Höhe von 1300—1900 Metern. Das Hochland, das unbewohnt und unbewohnbar ist, besteht aus Sandwüsten, Lavaströmen und Gletschern, und man kann hier oft mehrere Tagereisen weit reiten, ohne Futter für die Pferde zu finden; alles ist kahl und öde, und tiefste Stille liegt über der Natur. Die Witterung ist im Innern rauh und veränderlich, und es kommt nicht selten vor, dass man hier mitten im Sommer von Schneestürmen überfallen wird; auch Sandstürme sind häufig, da weite Strecken mit Flugsand bedeckt sind. Die unebenen Lavaströme mit ihren vielen Spalten, die Wüsten mit ihrem Flugsand oder einem Wirrsal von scharfkantigen Felsblöcken, die tiefen, reissenden Gletscherflüsse und die von Rissen durchfurchten Gletscher legen den Reisenden oft ernstliche Hindernisse in den Weg, wenn sie in diese ungastlichen Gegenden eindringen, die nach dem Volksglauben in alten Zeiten von Riesen und zauberkundigen Geächteten bevölkert waren.

Die isländischen Gletscher haben eine sehr grosse Ausdehnung, und die Witterung des Landes ist auch besonders geeignet zur Bildung grösserer Eismassen; die Luft ist kühl und feucht, die Regenmenge bedeutend und die Sommerwärme gering. Die Niederschläge sind am stärksten im Südosten, und hier liegen auch die höchsten Berge der Küste am nächsten; hier ist das innere Hochland mit den Schnee- und Eismassen des Vatnajökull bedeckt, des grössten Gletschers von Europa (150 Geviertmeilen). Die isländischen Gletscher ragen alle über die Hochebene als schwach gewölbte Kuppen oder wellige Eisflächen von grosser Ausdehnung empor und haben grosse Ähnlichkeit mit den Gletschern der Polarländer. Die Schneegrenze ist in den verschiedenen Teilen des Landes sehr verschieden (400—1300 Meter), und die Schreit-gletscher, die von dem Schneegebiet abwärts steigen, erstrecken sich an einigen Stellen fast bis zum Meere hinab; so befindet sich die niedrigste Stelle des Breiðamerkurjökull im Südlande nur 9 Meter über dem Meeresspiegel. Island eigentümlich sind die sogenannten „Gletscher-läufe" oder Wasserstürze (jökulhlaup). Wenn die Gletscher beim Ausbruch der unter dem Eise verborgenen Vulkane bersten und schmelzen, werden die grossen Sandflächen am Fusse der Gletscher von einem brausenden Meere trüben Wassers mit schwimmenden Eisbergen überflutet. Solche mit Eis bedeckten Vulkane sind im südlichen Island ziemlich häufig; die bekanntesten sind die Katla, der Skeiðarárjökull und der Óraefajökull. Auf der Geröllfläche am Fusse der Katla, die eine Länge von 37 und eine Breite von 30 Kilometern hat, gedeiht nichts Lebendes; die vielen Bauernhöfe und die ausgedehnten Wiesen, die es hier in der älteren Zeit gab, sind weggefegt worden, und die jetzigen Bewohner dieser Gegenden haben sich meist an den Abhängen in Höhen von 100—150 Metern angesiedelt, um den grossen Über-schwemmungen zu entgehen, die die Ebene verwüsten. Der Óraefa-jökull, der sich als eine riesige Spitze aus den Schneeflächen des Vatnajökulls erhebt, ist Islands höchster Berg (1958 Meter). Der grösste

5. Óraefajökull.
Nach D. Braun.

bekannte Ausbruch dieses Vulkans fand im Jahre 1362 statt; die Eis-massen schmolzen, und die Fluten rissen an einem einzigen Tage 40 Bauern- und 2 Pfarrhöfe mit Menschen und Vieh fort. Diese grossen „Gletscherläufe" führen gewaltige Fels- und Schuttmassen mit sich nach der Küste, so dass die Strandlinie in geschichtlicher Zeit dadurch sehr verändert und ganze Fjorde ausgefüllt wurden, wie andererseits weite bewohnte Strecken verödeten. Auf den Gletschern entspringen die meisten der vielen wasserreichen Flüsse Islands, die in diesem Falle milch-weisses oder gelblichbraunes Wasser haben. Wo die Flüsse, wie an der Südküste, in kurzem Laufe von den Schreitgletschern dem Meere zueilen, sind sie sehr veränderlich und verzweigen sich weit über das Land; einzelne sind im Sommer so breit, dass es mehrerer Stunden bedarf, um sie zu Pferde zu durchqueren. Die längeren Flussläufe, die alle im Hochgebirge entspringen, haben im Südlande südwestliche, im Nord-

6. Hvítá (mündet in den Borgarfjörður).

lande nördliche Richtung. Infolge ihres Wasserreichtums, ihres starken Gefälls und ihrer reissenden Strömung ist das Überschreiten der isländischen Flüsse oft gefährlich und haben sie von jeher dem Verkehr grosse Hindernisse in den Weg gelegt; indessen führen heutzutage in den dichter bevölkerten Gegenden Brücken über alle grösseren Flüsse. Bis auf die Hvítá, die in den Borgarfjörður mündet, sind die isländischen Flüsse nicht schiffbar. Die Thjórsá ist der längste Fluss Islands (210 Kilometer), mehrere andere haben eine Länge von etwa 150 Kilometern; einige der wasserreichsten Flüsse sind indessen sehr kurz, wenn sie nämlich auf solchen Schreitgletschern entspringen, die bis nahe an die Küste hinabreichen.

7. Mývatn.
Nach D. Braun.

Die bekanntesten Seen Islands sind das Thingvallavatn ($1^1/_8$ Geviertmeilen) im Südlande und das Mývatn im Nordlande, die beide wegen ihrer
Naturschönheiten berühmt sind. Am Thingvallavatn, wo es grosse Lavaströme mit vielen prächtigen Klüften, z. B. der Almannagjá, gibt, wurde in
alter Zeit der Landtag (Althing) abgehalten. Die Umgebung des Mývatn ist
ebenfalls sehr vulkanisch; es sind dort viele Schwefelquellen und gewaltige
Krater.   Aus dem forellenreichen See ragen mehrere Krater inselartig
hervor, und auf ihnen tummelt sich eine mannigfaltige Vogelwelt.

Island ist eins der vulkanischsten Länder der Welt; die Lavaströme bedecken
eine Fläche von
mehr als 200 Ge-
viertmeilen, und
es sind 107 Vul-
kane bekannt, von
denen 25 in ge-
schichtlicher Zeit
Ausbrüche gehabt
haben. Die Lava-
felder sind für
die   isländische
Landschaft be-
zeichnend und
haben oft ein selt-
sames Aussehen.

8. Plattenförmige Lava.

Stellenweise ist
die Oberfläche sehr uneben und besteht aus nichts als unzähligen porigen,
spröden Schlacken- und Lavastücken, und die Lavablöcke sind in wunder-
lichster Weise aufeinander gehäuft; ein Lavastrom von dieser Form
ist sehr schwer zu überschreiten. Die grossen Lavafelder bestehen
hauptsächlich aus Platten, die wohl zuweilen so glatt wie ein Fussboden, in der Regel jedoch mannigfach geborsten und gespalten sind.
Auf der ebenen Oberfläche sieht man unzählige, mit einander
verschlungene und zusammengedrehte Lavastricke, die — je nach der
Wellenbewegung der zähen Masse — in langen Krümmungen sich
winden. Meistens hat die ursprünglich ebene Oberfläche infolge der
Abkühlung sich gesenkt und ist in grosse Stücke zersprungen und

gespalten; hierdurch hat sich eine unzählige Menge von kleinen Höhen, Rücken, Dämmen und kesselförmigen Vertiefungen gebildet. Es ist, wie wenn das Eis in einer Meeresbucht infolge heftigen Seeganges in Stücke geborsten und das Ganze dann plötzlich erstarrt wäre. In diesen Lavaströmen befinden sich viele Spalten und Höhlen, indem die

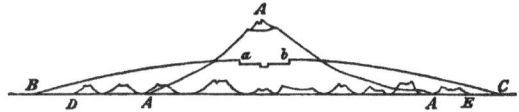

9. Übersicht der Vulkanformen.

AAA kegelförmiger Vulkan mit einem kleineren Kraterkegel auf der Spitze in einem älteren Krater. *BC* Lavakuppe mit eingesenktem Kraterschlund (*ab*); in der Mitte der Einsenkung ein weiterer kleiner Krater. *DE* Kraterreihe mit verschieden geformten kleineren Kratern.

flüssige Masse unter der abgekühlten Oberfläche weitergeströmt ist. Die berühmteste dieser Höhlen ist Surtshellir (d. h. Höhle des Feuerriesen Surtr), die etwa 1500 Meter lang ist.

Es gibt auf Island drei Formen von Vulkanen: kegelförmige, ziemlich steil ansteigend, die aus aufeinander folgenden Schichten von Asche, Schlacke und Lava zusammengesetzt sind; ferner Lavakuppen, grosse Vulkane mit geringer Steigung, die ganz aus Lava aufgebaut sind und an der Spitze einen grossen Kraterschlund haben, sowie endlich lange Kraterreihen mit vielen kleinen Kratern, deren Längsrichtung durch Erdspalten bedingt ist. Der bekannteste isländische

10. Hekla.
Nach D. Braun.

11. Kratertal des Vulkans Askja.

Vulkan ist die Hekla (Haube); sie hat eine Höhe von 1557 Metern
und hat in geschichtlicher Zeit 18 Ausbrüche, darunter einige sehr
heftige, gehabt. 1693 wurde die Asche vom Winde bis nach Norwegen getragen, 1597 stiegen 18 Feuersäulen aus dem Berge auf,
1766 hatte die Rauchsäule eine Höhe von 4700 Metern über dem
Gipfel usw. Die Hekla hat oft grosse Verheerungen angerichtet; sie
war schon im Mittelalter in ganz Europa bekannt, und viele Sagen
und abergläubische Vorstellungen waren mit ihr verknüpft. Die Katla,
der oben erwähnte, mit Eis bedeckte Vulkan, hat 13 Ausbrüche gehabt,
die alle für die Umgebung verderbenbringend gewesen sind. Islands
grösster Vulkan ist die Askja; sie liegt mitten in der 62 Geviertmeilen grossen Lavawüste Ódáðahraun (Untaten-Lavafeld) nördlich vom
Vatnajökull und hat ein Kratertal von dem Umfange einer Geviert-
meile. Sie hatte 1875 einen sehr heftigen Ausbruch. Das Ódáðahraun
verdankt seine Entstehung den Ausbrüchen von 20 Vulkanen; die hier
aus dem Erdinnern hervorgequollene Lavamasse würde, gleichmässig
über Dänemark verteilt, das ganze Land mit einer 5 Meter hohen
Schicht bedecken. Der grösste vulkanische Ausbruch auf Island seit
der Besiedelung des Landes war der der Kraterreihe des Laki an der
Skaftá (am Südwestrande des Vatnajökulls) im Sommer 1783. Die
Folgen dieses Ausbruchs waren schrecklich; etwa zwei Drittel des
Viehbestandes der ganzen Insel gingen zugrunde, und in den nächsten
beiden Jahren starben 9300 Menschen, d. h. etwa ein Fünftel der

ganzen damaligen Bevölkerung, an Hunger und Krankheiten. In demselben Jahre erfolgte im Meere ausserhalb von Reykjanes, wie auch
sonst häufig vor- und nachher, ein Ausbruch und entstand eine Insel,
die indessen bald wieder versank.

In einem so vulkanischen Lande wie Island sind Erdbeben
natürlich sehr häufig, besonders im Innern, wo es die meisten Vulkane
gibt. Auf der nordwestlichen Halbinsel (Vestfirðir, Westfjorde) und
im Ostlande sind dagegen Erderschütterungen sehr selten. Die isländischen Erdbeben sind besonders an drei von der Natur abgegrenzte
Gebiete geknüpft; sie kommen am häufigsten an den beiden grossen
Buchten Skjálfandi und Áxarfjörður im Nordlande, am Faxafjörður
im Westen und in der grossen südlichen Tiefebene vor, wo sie oft
sehr heftig gewesen sind und Verluste an Menschenleben und Eigen-
tum zur Folge gehabt haben. Im Jahre 1784, nach dem grossen
Ausbruche der Kraterreihe des Laki, wurden vom 14.—16. August
durch Erdbeben 92 Gehöfte vollständig zerstört und 372 Gehöfte sowie
11 Kirchen stark beschädigt. 1896 waren die Erderschütterungen in
denselben Gegenden noch stärker: 161 Gehöfte wurden völlig zerstört
und 155 stark beschädigt. Der Boden bekam klaffende Risse, von denen
manche 7—15 Kilometer lang waren, warme Quellen veränderten sich,
viele Erdrutsche gingen nieder, und mächtige Felsblöcke stürzten von
den Bergen herab.

Warme Quellen finden sich zu Hunderten über ganz Island
zerstreut, an manchen Stellen vereinzelt, an andern in grösseren
Gruppen. Einige sind lauwarm, so dass sie zum Baden benutzt werden
können (laugar, d. h. warme Bäder), andere sind kochend heiss (hverar,
Kessel), wieder andere bilden Sprudel. Die berühmteste von allen
isländischen Springquellen ist der Geysir, dessen Wasserstrahlen eine
Höhe von 30—37 Metern erreichen; es ist ein prächtiger Anblick, der
jährlich eine Menge von Reisenden nach Island zieht. Schwefelquellen
gibt es ebenfalls in grosser Zahl, besonders in den vulkanischen

12. Ein Teil der Kraterreihe des Laki (an der Skaftá).
(Von oben gesehen.)

13. Der Geysir und andere Springquellen in seiner Nähe.
Nach D. Braun.

Gegenden; mehrere von ihnen lagern Schwefel ab, der kleine An-
häufungen bildet, und die schwefelsauren Dämpfe wirken stark auf den
Boden ein, indem sie ihn zersetzen und umbilden; infolgedessen finden
sich in der Umgebung der Schwefelquellen bunte Flecken von farbigen
Tonarten, und rings herum bilden sich siedende, wallende Schlamm-
pfützen, Kessel voll kochenden Breies von verschiedener Farbe. Kohlen-
säurehaltige Quellen (Ólkeldur, Bierquellen) sind besonders häufig auf
der Halbinsel Snaefellsnes.

Im Verhältnis zu seiner Lage hat Island ein sehr mildes See-
klima; an den Küsten ist der Winter gelind, doch ist der Sommer nur

14. Goðafoss (Wasserfall im Südlande).

mässig warm. Die Wärmeverhältnisse sind in hohem Grade von den
Meeresströmungen abhängig, die die Küste bespülen. Die West- und
Südküste, zum Teil auch die Nordküste werden vom Golfstrom berührt,
die Ost- und Nordküste dagegen von einem Polarstrom, der sehr
häufig Treibeis nach den isländischen Küsten bringt. Dieses sperrt oft
die Nordküste, und die Folge davon ist ein Sinken der Wärme, das
im ganzen Lande verspürt wird; deshalb ist die Witterung in den
verschiedenen Jahren sehr verschieden. Die Durchschnittswärme
an der Nord- und Ostküste beträgt im Winter — 2 bis 4°, im
Sommer 6—7°, für das ganze Jahr 1—2° C.; die Süd- und Westküste hat im Winter eine Durchschnittswärme von 0 bis — 2°, im
Sommer von 9—10°, im ganzen Jahre von 3—4° C. Das Innere des

Landes hat mehr Binnenklima, und in den innersten Tälern und auf
der Hochebene kann der Winter viel strenger sein. Die Witterung
auf Island ist sehr stürmisch und veränderlich, besonders im Südlande,
wo man im Winter oft monatelang so gut wie gar keinen Schnee im
Tieflande zu sehen bekommt, während im Nordlande zu gleicher Zeit
oft stilles Wetter mit Frost und massenhaftem Schnee herrscht. Der
Frost dauert weit bis ins Frühjahr und beginnt zeitig im Herbst.
Infolgedessen ist der Sommer kurz, und da er zugleich kühl ist, so
kann sich die Pflanzenwelt nicht hinreichend entwickeln. Die Luft ist
gewöhnlich feucht, und besonders an der Ostküste sind Nebel häufig.

Die Pflanzenwelt Islands trägt ein hochnordisches Gepräge; ihr
Charakter ist im bewohnten Tieflande derselbe wie in den tiefer
liegenden Teilen des Hochlandes. Islands grössten Reichtum stellen
die ausgedehnten, saftigen Wiesen dar, die ein treffliches Viehfutter
liefern. Die Schafzucht ist einer der Hauptnahrungszweige, und die
Schafe gedeihen ausgezeichnet; im Sommer werden sie auf die
Gemeindeweiden und die Heiden in den Hochtälern und am Rande
des Hochgebirges getrieben, und im Herbste kehren sie fett und wohl-
genährt zurück; im Winter stehen sie entweder im Stalle, oder sie müssen,
falls die Witterung einigermassen geeignet ist und der Schnee nicht
allzu hoch liegt, sich ihr Futter im Freien suchen. Eigentliche Wälder
gibt es auf Island nicht; doch ist Birkengebüsch ziemlich häufig, besonders in geschützten Tälern, die sich weit ins Land hinein erstrecken.[1]
Die Birke war ursprünglich weit mehr verbreitet, aber die Schafzucht
und menschliche Unvernunft hat den Wäldern ausserordentlich viel
Schaden zugefügt. In einigen isländischen Birkenwäldern sind die
Bäume 3—6 Meter hoch, und die höchste Birke auf Island (bei
Hallormstaður im Ostlande) hat eine Höhe von nahezu 9 Metern. Die
Ebereschen werden indessen bisweilen noch etwas grösser; diese finden
sich hier und da in den Birkenwäldern und vereinzelt mit ziemlich
hohen Weiden zusammen. Niedriges Weidengebüsch ist im ganzen
Lande weit verbreitet und ist für die Schafzucht von grosser Bedeutung.
In alter Zeit wurde hier und da Gerste im Lande angebaut, aber der
Ackerbau hat längst aufgehört, weil er nicht annähernd so einträglich
ist wie der Wiesenbau, denn infolge der geringen Sommerwärme reift

---

[1] Vgl. M. Lehmann-Filhés: Die Waldfrage in Island (Globus, Band 85, Nr. 16
vom 21. April 1904).   Der Übers.

die Gerste durchaus nicht in jedem Jahre. Der Gartenbau macht in
neuerer Zeit sehr grosse Fortschritte; Kartoffeln und verschiedene Kohlarten werden fast im ganzen Lande angebaut, und Rhabarber, die rote
und die schwarze Johannisbeere gedeihen an den verschiedenen Handelsplätzen der Küste.

15. Wald bei Hallormstaður (Ostland).

Die Tierwelt ist, was die Landtiere angeht, arm an Arten, aber
überaus reich an Zahl; das Tierleben des Meeres ist viel mannigfaltiger.
Eisbären statten hin und wieder in Nord-Island einen Besuch ab, wenn
das grönländische Treibeis an der Küste lagert. Im Innern erblickt man
hier und da Rudel von Renntieren; diese gehören jedoch ursprünglich

nicht der isländischen Tierwelt an, sondern wurden im Jahre 1770 eingeführt. Füchse sind sehr zahlreich und fallen von ihren Schlupfwinkeln auf den Lavafeldern aus oft die Schafe an. Mäuse und braune Ratten sind eingeschleppt und finden sich jetzt überall. Haustiere, wie Kühe, Pferde, Schafe, Ziegen, Hunde und Katzen wurden von den ersten Ansiedlern aus Norwegen mitgebracht; auch Schweine waren in

16. Gullfoss (Wasserfall im Südlande).
Nach D. Bruun.

der alten Zeit ziemlich verbreitet, werden aber jetzt nicht mehr gehalten. An der Küste kommt der Seehund in verschiedenen Arten vor, wenn auch nicht mehr so zahlreich wie früher; das Walross trifft man jetzt selten, es muss aber einst sehr häufig gewesen sein, da seine Knochen oft an der Küste gefunden werden. Das Meer um Island ist sehr reich an Walfischen (Finnwalen, Grönlandwalen, Grindwalen, Schwertfischen, Delphinen, Narwalen, Weisswalen u. a.), und an den Küsten wird jetzt eine sehr einträgliche Walfischjagd getrieben.

Auf Island gibt es etwa 100 Arten Vögel, wovon die Hälfte

Schwimmvögel sind; auf den „Vogelbergen" an der Küste, auf den Klippen und Inseln leben unermessliche Scharen von Seevögeln: Alke, Möwen, Seeschwalben, Sturmvögel, Seepapageien u. a.; auf den Seen im Innern zahlreiche Singschwäne und viele Arten Enten. Die Eidergans ist im West- und Nordlande weit verbreitet und dort eine wichtige Einnahmequelle für die Bewohner; sie geniesst auf Island den Schutz des Gesetzes und kann beinahe als Haustier betrachtet werden. Die Vögel sind oft so zahm, dass sie ihre Nester in der Nähe der Häuser oder sogar auf den Dächern bauen, wenn diese mit Rasenstücken bedeckt sind; auch sucht man auf jede Weise die Eidergänse anzulocken, man baut ihnen Nester, rottet ihre Feinde aus oder scheucht sie fort, man lockt die Vögel durch Aufhängen von Schellen, bunten Lappen und dergl. an, da sie einen ausgeprägten Sinn für Farben und Töne zu haben scheinen. Allerlei wildes Geflügel gibt es auf Island zur Genüge. Schneehühner sind sehr häufig, ebenso wilde Gänse und viele andere Wasservögel. Von Raubvögeln finden sich Fischadler, Schneeeulen, Zwergfalken und der isländische Falke, der in alten Zeiten gefangen und ausgeführt wurde; der Falkenfang war ein Vorrecht des Königs, der diese Tiere fremden Fürsten zum Geschenk machte. Ein weisser Falke auf blauem Grunde ist vor kurzem von der Behörde als isländisches Wappen anerkannt worden.

Kriechtiere und Frösche gibt es auf Island nicht, aber die Fischwelt an der Küste ist sehr reich, und der Kabeljaufang in den isländischen Gewässern gehört zu den ergiebigsten in der ganzen Welt. So lebt nicht nur die isländische Küstenbevölkerung zum grössten Teile vom Fischfange, sondern auch fremde Völker senden grosse Fischerflotten nach den dortigen Bänken hinauf, und viele französische, englische, norwegische und amerikanische Schiffe bringen Jahr für Jahr reiche Beute aus den isländischen Gewässern heim. Ausser dem Kabeljau haben auch andere Fische grosse Bedeutung für die Landesbewohner und die Fremden, besonders Heringe, Schellfische, Heilbutten, Schollen und Haifische, aus deren Lebern Tran gewonnen wird. Auch die Binnengewässer sind sehr fischreich: Lachs-, Bach- und Seeforellen gibt es in den Seen in Menge, und die meisten grösseren Flüsse sind reich an Lachsen.

Das Steinreich hat geringe praktische Bedeutung, obgleich ein wenig Braunkohle vorhanden ist, die von den Umwohnern benutzt wird, ausserdem Schwefel in bedeutenden Mengen. Die Gewinnung von Schwefel,

17. Küste bei Stapi (unterhalb des Snaefellsjökull).

die in früheren Zeiten eine gute Einnahmequelle war, dürfte sich heutzutage kaum noch lohnen. Berühmt ist der isländische Doppelspat, der zu optischen Instrumenten verwandt wird; er wird indessen nur an einer einzigen Stelle, am Reyðarfjörður im Ostlande, abgebaut.

Wie wir gesehen haben, ist die isländische Natur in mancher Hinsicht so eigenartig, dass das Land ihretwegen zu den merkwürdigsten Ländern Europas gezählt werden darf. In geologischer Hinsicht hat Island auf der ganzen Erde nicht seinesgleichen; eine solche Vereinigung von unterirdischem Feuer und ewigem Eise findet sich sonst nirgends in gleichem Massstabe. Die Spuren gewaltiger Naturkämpfe sind überall wahrnehmbar und geben der Landschaft oft ein seltsam wildes Gepräge, wie es den benachbarten Ländern fehlt. Doch darf man sich deshalb Island keineswegs so kalt und unwirtlich vorstellen, wie das mancher tut; das Wilde und Grossartige wird durch allerlei liebliche Züge gemildert: Grosse Vulkane, breite Eiskuppen, wunderlich geformte Bergspitzen, aufgestaute Lavaströme und dürre Wüsten wechseln mit grünen Wiesen, rieselnden Bächen, mächtigen Wasserfällen, buschbewachsenen Abhängen und glitzernden Seen, und bei schönem Wetter bekommen die Berge und Gletscher einen unbeschreiblich weichen, hinreissenden Schimmer; die Luft ist so klar und rein,

18. Der Nachtkobold in seinem Boot (am Mývatn).

dass die fernsten Schneespitzen sich scharf gemeisselt vom tiefblauen
Himmel abheben, und der Sonnenuntergang auf Island steht durchaus
nicht hinter dem der Mittelmeerländer zurück. Namentlich ist es oft
ein köstlicher Anblick, die Sonne hinter den blendendweissen Gletscherkuppen unter- oder aufgehen zu sehen.

II. Die Bevölkerung.
Züge aus dem täglichen Leben.

1. Statistisches. Island ist zwar eine grosse Insel, aber die
Einwohnerzahl ist nur gering. Gegenwärtig sind es gegen 80 000,
1850 waren es 59 000 und 1801 nur 47 000. Daraus geht ein
beständiger, wenn auch verhältnismässig geringer Fortschritt hervor.
Eine Ausnahme bilden die Jahre 1880—1890, in denen infolge starker
Auswanderung nach Amerika — wo es jetzt über 20 000 Isländer
gibt —, sowie einer im Jahre 1882 eingetretenen Seuche ein beträcht-
licher Rückgang stattfand. Da die Auswanderung indessen in den
letzten Jahren stark abgenommen und nunmehr nahezu ganz aufgehört
hat, während andererseits der Überschuss an Geburten stets verhältnismässig gross gewesen ist (1891—1900: 23 877 Geburten gegenüber
14 134 Todesfällen, also Überschuss an Geburten 9743), so wird man,
falls nicht gewaltsame Naturereignisse störend in die natürliche Entwicklung eingreifen, in der nächsten Zukunft eine bedeutende Zunahme
erwarten können, und zwar um so mehr, da die gesundheitlichen Verhältnisse sich in letzter Zeit ausserordentlich gebessert haben, wodurch
es geglückt ist, die bisherige grosse Säuglingssterblichkeit zu verringern.
Man darf ferner annehmen, dass die stattgefundenen Veränderungen
im Betriebe der Fischerei und die Einführung verschiedener bisher
unbekannter Sicherheitsmassregeln die Folge haben werden, dass in
Zukunft nicht mehr so viele Leute durch Ertrinken ihren Tod finden
wie bisher (durchschnittlich 3 unter 100 Todesfällen!).

Am Anfange des 19. Jahrhunderts gab es auf Island keine Ortschaften. Die Landeshauptstadt hatte damals nur 307 Einwohner.
Im Laufe des Jahrhunderts, besonders im letzten Viertel, sind jedoch

2*

nach und nach verschiedene Städte und Handelsplätze entstanden.
Wirkliche Städte, d. h. Gemeinden, die einen eigenen Verwaltungs- und
Rechtsprechungsbezirk bilden, gibt es allerdings nur 4, und zwar eine in
jedem Viertel des Landes. Die grösste von ihnen ist Reykjavík, die
Hauptstadt des Südlandes und der ganzen Insel, die jetzt 8000 Einwohner
zählt (1860: 1444, 1801 nur 307 Einwohner). Dieser steht am nächsten
Akureyri, der Hauptort des Nordlandes, mit 1500 Einwohnern

19. Reykjavík.

(1880: 545), Ísafjörður, der Hauptort des Westlandes, mit 1300 Einwohnern (1880: 518), und Seyðisfjörður, der Hauptort des Ostlandes,
mit 900 Einwohnern. Handelsplätze gibt es jetzt 52, von denen
einige fast ebensoviele Einwohner haben wie die kleineren Städte;
doch nehmen diese keinerlei Sonderstellung ein und werden hinsichtlich ihrer Verwaltung zu dem Landkreise gerechnet, dem sie
durch ihre Lage zugehören. Zählt man ausser den Einwohnern der
Städte auch die der Handelsplätze zur Stadtbevölkerung, so beträgt
diese nahezu ein Viertel der Gesamtbevölkerung, während etwas mehr
als drei Viertel die Landbevölkerung bilden (Landleute und Fischer).

Nach der letzten Volkszählung von 1901 ist das Verhältnis der männlichen zur weiblichen Bevölkerung wie 1000 : 1088. Von männlichen Personen sind 66,9 v. H. ledig, 28,8 verheiratet, 3,9 Witwer und 0,4 geschieden oder getrennt. Von weiblichen Personen sind 64,3 v. H. ledig, 26,4 verheiratet, 8,9 Witwen und 0,4 geschieden oder getrennt. 65,5 v. H. der Bevölkerung sind somit unverheiratet, während nur 27,6 verheiratet, 6,5 verwitwet und 0,4 geschieden oder getrennt sind. Die Zahl der Familien beträgt 12 679, so dass im Durchschnitt 6,2 Personen auf einen Hausstand kommen. Die Zahl der mit Fehlern oder Seuchen behafteten Personen ist folgende: 255 Blinde, 66 Taubstumme, 84 Blödsinnige, 133 Irre und 94 Aussätzige.

Nach den Erwerbsverhältnissen war die Bevölkerung 1901 folgendermassen verteilt: Von nicht gewerblichen Berufen (Beamte, Lehrer usw.) lebten 2369, von der Landwirtschaft 39 803, vom Fischfange 21 340 (ausschliesslich Fischerknechte sind 8959, Fischer und Bauern zugleich 9669, verheiratete Fischer mit eigenem Haushalt, doch ohne ländlichen Besitz 2712), von Handwerk und Industrie 4253, vom Handel 3117, vom Tagelohn 1764, von unbestimmtem Erwerb 1867, vom Ruhegehalt oder vom Vermögen 1627, von Almosen 2319 (!), im Gefängnis befanden sich 11. Von der ganzen Bevölkerung lebten somit 77,9 v. H. von Landwirtschaft und Fischfang. Ehemals war das Übergewicht dieser Erwerbszweige noch grösser: 1850 ernährten sich 89 v. H. von der Landwirtschaft und vom Fischfange. Die 11,1 v. H., um die diese zurückgegangen sind, kommen im wesentlichen dem Handel und der Industrie zugute, die namentlich in jüngster Zeit bedeutende Fortschritte gemacht haben. Aber auch das Verhältnis zwischen Landwirtschaft und Fischfang hat sich in neuerer Zeit stark verschoben. Während nämlich im Jahre 1850 82 v. H. vom Landbau und nur 7 v. H. vom Fischfange lebten, war 1901 das Verhältnis 50,7 und 27,2 v. H. Diese Verschiebung, die andauernd fortschreitet und noch weit grösser zu werden droht, steht in engem Zusammenhange mit dem Aufblühen der Ortschaften.

2. Der Volkscharakter. Island wurde bekanntlich in der Zeit von 870—930 von Norwegen aus besiedelt. Die Isländer gehören also zu den Skandinaviern. So haben sie denn auch viele Eigenschaften mit ihren norwegischen Stammesbrüdern gemein, doch

haben sich bei ihnen manche selbständigen Züge entwickelt. Dies
rührt sicher in erster Linie daher, dass die ursprüngliche Bevölkerung
sich aus sehr verschiedenen Bestandteilen zusammensetzte. Den Grundstock bildeten jene norwegischen Adligen, die sich nicht unter Harald
Schönhaars Herrschaft beugen wollten und deshalb auswanderten, sei
es unmittelbar nach Island, sei es auf dem Umwege über die britischen
Inseln. In beiden Fällen hatten diese eine Menge Leibeigene, Diener
und Hörige mit sich, von welchen letztgenannten sicherlich viele nur
Halbfreie waren, die von Leibeigenen abstammten. Von den Leib-

20. Akureyri am Eyjafjörður.

eigenen, die von den britischen Inseln mitgeschleppt waren, gehörte
die Mehrzahl der keltischen Rasse an. Auch die norwegischen Sklaven
scheinen zu einer anderen Rasse gehört zu haben als ihre Herren.
Dafür sprechen sämtliche ältere Schilderungen, wie auch neuere
Forschungen über die Zusammensetzung des norwegischen Volkes.
Die isländische Bevölkerung ist somit höchst wahrscheinlich eine
Mischung aus drei verschiedenen Rassen: einer germanischen, einer
keltischen und einer urskandinavischen. Diese Vermischung ist natürlich
nicht ohne Einfluss gewesen; dann aber haben auch die abgesonderte
Lage des Landes und seine eigenartige Natur sicher ihr Teil dazu
beigetragen, den Isländern ein besonderes Gepräge zu geben, wie denn

auch die äusserst ungünstigen politischen und wirtschaftlichen Verhältnisse, unter denen diese mehrere Jahrhunderte hindurch gelebt
haben, ihre Spuren im isländischen Volkscharakter hinterlassen haben.
Infolge der genannten Umstände ist dieser alles andere als einheitlich,
und es ist deshalb nicht leicht, seine besonderen Merkmale im einzelnen
darzustellen. Die Verschiedenheiten sind so gross, dass es schwer
wird, gemeinsame Grundzüge daraus abzuleiten. Die Bevölkerung
macht im ganzen den Eindruck, als sei sie aus sehr verschiedenartigen

21. Seyðisfjörður.

Bestandteilen zusammengesetzt, von denen indessen der nordger-
manische am meisten hervortritt.

Der Wuchs der Isländer ist durchweg nicht viel über Mittel-
grösse; auch ist ihr Körperbau nicht besonders kräftig. Sie sind
vorwiegend blond, haben blaue oder blaugraue Augen und meist ein
schmales, längliches Gesicht. Doch finden sich auch Leute mit dunklen
Haaren, braunen Augen und breiten, runden Gesichtern. Aber im übrigen
sind sowohl der Körperbau wie auch die Gesichtszüge sehr verschieden.
Ein ebenso grosser Unterschied ergibt sich, wenn man die geistigen
Eigenschaften in Betracht zieht. Daher kann und will folgende Schilderung
des isländischen Volkscharakters nichts weiter sein als ein Versuch.

Allen Isländern gemeinsam ist eine gut entwickelte Begabung und ein übermässig starkes Selbstgefühl. Ein Isländer hört es ungern, wenn man von ihm sagt, er sei von den Anschauungen anderer abhängig oder beeinflusst. Er erkennt keine massgebenden Grössen an, er will unter allen Umständen sein eigener Herr sein, im Denken wie im Handeln. Er ordnet sich deshalb nicht leicht der Ansicht oder der Führung eines andern unter, sondern ist vielmehr unbedingt geneigt, sich dieser zu widersetzen, und sei es auch nur, um seine Selbständigkeit zu zeigen. Er ist von Natur ein Mann des Widerspruchs, er ist also in politischer Hinsicht Demokrat vom reinsten Wasser, der sein persönliches Recht bis zum äussersten vertritt. Er ist auch in der Regel ein Freund des Fortschritts auf jedem Gebiete, und sein Sinn für Unabhängigkeit und Freiheit kennt keine Grenzen. Jegliche straffe Zusammenfassung und Beeinflussung von oben her hasst er und empfindet sie als Druck. In religiöser Hinsicht ist er gewöhnlich streng rationalistisch, Frömmelei und Unduldsamkeit sind ihm fremd. Er fordert unbeschränkte Freiheit für die persönliche Überzeugung des Einzelnen, wie er denn überhaupt Verstandesmensch ist, der die unbedingte Herrschaft der Vernunft über Gefühle, Stimmungen und allerlei mystische Anwandlungen fordert.

Die Isländer sind durchweg recht lebhaft und geistig rege, auch haben sie viel Sinn für Humor und sind sehr zum Spott geneigt. Sie sind der Mehrzahl nach Sanguiniker; die Gemütsbewegungen, welche die Eindrücke bei ihnen hervorrufen, sind verhältnismässig schwach, aber dafür schnell wechselnd. Der Isländer kommt nicht so bald aus dem Gleichgewicht und wird nicht leicht von etwas begeistert oder erregt. Er ist im allgemeinen äusserst ruhig und weiss sich zu beherrschen. Nur infolge des Genusses geistiger Getränke, oder wenn ihm hartnäckiger Widerstand entgegentritt, so dass er in Hitze gerät, kann er heftig und gewalttätig werden. Unter gewöhnlichen Verhältnissen lässt er sich nicht von Augenblicksstimmungen lenken, sondern nimmt sich Zeit zum Überlegen und Nachdenken, ehe er handelt. Aber wenn er sich erst einmal eine Sache vorgenommen hat, entwickelt er oft bedeutende Kraft und Willensstärke, um sein Ziel zu erreichen, und kann dann auch grossen persönlichen Mut zeigen und allen Gefahren Trotz bieten. Solange er mitten im Kampfe steht, ist er standhaft und ausdauernd. Ist dagegen der Kampf langwierig und von Ruhepausen

unterbrochen, so dass ein Stillstand eintritt, ehe das Ziel erreicht ist,
so erschlafft er leicht und verfällt entweder zeitweiliger Untätigkeit,
oder er wechselt mindestens das Ziel und die Mittel zu dessen Verwirklichung. Er ist also ziemlich unbeständig, und das steht in engem
Zusammenhange mit seiner vorwiegend sanguinischen Gemütsart und
seinen schnell wechselnden Stimmungen. Ein echter Idealist, sieht er
alles von der besten Seite und hat wenig Sinn für praktische Dinge.
Er überschätzt daher gewöhnlich seine Kräfte und steckt sich sein Ziel
zu hoch, infolgedessen sind Enttäuschungen unvermeidlich. Aber er
nimmt diese in der Regel ziemlich ruhig hin. Freilich ist er in solchen
Fällen nicht sehr geneigt, die Sache auf ganz dieselbe Weise fortzusetzen,
wie er sie angefangen hatte, aber das Ziel selbst gibt er doch nicht so
leicht auf, jedenfalls nicht, ohne sich ein anderes, dem vorigen ähnliches
gesteckt zu haben, und so sucht er dieses auf einem andern Wege von
neuem zu erreichen.

Was dem Isländer an Stärke des Gefühls abgeht, das ersetzt er
durch dessen Tiefe und Innigkeit. Er ist übermässig feinfühlig und
empfindlich, auch ist er leicht verletzt, wenn er nicht so rücksichtsvoll
behandelt wird, wie er glaubt beanspruchen zu können. Und seine
Ansprüche sind durchaus nicht gering. Er verlangt, dass jeder ihn als
gleichwertig behandelt; und wenn er auch nur ein einfacher Diener oder
Arbeiter ist, so kann er sich doch nicht darin finden, wenn man ihn
bloss als ein Werkzeug betrachtet, auf das man weiter keine Rücksicht
zu nehmen braucht. Er erkennt in der Hinsicht keinen Standes-
unterschied an und fasst es als blossen Zufall auf, wenn er auf einer
niedrigeren Stufe der menschlichen Gesellschaft steht als der, mit dem
er zu tun hat. Mit seinem ausgeprägten Sinn für das Recht der
Persönlichkeit und als echter Demokrat verlangt er, dass man nie
seinen Wert als Mensch vergisst, während zugleich seine Empfindungen
so aristokratischer Art sind, dass er sich von einem kleinen Mangel
an Rücksicht verletzt fühlt, den mancher andere in gleicher Lage
überhaupt nicht beachten würde. Es ist deshalb ganz treffend, wenn
der Berliner Universitätsprofessor Heusler die Isländer als „Aristo-
Demokraten" bezeichnet hat.[1]) Diese Empfindlichkeit und Feinfühligkeit

---

[1]) „Bilder aus Island." Deutsche Rundschau 1896, Nr. 22, 23. — Eine ausgezeichnete Schilderung des Landes und seiner Bewohner, von der es nur zu bedauern
bleibt, dass sie nicht in Buchform erschienen ist.   Der Übers.

erstreckt sich nicht nur auf die eigene Person, sondern auch auf Verwandte und Freunde, ja auf alle Landsleute. Der Isländer duldet deshalb nicht leicht Tadel oder kränkende Bemerkungen über sie von Fremden und betrachtet dergleichen beinahe als eine persönliche Beleidigung. Er liebt seine Heimat und sein Vaterland, und seine Liebe und Fürsorge für seine Angehörigen ist oft ausserordentlich rührend. Muss er zeitweise sich ausserhalb seiner engeren Heimat oder seines Landes aufhalten, so hat er gewöhnlich Heimweh und sehnt sich zurück. Er wird im allgemeinen leicht gerührt und empfindet tiefes Mitgefühl für alles, was leidet, es mag Tier oder Mensch sein. Er ist sehr mildtätig und gastfrei und setzt seinen Stolz darein, in der Hinsicht sein Möglichstes zu tun.

In seinem äusseren Auftreten ist der Isländer oft ein wenig schwerfällig und unbehülflich. Es fehlt ihm an der Leichtigkeit, Geschmeidigkeit und Feinheit, der Liebenswürdigkeit und Höflichkeit, die z. B. den Franzosen kennzeichnet. Er schliesst sich nicht leicht an Fremde an und ist ihnen gegenüber häufig etwas verschlossen und unzugänglich. Er bemüht sich gewöhnlich nicht zu gefallen oder bestimmte, allgemein übliche Formen zu beobachten, und Schmeichelei, Heuchelei und Berechnung liegen ihm fern. Er ist bestrebt, gegenüber jedermann und unter allen Umständen wahrhaftig, schlicht und natürlich zu sein; er erscheint daher Fremden, die ihn nicht genauer kennen, leicht etwas rücksichtslos und unhöflich, ja beinahe grob.

Neben dem bisher geschilderten, überwiegend sanguinischen Element, das bei weitem in der Mehrheit ist, findet sich indessen auch ein anderes, das in mancher Hinsicht von jenem völlig verschieden ist. Die Leute, die hierher gehören, sind meist Melancholiker mit ziemlich starken, langsam wechselnden Sinnesbewegungen. Wenn ihr Gemüt einen Stoss erhält, verwinden sie das nicht so bald, sondern werden völlig oder doch zum Teil davon gelähmt. Sie sehen durchweg das Leben sehr trübe an und sind äusserst misstrauisch und neidisch allen denen gegenüber, die eine höhere Stellung in der menschlichen Gesellschaft einnehmen oder die grosse Masse überragen. Es ist nicht ihre Art, ihre Kräfte anzustrengen, um auf ein fernes Ziel hinzuarbeiten. Stellt jemand ihnen ein solches vor Augen, so glauben sie sofort, dass sich dahinter etwas anderes versteckt, was ihnen verborgen ist, und deshalb suchen sie ihn zu verdächtigen, indem sie ihren Gesinnungsgenossen gegenüber sein Vorhaben als ein Unternehmen darstellen,

durch das er auf ihre Kosten verdienen wolle. Und derartigen Reden
leihen diese stets ein williges Ohr, ohne sich die Mühe zu machen,
sie auf ihre Berechtigung hin zu prüfen. Im Gegensatze zu den
Sanguinikern sind sie im ganzen mehr geneigt, jeglichem Fortschritt
und jeglicher Änderung der bestehenden Verhältnisse sich zu widersetzen. Ihnen ist es am liebsten, wenn alles beim alten bleibt. Nur
wenn die öffentliche Meinung besonders nachdrücklich für etwas Neues
eintritt, gehen sie mit, da sie nicht gern eine Sonderstellung einnehmen,
sondern sich lieber der Mehrheit anschliessen. Die Gleichmässigkeit
lieben sie über alles, auf jedem Gebiete zeigt sich ihre Sucht alles
einzuebnen, aber nicht nach Art der Sanguiniker, indem sie sich selbst
emporheben, sondern eher dadurch, dass sie alles, was hervorragt, zu
sich hinabziehen. In politischer Hinsicht haben sie sehr häufig nur
Sinn für örtlich beschränkte Bestrebungen, und da ihnen die Hilfe
des Staates als das einzige wirksame Mittel zur Hebung ihrer Lage
erscheint, so gehen ihre Bemühungen im wesentlichen allein darauf
hinaus, so grosse Vorteile und Geldbewilligungen für ihre Gegend her-
auszuschlagen wie möglich. Um das Land als Ganzes kümmern sie
sich wenig; das geht über ihren Gesichtskreis hinaus.

Der hier angedeutete grosse Unterschied im Charakter der Isländer
hat seinen Ursprung sicher zum grossen Teile in der ursprünglichen
Mischung verschiedener Rassen. Aber einige der weniger empfehlens-
werten Eigenschaften sind doch zu weit verbreitet, als dass sie ausschliesslich daraus erklärt werden könnten. Sie haben unbedingt ebenso
sehr, ja vielleicht überwiegend ihre Ursache in den traurigen Verhältnissen, unter denen das Volk jahrhundertelang hat leben müssen. Daher
stammt, um nur ein Beispiel zu nennen, der besonders weit verbreitete
Mangel an Unternehmungslust und tatkräftigem Zugreifen, der im
Grunde doch in so starkem Widerspruch zu den übrigen Charakter-
zügen der grossen Mehrheit der Bevölkerung steht.

3. Die Kleidung. Die isländische Männertracht ist die allgemein europäische. Nur in Bezug auf das Schuhwerk finden sich
Abweichungen, insofern man auf dem Lande in der Regel eine
besondere Art isländischer Schuhe trägt, die aus einem viereckigen
Stück ungegerbten Rind- oder Schafleders verfertigt werden, das man
über den Zehen und an der Ferse zusammennäht, während der Spann
unbedeckt bleibt. Sie werden mit Hilfe eines Riemens befestigt, der

um den Knöchel geschlungen wird. Die feineren Schuhe von dieser
Art, besonders die Damenschuhe, werden aus schwarz gefärbtem Leder
verfertigt, und um den Rand herum läuft eine Kante aus weissem
Leder. In den Schuh hinein
legt man unter die Fusssohle
einen wollenen, gestrickten
Lappen, der gewöhnlich ein
Muster aufweist.

22. Frauenschuh (Einlage mit Muster).

Im Gegensatze zu dem
männlichen hat das weibliche Geschlecht eine wirkliche Volkstracht.
Die Alltagskleidung besteht in einem weiten Rock aus Fries oder
Tuch, nebst einer farbigen Schürze, und einer enganschliessenden
Jacke aus demselben Stoffe wie der Rock, mit einem breiten Samt-
besatz am Handgelenk und vorne auf der Brust, wo der Besatz oben
und unten sich zusammenschliesst, während die Jacke in der Mitte,
wo ein weisses Vorhemd sichtbar wird, offen bleibt. Hierzu gehört
ferner ein breites seidenes Band
von beliebiger Farbe, das um den
Hals geschlungen wird und vorne
eine grosse Schleife bildet, in der oft
eine Brosche befestigt wird. Als
Kopfbedeckung dient ein flaches Mützchen, das aus einem kreisrunden Stück
dichtgestrickter, schwarzer Wolle von
15—20 cm Durchmesser besteht und
mit Nadeln auf dem Scheitel fest-
gesteckt wird. In der Mitte geht diese
Mütze in ein schmales Stück von
gleichem Aussehen und gleicher Grösse
wie der Daumen eines Handschuhs
über, das jedoch bisweilen etwas
länger ist als dieser; seine Spitze

23. Frau in Alltagstracht.

läuft in eine schön verzierte silberne Röhre hinein, von deren anderem
Ende eine etwa 30 cm lange schwarze Seidenquaste auf die Schulter
herabhängt, während die silberne Röhre seitwärts der Mütze am Kopfe
ruht. Das Haar wird in zwei oder vier lange Zöpfe geflochten, die
im Nacken niederhängende Schleifen bilden, da die Enden unter die

Mütze gesteckt werden. Ausserhalb des Hauses wird ein grosser Schal über dem Kleide getragen. Auf Reisen und beim Reiten benutzen die Frauen anstatt der Mütze gewöhnlich einen Hut, und die der besser gestellten Klassen besitzen in der Regel ein besonderes Reitkleid von mehr europäischem Schnitt.

Die Festtracht ist von der Alltagstracht ganz verschieden und weit prächtiger ausgestattet. Sowohl der Rock wie auch die Jacke sind hier mit hübschen Gold- oder Silberstickereien geschmückt, und um den Leib wird ein silberner Gürtel getragen, der aus langen, künstlich gearbeiteten Platten zusammengesetzt ist. Der Kopfputz besteht aus einem hohen weissen Leinwandhelm von derselben Form wie eine phrygische Mütze; dieser wird von einem langen, durchsichtigen weissen Schleier bedeckt, der über den Hinterkopf geworfen wird und vom Nacken über den Rücken niederfällt. Um die Stirn wird der Helm von einem Reif festgehalten, der meist aus einem mit vergoldeten Silberrosetten von kostbarer Filigranarbeit besetzten Bande besteht.

24. Frau in Festtracht.

4. Das Haus. In den Ortschaften sind die meisten Gebäude aus Holz aufgeführt, nur einzelne aus behauenen isländischen Steinen. Sie bestehen gewöhnlich aus dem Erdgeschoss mit höchstens einem, selten zwei Stockwerken. Ihre Einrichtung und Ausstattung ist ungefähr dieselbe wie in einem deutschen Provinzstädtchen. Auch ausserhalb der Ortschaften, besonders in der Nähe der Küsten, ist in den letzten Jahren eine nicht geringe Zahl von Holzgebäuden aufgeführt worden;

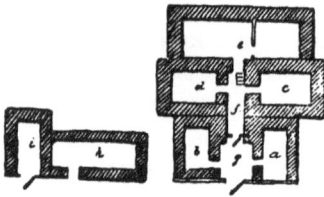

25. Grundriss eines kleineren Gehöfts.
Nach D. Bruun.

im allgemeinen aber bestehen noch immer alle Gebäude auf den isländischen Gehöften aus Rasenstücken und unbehauenen Steinen, nur die Pfosten und das Dachgerüst, sowie die innere Bekleidung der Wände und der Fussboden sind von Holz. Auch das Dach besteht aus Rasen und ist aussen mit Gras bewachsen.

Das Wohnhaus besteht in diesem Falle stets aus einer Reihe dicht aneinander stehender Häuschen oder Zimmer, die jedes ihr eigenes Dach haben und sich um einen gleichfalls mit eigenem Dach versehenen Mittelgang reihen, von dem aus eine Tür zu jedem einzelnen Zimmer führt. Die kleinen Einzelhäuser werden gewöhnlich so angeordnet, dass die Vorderseite des Gesamtbaues aus einer Reihe von Giebeln besteht, die in diesem Falle aus Holz sind, während die andern Giebel, die nicht nach vorne hinausgehen, aus Rasenstücken bestehen. Das Wohnhaus steht fast immer in der Mitte des gedüngten Bodens (tún, vgl. hierzu den Abschnitt „Landwirtschaft"), während die Viehställe auf diesem verstreut liegen, und zwar meistens an abgelegenen Stellen in der Nähe der Umfriedigung. Die wichtigsten der Einzelhäuser oder Räume des Wohngebäudes sind folgende: Die Wohn- und Schlafstube (baðstofa, eig. Badstube), die Fremdenstube, die Küche und die Speise- und Vor-

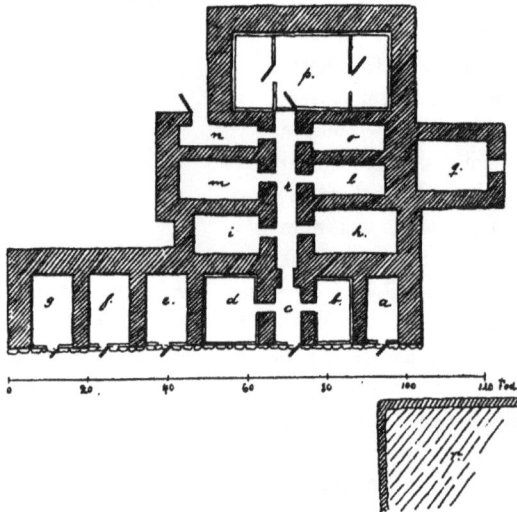

26. Grundriss eines Pfarrhofs.
Nach D. Bruun.

ratskammer. In der Wohnstube halten sich alle zu dem Hofe gehörigen Leute auf, sowohl in der Nacht wie bei Tage. Die beiden Längsseiten werden von je einer Reihe Bettstellen eingenommen, in denen man Nachts schläft, während man am Tage auf der Bettkante sitzt. In der Regel liegen immer zwei Personen in einem Bett, gewöhnlich in der Art, dass die ganze Reihe auf der einen Seite den weiblichen Personen vorbehalten ist, während die männlichen in den Betten auf

27. Bauernhof.
Nach D. Braun.

der andern Seite liegen. Die Erfahrung hat durchaus nicht gelehrt, dass diese Einrichtung, wonach beide Geschlechter in demselben Raume schlafen, der Sittlichkeit schadet; eher scheint es, als ob der hierdurch bewirkte, schon von Kindheit an bestehende freiere Umgang zwischen beiden Geschlechtern einen hemmenden Einfluss auf die Sinnlichkeit ausübe und somit eine viel günstigere Wirkung habe, als die im ganzen übrigen Europa streng durchgeführte Absperrung. An dem einen Ende der Wohnstube befindet sich in der Regel eine durch eine Zwischenwand abgetrennte Kammer für die Eheleute.

Ausserhalb der Ortschaften gab es früher weder Kachelöfen, noch irgend eine sonstige Heizvorrichtung, ausser bei Beamten und einzelnen besonders wohlhabenden Leuten. In der letzten Zeit ist in der Hinsicht zwar eine gewisse Änderung eingetreten; aber auf einem gewöhnlichen Bauernhofe muss man sich im allgemeinen noch immer mit der natürlichen Körperwärme begnügen, und die Stuben dürfen deshalb nicht grösser als irgend notwendig sein. Zur Beleuchtung verwendet man jetzt überall Petroleumlampen, auf dem Lande wie in den Ortschaften. Die früher (bis 1870) neben den Talglichtern gebräuchlichen Tranlampen kennt man jetzt nur noch als Erinnerungen an eine überwundene Kulturstufe.

5. Belustigungen und Sport. Seit alters ist es im isländischen Hause allgemeiner Brauch gewesen, für Unterhaltung an den langen Winterabenden zu sorgen. Diese bestand früher hauptsächlich im Vorlesen von Sagas und einem höchst eigentümlichen, eintönigen Vortrage der sogenannten „Reime" (rímur), sowie mündlicher Erzählung von Märchen und Volkssagen. Jetzt benutzt man zum Vorlesen mehr die neuere Literatur, Aufsätze und Zeitschriften, und sogar Zeitungen. Eine sehr beliebte Beschäftigung ist auch das Aufgeben und Lösen von Rätseln, das Erzählen und Deuten von Träumen und —

28. Tranlampe.

besonders bei jungen Leuten — der sogenannte Liederkampf zwischen zwei Personen, wobei es darauf ankommt, wer die meisten Lieder auswendig kann; hierbei muss der eine immer mit einem Liede antworten, das mit demselben Buchstaben anfängt, mit dem das des Gegners aufgehört hat. Verschiedene Kartenspiele sind sehr verbreitet (Whist, L'hombre usw.), ebenso Schach, Tricktrack und viele andere Brettspiele mit und ohne Würfel. Besonders unter der männlichen Jugend sind verschiedene Spiele ebenfalls allgemein gebräuchlich; unter diesen verdient namentlich ein sehr eigenartiger nationaler Ringkampf Erwähnung, der einen nicht geringen erziehlichen Wert hat, indem er in hohem Grade Geschmeidigkeit und Gewandtheit entwickelt. Es

kommt nämlich bei diesem Kampfe, dessen Zweck ist den Gegner zu
Boden zu werfen, weit mehr auf Übung und geschickte Anwendung
gewisser Kunstgriffe („Ringkniffe") an, als auf Körperkraft. Es
gibt ausserdem auf Island noch allerlei körperliche Übungen, die
in andern Ländern unbekannt sind. Auch Schnee- und Schlitt-
schuhe werden stellenweise benutzt, jene jedoch mehr aus Zweckmässigkeitsgründen, als zum Sport. In den Ortschaften, namentlich in
Reykjavík, hat man in den letzten Jahren das Fussballspiel, das Rad-
fahren und verschiedene andere neuere Arten Sport eingeführt. Plan-
mässiges Turnen wird ausser in Reykjavík kaum getrieben. Bei festlichen Gelegenheiten vergnügt man sich mit Tanz, Gesang und Musik,
bisweilen sogar mit Liebhaberaufführungen. Wettreiten war früher
lange Zeit eine beliebte Belustigung bei festlichen Zusammenkünften,
aber erst in neuester Zeit hat man begonnen richtige Wettrennen zu
veranstalten, besonders an dem sogenannten Grundgesetztage, der am
2. August zur Erinnerung an das Inkrafttreten der Verfassung und
das Tausendjahrfest der Besiedelung Islands (1874) gefeiert wird.

6. Abergläubische Vorstellungen. Dass die Isländer, die
fast auf allen Gebieten so zahlreiche Erinnerungen aus alter Zeit
bewahrt haben, auch viele abergläubische Vorstellungen des Heiden-
tums beibehalten haben, ist begreiflich. Infolge des unaufhörlichen
Weitererzählens der alten Volkssagen und Märchen an den langen
Winterabenden hat das Volk schon von Jugend auf diese in sich aufgenommen, und die einsame Lage der Höfe inmitten einer äusserst
eigenartigen, wilden Natur, welche häufig die seltsamsten Formen annimmt, hat ihnen immer neue Nahrung gegeben und so zu ihrer Fort-
entwicklung beigetragen. So waren verschiedene solcher Vorstellungen
noch in der ersten Hälfte des 19. Jahrhunderts allgemein verbreitet. Jeder
absonderlich geformte Fels oder Hügel galt als von Elfen bevölkert,
Höhlen waren der Wohnsitz von Riesen oder andern übernatürlichen
Wesen, und in den öden, unbewohnten Gegenden des Innern sollte
es ganze Ansiedelungen von Geächteten geben. Am verbreitetsten
war der Glaube an Gespenster, d. h. entweder „Wiedergänger" (Geister
Verstorbener), oder „Folgegeister" (fylgja), die im voraus den Besuch
Fremder auf den Höfen anzeigen. Nach den altheidnischen Vorstellungen
waren dies Schutzgeister, die den Menschen von der Geburt bis zum
Grabe begleiteten und sich in mannigfachen Gestalten zeigen konnten

3

(als Menschen, Tiere usw.), die in der Regel dem Charakter der betreffenden Person entsprachen. So war der Folgegeist eines vornehmen
Mannes gewöhnlich ein Bär, der eines unruhigen, gewalttätigen Kriegers
ein Wolf, der eines listigen, verschlagenen Menschen ein Fuchs usw.
Jetzt dagegen fasst man die Folgegeister meist nur als Spuk auf, obgleich sie wie früher in sehr verschiedener Gestalt auftreten können.
In entlegenen Gegenden war auch der Glaube an Zauberer
(galdramaður) ziemlich verbreitet, und man meinte, diese wären mit
Hülfe von Beschwörungsformeln, seltsamen Runenzeichen und andern
abenteuerlichen Zauberzeichen (galdrastafir) imstande Wunder zu tun.
Einzelnen Dichtern schrieb man übernatürliche Kräfte zu, so dass sie
vermittels ihrer zauberkräftigen Gedichte die Natur und ihre Geister
beeinflussen könnten. Diese nannte man Kraftdichter (kraftaskáld).

In der zweiten Hälfte des 19. Jahrhunderts und besonders in
seinem letzten Viertel ist indessen infolge der zunehmenden Aufklärung
und der erleichterten Verbindung zwischen den verschiedenen Landesteilen dieser Aberglaube zum grössten Teile ausgerottet worden. Es gibt
jetzt keine Kraftdichter oder Zauberer mehr, keine Geächteten und
keine Riesen, und nur vereinzelte alte Leute glauben noch an Elfen.
Am zähesten lebt der Glaube an Spuk fort, der im Volke noch
recht verbreitet ist, obgleich auch er merklich abnimmt und, wie es
scheint, bei dem heranwachsenden Geschlecht zu verschwinden im
Begriff ist.

III. Das öffentliche Leben.   Die Behörden.

1. Die Verfassung.

Da die Isländer fast das ganze 19. Jahrhundert hindurch einen
nahezu ununterbrochenen Kampf um die Verfassung geführt haben,
so ist zum Verständnis der Gegenwart eine geschichtliche Übersicht
erforderlich, um die bisherige Entwicklung und ihre Berechtigung aus
der Vergangenheit nachzuweisen.

a) Geschichtliche Übersicht. Von 930—1262 war Island
ein selbständiger Freistaat mit aristokratischer Verfassung. Die allgemeinen Staatsangelegenheiten wurden von dem „Althing" geleitet,

das aus folgenden Bestandteilen sich zusammensetzte: einer gesetzgebenden Körperschaft, die lögrétta (Landtag, eigentlich Gesetzkörper-
schaft) genannt wurde, 5 Gerichtshöfen (und zwar je einem für die
4 Viertel — jetzt „Ämter" — des Landes, nebst einem obersten
Gerichtshofe) und einer Volksversammlung, zu der alle steuerpflichtigen
Staatsbürger Zutritt hatten, sowie endlich einem Gesamtleiter, dem sogenannten Gesetzsprecher (lögsögumaðr), der der Vorsitzende sowohl
der eigentlichen gesetzgebenden Körperschaft, als auch des ganzen
Althings war. Ausserdem hatte man in jedem Bezirk örtliche Ver-
sammlungen, die sog. Frühjahrsthinge, mit einem Bezirksgericht.
Vorsitzende dieser Thinge waren die Bezirkshäupter, die sog. Goden,
die als solche ohne weiteres Mitglieder der gesetzgebenden Körperschaft waren und alle Richter ernannten, sowohl auf dem Althing,
als auch auf den Bezirksthingen. Daneben hatte man eine trefflich
entwickelte Gemeindeverwaltung, Gemeindeversammlungen und andere
Verwaltungskörperschaften. Jede Gemeinde bildete eine auf Gegen-
seitigkeit beruhende Versicherungsgesellschaft gegen Brandschaden und
Viehverlust. [1])

Im Jahre 1262 wurde Island mit Norwegen vereinigt. Das vom
Landtage angenommene Unionsgesetz bestimmte unter anderm, dass
der König von Norwegen einen Jarl zu seinem Stellvertreter auf
Island ernennen sollte, und schloss mit der Erklärung, dass, wenn das
getroffene Übereinkommen „nach dem Urteil der besten Männer"
nicht innegehalten würde, die Isländer aller Verpflichtungen gegen den
König oder seine Erben ledig sein sollten. Als der erste und einzige
Jarl des Landes, der Isländer Gissur Thorvaldsson, 1268 starb, bekam
er keinen Nachfolger, und bald darauf wurden die Gesetze des Freistaats durch ein neues Gesetzbuch, von dem einzelne Abschnitte noch
heute in Kraft sind, abgelöst. Dieses führte bedeutende Veränderungen
hinsichtlich der Einrichtungen Islands und seiner Verfassung mit sich.
An die Stelle des Gesetzsprechers, der bisher von dem Landtage
gewählt worden war, traten nunmehr erst ein, später zwei vom
Könige ernannte „Gesetzmänner", und die richterliche Gewalt, die
früher besonderen Gerichtshöfen gehört hatte, wurde nun dem Landtage übertragen, dessen Mitglieder jetzt von den Vertretern des Königs

---

[1]) Vor nahezu einem Jahrtausend! Der Übers.

ernannt wurden, und zugleich wurde die Zahl der Mitglieder des
Landtages nach und nach stark verringert. Die gesetzgebende Gewalt
blieb in den Händen des Königs und des Althings (d. h. der „lögrétta“)
gemeinsam, obgleich das letztgenannte auch ohne Mitwirkung des
Königs Urteile fällen oder Beschlüsse fassen konnte, die volle Gesetzes-
kraft hatten.

Im Jahre 1380 wurde Island zugleich mit Norwegen mit Dänemark vereinigt, ohne dass dies eine Änderung seiner staatsrechtlichen Stellung herbeiführte, bis im Jahre 1662 durch den Erb-
huldigungseid, den die Isländer am 28. Juli 1662 Friedrich III. und
seinen Nachkommen leisteten, die Alleinherrschaft des Königs zur
Geltung gelangte. Es wurden jetzt — gegen das Ende des 17. Jahrhunderts — mehrere neue Ämter geschaffen (Stiftshauptmann, Landesvogt, d. h. Verwalter der Landeskasse, und Amtmann), während die
Leitung der isländischen Verwaltung der königlichen Kanzlei und der
Rentenkammer in Kopenhagen vorbehalten war. Indessen blieb einstweilen das Althing noch weiter bestehen, und zwar sowohl als richterliche wie auch — wenigstens teilweise, nämlich durch Althings-
beschlüsse — als gesetzgebende Körperschaft (jedenfalls bis 1720),
obgleich sein Einfluss von Jahr zu Jahr geringer wurde, bis es im
Jahre 1800 vollständig aufgehoben und nach dem Vorbilde Norwegens
durch ein „Landesobergericht“ mit dem Sitze in der Hauptstadt
Reykjavík ersetzt wurde. Im Jahre 1814 wurde Islands Verbindung
mit Norwegen gänzlich gelöst, indem es bei der Abtretung dieses
Landes in dänischem Besitz blieb.

Als im Jahre 1831 die dänischen Provinzialstände errichtet wurden,
wurde festgesetzt, dass Island zur Ständeversammlung der Inselbezirke
Vertreter, die einstweilen vom Könige ernannt wurden, entsenden sollte.
Aber sofort erhoben sich von dänischer, wie namentlich auch von
isländischer Seite aus Stimmen dagegen, die darauf aufmerksam
machten, dass aus geschichtlichen und aus Zweckmässigkeitsgründen
Island Anspruch auf eine eigene Volksvertretung im Lande selbst habe,
die auch allein ihm von Nutzen sein könne. Diese Auffassung vertrat
besonders der isländische Rechtsgelehrte Baldvin Einarsson, dessen
Schrift „Die dänischen Provinzialstände mit besonderer Rücksicht auf
Island“ zugleich in dänischer und isländischer Sprache erschien. So
kam es schliesslich dahin, dass durch Verfügung vom 8. März 1843 das

Althing von neuem errichtet wurde, und zwar als beratende Versammlung, welche die ausschliesslich Island betreffenden Gesetze und Angelegenheiten behandeln sollte.

Als am 5. Juni 1849 das dänische Grundgesetz in Kraft trat, sollte es anfangs auch für Island Gültigkeit haben, und deshalb war dies auch auf der Reichsversammlung von 1848 vertreten. Aber da Island früher stets ein eigenes gesetzgeberisches Gebiet gebildet hatte, so wurde auf ein von den Isländern eingegangenes Bittgesuch hin schon vor der Veröffentlichung des Grundgesetzes ein Vorbehalt hinsichtlich seiner Gültigkeit für Island gemacht, indem eine königliche Verordnung vom 23. September 1848 erklärte, „dass die Bestimmungen, die mit Rücksicht auf Islands besondere Verhältnisse notwendig sein dürften, um die staatsrechtliche Stellung dieses Landes innerhalb des Reiches zu ordnen, nicht endgültig getroffen werden sollten, ehe man die Isländer in einer besonderen Versammlung in ihrem Lande darüber gehört hätte". In Übereinstimmung hiermit berief die Regierung

29. Baldvin Einarsson.

im Juli 1851 eine Art isländische Nationalversammlung nach Reykjavík und liess dieser Vorschläge für die Regelung der staatsrechtlichen Stellung Islands im Reiche und der dortigen Reichstagswahlen zugehen, deren wichtigste Bestimmung die war, dass die Grundgesetze des Königreichs Dänemark auch für Island gelten sollten, jedoch mit einzelnen, näher angegebenen Einschränkungen. So sollte für die Angelegenheiten, die ausschliesslich Islands innere Verhältnisse betrafen, die gesetzgebende Gewalt nicht vom Könige und dem Reichstage, sondern vom Könige unter Mitwirkung des Althings ausgeübt werden. Zum (dänischen) Reichstage sollte Island 4 Vertreter in das Folkething und 2 in das Landsthing entsenden, und wenn Anträge auf Änderung der für Island geltenden gesetzlichen Bestimmungen mit Rücksicht auf das Wohl des Gesamtstaates dem Reichstage vorgelegt

würden, so erklärte sich die Regierung bereit, soweit dies möglich, vorher
darüber eine Meinungsäusserung des Althings einzuholen. Es sollte zwar
eine besondere isländische Landeskasse eingerichtet werden, der grösste
Teil der Landeseinnahmen jedoch in die Staatskasse fliessen, die dafür
die Gehälter der höheren Beamten Islands zu zahlen verpflichtet war.
Auf diese Vorschläge wollte die isländische Versammlung nicht
eingehen, vielmehr hob der
für diese Angelegenheit
eingesetzte Ausschuss, in
dem der grosse Vaterlandsfreund Archivar Jón
Sigurðsson den Vorsitz
führte, in seinem Gut-
achten hervor, dass Island
durch die Union vom
Jahre 1262 zu Norwegen
und damit später auch zu
Dänemark in ein freies
Bundesverhältnis getreten
sei und infolgedessen hinsichtlich seiner eigenen Angelegenheiten nicht etwa
nur auf eine gewisse pro-
vinzielle Selbständigkeit
Anspruch habe, wie sie
in jenem Entwurfe vor-

30. Jón Sigurðsson.

gesehen sei, sondern auf Gleichstellung mit dem Reiche und auf
einen möglichst grossen Anteil an der Staatshoheit, also vor allem
auf vollständiges Steuer- und Bewilligungsrecht, sowie auf einen
eigenen obersten Gerichtshof im Lande, und auf eigene, auf Island
ansässige und vor dem Althing verantwortliche Minister. Island sollte
also sozusagen nur durch Personalunion mit Dänemark verbunden sein,
indem es König und Thronfolge mit diesem gemeinsam hätte, während
es im übrigen von besonderen Abmachungen abhängen sollte, was
Island sonst noch mit Dänemark oder anderen Teilen des Reiches
gemeinsam hätte. Der König sollte alle Beamten ernennen und einen
Minister als Vertreter Islands in seiner Umgebung haben. Dieses Gut-

achten des isländischen Verfassungsausschusses kam indessen überhaupt nicht zur Verhandlung, indem der Bevollmächtigte des Königs, sobald er einsah, dass die gewünschte grundsätzliche Anerkennung des dänischen Grundgesetzes als auch für Island bindend nicht zu erreichen war, die Versammlung auflöste, ohne ein Ergebnis erzielt zu haben. Nun wurden während der folgenden zwanzig Jahre verschiedene erfolglose Versuche gemacht, eine Einigung hinsichtlich der isländischen Verfassungs- und Finanzangelegenheit herbeizuführen, bis endlich die staatsrechtliche Stellung Islands im Reiche durch Gesetz vom 2. Januar 1871 festgelegt wurde, freilich ohne Mitwirkung von seiten der Isländer. Dies veranlasste das Althing dagegen Verwahrung einzulegen und zu erklären, dass es dieses Gesetz nicht als für Island bindend anerkennen könne, während es andererseits sich bereit erklärte, den in diesem festgesetzten Zuschuss des Reiches zur isländischen Landeskasse als Ersatz für die zugunsten des Reichsschatzes verkauften Klostergüter anzunehmen.

Nachdem so Islands staatsrechtliche Stellung geregelt war, waren noch seine inneren Angelegenheiten gesetzlich zu ordnen, doch konnte darüber zwischen der Regierung und dem Althing keine Einigung erzielt werden. Da jene im Jahre 1873 keine darauf bezügliche Vorlage einbrachte, nahm das Althing einen aus persönlicher Anregung hervorgegangenen Antrag an, nach welchem die Leitung der isländischen Verwaltung einem vom Könige zu ernennenden und auf Island ansässigen Jarl übertragen werden sollte. Dieser sollte durch besondere, von ihm berufene und dem Althing gegenüber verantwortliche Minister seine Befugnisse ausüben; ferner sollte ein eigener oberster Gerichtshof nach Art des dänischen „Højesteret" errichtet werden usw. Aber gleichzeitig stellte das Althing den einstweiligen Antrag, der König möchte, falls er jenem Beschlusse die Bestätigung versage, im Laufe des Jahres 1874 zur Feier der tausendjährigen Besiedelung Islands dem Lande eine Verfassung geben, die mit jenem Beschlusse des Althings nach Möglichkeit übereinstimme. Mit Beziehung hierauf erliess der König, da das Althing gewissermassen ihm die Sache anheimgestellt hatte, unter dem 5. Januar 1874 ein Verfassungsgesetz für Islands innere Angelegenheiten. Dieses trat am 1. August desselben Jahres in Kraft.

b) Islands gegenwärtige Verfassung. Diese beruht auf den beiden Gesetzen vom 2. Januar 1871 und vom 5. Januar 1874, die als zwei

Teile eines und desselben Verfassungsgesetzes angesehen werden können,
von denen jenes die Island und Dänemark gemeinsamen Angelegenheiten und Islands staatsrechtliche Stellung im Reichsganzen behandelt,
während das zweite sich auf die inneren Angelegenheiten Islands
oder die Regelung der gesetzgebenden, ausführenden und richterlichen
Gewalt, soweit jene dabei in Betracht kommen, bezieht.

Nach dem Gesetz vom 2. Januar 1871 bezüglich Islands ver-
fassungsmässiger Stellung im Reiche ist Island „ein untrenn-
barer Teil des dänischen Staates mit besonderen Freiheiten". Dementsprechend werden alle isländischen Angelegenheiten in zwei Klassen
eingeteilt: eigene (innerisländische) und gemeinsame (Reichsangelegenheiten). Innerisländische Angelegenheiten sind: 1. das bürgerliche
Recht, das Strafrecht und die Rechtspflege, doch mit der Einschränkung,
dass das dänische Höchstgericht (Höjesteret) bis auf weiteres die
oberste Behörde auch für isländische Rechtsfälle bleibt. 2. Die Polizei.
3. Kirche und Schule. 4. Ärztewesen und Gesundheitspflege. 5. Gemeindeverwaltung und Armenpflege. 6. Wegeverwaltung und Postwesen. 7. Landwirtschaft, Fischerei, Handel, Schiffahrt und andere
Gewerbe. 8. Unmittelbare und mittelbare Steuern. 9. Landeseigentum,
Stiftungen und sonstige öffentliche Gelder. Alle hier nicht aufgezählten Angelegenheiten gelten als gemeinsame oder Reichsangelegenheiten. — Islands innere Angelegenheiten gehören nicht ins Gebiet
der gesetzgebenden Körperschaften des dänischen Reiches, während
andererseits die gemeinsamen oder Reichsangelegenheiten diesen ausschliesslich unterstehen. An der Gesetzgebung auf dem letztgenannten
Gebiete hat allerdings Island keinen Anteil, solange es im Reichstage
nicht vertreten ist; indessen kann solange auch keine Forderung für
Bedürfnisse des Reiches an Island gestellt werden. Die Frage der
Vertretung Islands im Reichstage kann nur durch ein Gesetz geregelt
werden, das sowohl von den gesetzgebenden Körperschaften des Reiches,
als auch von denen Islands angenommen worden ist.

Gemäss dem Verfassungsgesetze für Islands innere Angelegenheiten vom 5. Januar 1874 hat Island in allen inneren
Fragen „seine eigene Gesetzgebung und Verwaltung". Die gesetzgebende Gewalt liegt in den Händen des Königs und des Althings
gemeinsam, die ausführende in denen des Königs allein und die richterliche in denen der Gerichtsbehörden. Die evangelisch-lutherische Kirche

ist die isländische Landeskirche und geniesst als solche Unterstützung und Schutz der Obrigkeit. Im übrigen ist das isländische Verfassungs- gesetz in allen wesentlichen Punkten nach dem Vorbilde des dänischen Grundgesetzes vom 28. Juli 1866 abgefasst, und das Althing ist im ganzen mit denselben Rechten ausgestattet wie der dänische Reichstag. Immerhin sind die Abweichungen — auch abgesehen von denen, die die örtlichen Verhältnisse notwendig machten — recht beträchtlich. Dies gilt namentlich von den Bestimmungen über die verschiedenen

31. Althingsgebäude (und Landesbücherei).

Vertreter der Regierung und ihr Verhältnis zum Althing, sowie über die Zusammensetzung dieser Körperschaft.

Das Althing besteht aus 36 Mitgliedern,[1] von denen 30 vom Volke gewählt[2] und 6 vom Könige ernannt werden, und zwar stets auf 6 Jahre. Es umfasst zwei Kammern oder „Abteilungen": das Oberhaus, das „obere Abteilung" genannt wird, mit 12, und das Unterhaus, das „untere Abteilung" genannt wird, mit 24 Mitgliedern.[3] Dem erst- genannten gehören alle vom Könige ernannten Mitglieder an und ausser- dem 6,[4] die von dem vereinigten Althing, so oft dies nach einer neuen Wahl zusammentritt, unter den vom Volke gewählten Abgeordneten für

---

[1] jetzt: 40 (s. Seite 47). [2] jetzt: 34. [3] jetzt: 14 bezw. 26. [4] jetzt: 8.

den ganzen Zeitraum ausgewählt werden. Die untere Abteilung besteht
aus den übrigen 24 vom Volke gewählten Abgeordneten.[1]) Zu den
regelmässigen Tagungen versammelt sich das Althing am ersten Wochen-
tage im Juli jedes zweiten Jahres; um länger als 6 Wochen[2]) zu tagen,
bedarf es der königlichen Genehmigung. Die Sitzungen sind öffentlich,
die Geschäftsordnung ist gesetzlich festgelegt. Um gültige Beschlüsse
fassen zu können, ist in beiden Abteilungen die Anwesenheit von
zwei Dritteln der Mitglieder[3]) und ihre Teilnahme an der Abstimmung
erforderlich. Wird zwischen den beiden Kammern eine Einigung nicht
erzielt, so bilden sie eine gemeinsame Kammer, und die Angelegenheit
wird dann von dem Gesamt-Althing entschieden, wo zur Beschlussfassung
zwei Drittel der abgegebenen Stimmen erforderlich sind, ausser für
Gesetze betreffs allgemeiner Geldbewilligungen und Bewilligung von
Zulagen, bei denen einfache Stimmenmehrheit genügt. Wenn ein
Antrag auf Verfassungsänderung in beiden Abteilungen angenommen
wird, so muss die Regierung, mag sie zu der Sache stehen, wie sie
will, das Althing auflösen und Neuwahlen ausschreiben. Wenn das
neugewählte Althing den Antrag ohne jede Änderung annimmt, so wird
der Beschluss dem Könige vorgelegt, der dann zu entscheiden hat, ob
er ihn bestätigen will oder nicht.

Die Wahlen zum Althing sind durch Gesetz vom 14. September
1877 und 3. Oktober 1903 geordnet. Das ganze Land ist in 19 Wahlkreise eingeteilt, von denen die 8 kleineren je einen, die übrigen 11 je
zwei Vertreter wählen.[5]) Das Wahlrecht erlangt jeder unbescholtene und
zuverlässige Mann mit der Vollendung des 25. Lebensjahres, wenn er
mindestens ein Jahr in dem betreffenden Wahlkreise ansässig gewesen
ist und entweder als Landwirt Abgaben an Staat und Gemeinde entrichtet,
oder als Bewohner einer Stadt mindestens 8 Kronen[4]) städtische Steuern
zahlt, oder als Hausbesitzer nicht unter 12 Kronen[4]); ferner jeder Beamte,

---

[1]) jetzt: 26.   [2]) jetzt: 8 Wochen.   [3]) jetzt: von mehr als der Hälfte.   [4]) jetzt:
4 Kr. (s. Seite 47).

[5]) Da die Zahl der Abgeordneten durch das neue Gesetz um 4 vermehrt
worden ist, so wird auf der nächsten Tagung des Althings (1905) eine Neueinteilung
der Wahlkreise stattfinden. Bis dahin sollen die 4 Städte je einem dieser 4 Abgeordneten wählen, wodurch also Reykjavik, das schon bisher einen Vertreter hatte,
2 Abgeordnete erhält. Ísafjörður, Akureyri und Seyðisfjörður hatten bis jetzt keine
eigene Vertretung im Landtage. Die Wahl dieser 4 neuen Mitglieder geht im
September 1904 zum ersten Male vor sich.   Der Verfasser.

sowie endlich jeder, der sich einer akademischen Prüfung an der Hochschule zu Kopenhagen oder einer Abgangsprüfung an der Pfarrer- oder Ärzteschule in Reykjavík unterzogen hat, sofern er nicht in privaten Diensten steht. Wählbar ist jeder Wahlberechtigte, wenn er das dreissigste Lebensjahr vollendet hat, wenn er ferner während der letzten fünf Jahre seinen ständigen Wohnsitz in den europäischen Gebieten Dänemarks gehabt hat und in keinem Untertanen- oder Abhängigkeitsverhältnis zu fremden Staaten steht. Die Wahlen erfolgen in geheimer Abstimmung durch Stimmzettel; gewählt ist, wer die meisten Stimmen hat.

Der König hat die höchste Vollmacht in allen inneren Angelegenheiten Islands und übt diese durch seinen „Minister für Island" aus, der vor dem Althing freilich nur für die Aufrechterhaltung der Verfassung verantwortlich ist.[1]) Etwaige Klagen des Althings gegen den Minister kommen zur Entscheidung vor das dänische Höchstgericht. Die oberste Vollmacht auf Island ist unter Verantwortung des Ministers einem von dem Könige ernannten Landeshauptmann oder Statthalter (landshöfðingi) übertragen, der seinen Sitz auf Island hat.[2]) Sein Geschäftsbereich wird vom Könige festgesetzt, und er verhandelt im Namen der Regierung mit dem Althing. Glaubt dies Grund zur Beschwerde zu haben über die Art und Weise, wie der Landeshauptmann sein Amt verwaltet, so bestimmt der König, nachdem das Althing in jedem einzelnen Falle seinen Antrag gestellt hat, ob und wie er zur Verantwortung gezogen werden soll.

c) Die Verfassungsdurchsicht. Trotz der grossen Fortschritte, die die Einführung der Verfassung vom 5. Januar 1874 für die Isländer bedeutete, waren diese mit der hierdurch erzielten Regelung der Verfassungsfrage keineswegs zufrieden. Besonders nahm man Anstoss an der äusserst geringen Verantwortung, die sowohl der Minister, als auch der Landeshauptmann hatten, ferner an dem Rechte der Regierung, die Hälfte der Sitze in der oberen Abteilung zu vergeben, denn dadurch erhielt diese die Macht, die Durchführung jeder Reform, die ihr nicht genehm war, zu verhindern. Und die Unzufriedenheit wuchs noch mehr, als es sich herausstellte, dass kein besonderer Minister für Island ernannt, sondern die Leitung der isländischen Verwaltung dem dänischen Justiz-

---

[1]) Jetzt: für die Gesamthaltung der Regierung verantwortlich (s. Seite 46).

[2]) Das Amt des Landeshauptmanns ist jetzt infolge des abgeänderten Verfassungsgesetzes vom 3. Oktober 1903 in Wegfall geraten.

minister übertragen wurde. Denn bei dessen Ernennung wurde nicht
die geringste Rücksicht darauf genommen, ob er mit den isländischen
Verhältnissen irgendwie vertraut war oder die isländische Sprache
beherrschte, obgleich diese die amtliche Landessprache war. Da endlich
die Regierung auch von ihrem Einspruchsrecht gegenüber den vom
Althing angenommenen Gesetzen einen ausgedehnten Gebrauch machte,
so wurde die Missstimmung im Lande immer grösser.

Schon im Jahre 1881 wurde daher der Kampf um die Verfassung
von neuem aufgenommen, indem einer von Jón Sigurðssons alten
Kampfgenossen, der Bezirkshaupt-
mann Benedikt Sveinsson, den
Antrag auf eine durchgreifende
Verfassungsänderung stellte. Er
forderte unter anderem die Abschaffung sowohl des Ministeriums
für Island, als auch der Landes-
hauptmannschaft in Reykjavík. An
ihrer Stelle sollte eine eigene
Regierung auf Island errichtet
werden, die aus einem vom
Könige ernannten unverantwort-
lichen Regierungsverweser und
einem von diesem berufenen
Ministerium von höchstens drei Mitgliedern bestände. Der Regierungs-

32. Benedikt Sveinsson.

verweser und seine Minister sollten — entsprechend dem dänischen
Staatsrate — einen Landesrat bilden, in dem alle Gesetze und sonstige
wichtige Massnahmen der Regierung beraten werden sollten. Der
Regierungsverweser sollte die Gesetze (mit Ausnahme von Verfassungsänderungen) bestätigen und im grossen und ganzen völlig an die Stelle
des Königs treten. Die Minister sollten dem Althing gegenüber
verantwortlich sein, und die gegen sie erhobenen Anklagen von einem
„Landesgericht" (nach dem Vorbilde des dänischen Reichsgerichts)
abgeurteilt werden, das aus einer gewissen Anzahl von Mitgliedern der
oberen Abteilung und den Mitgliedern des höchsten inländischen
Gerichtshofes sich zusammensetzte. Die Berufung von Mitgliedern
der oberen Abteilung durch den König sollte aufhören und sämtliche

Abgeordnete vom Volke gewählt werden. Gleichzeitig wurde in einem besonderen Antrage die Errichtung eines eigenen Höchstgerichts für Island gefordert.

Diese Anträge wurden darauf in jeder Tagung des Althings bis zum Jahre 1895 immer von neuem eingebracht und jedesmal von der unteren Abteilung angenommen, während sie in der oberen in der Regel auf starken Widerstand stiessen. Doch gelang es zweimal, auf die in der Verfassung vorgeschriebene Weise (in zwei aufeinander folgenden Tagungen, zwischen denen eine Auflösung des Althings statt-gefunden hatte), ihre Annahme in beiden Abteilungen durchzusetzen, nämlich in den Tagungen von 1885—86 und 1893—94. Aber in beiden Fällen versagte die Regierung diesem Beschlusse ihre Bestätigung unter Hinweis auf die in dem „Allerhöchsten Erlasse an die Isländer" vom 2. November 1885 angeführten Gründe, worin hervorgehoben wurde, dass die vorgeschlagene Regelung „gegen die bestehende Staats-verfassung streite und mit Islands staatsrechtlicher Stellung als eines untrennbaren Teiles des dänischen Staates unvereinbar sei". Auch sei die vorgeschlagene Verwaltungsform allzu kostspielig für ein so armes Land wie Island.

In der Tagung von 1895 entschloss sich die Mehrheit des Althings, den alten Antrag auf Durchsicht der Verfassung fallen zu lassen, und nahm dafür einen Beschluss an, in dem die Regierung aufgefordert wurde, ihrerseits eine Vorlage zu einer Verfassungsdurchsicht einzu-bringen, indem man gleichzeitig hervorhob, auf welche Punkte das Althing das grösste Gewicht legte. Aber auch auf diesen Vorschlag wollte die Regierung nicht eingehen.

Es hatte sich um diese Zeit sowohl der isländischen Abgeordneten, als auch ihrer Wähler eine grosse Verwirrung und Ratlosigkeit bemächtigt. Die einen wollten den Kampf auf dem einmal ein-geschlagenen Wege fortsetzen und den alten Antrag auf Durchsicht der Verfassung wieder aufnehmen, die andern hielten dies wegen des Widerstandes der Regierung für aussichtslos und fanden ausserdem den Antrag selbst in verschiedenen Punkten nicht sehr zweckmässig. Darin waren indessen alle einig, dass die bestehende Ordnung unhaltbar sei, und dass eine Änderung herbeigeführt werden müsse. So erschienen denn in der isländischen Presse verschiedene mehr oder weniger seltsame Vorschläge, z. B. man solle das Recht der einst-

weiligen Beanstandung („suspensives Veto") fordern, oder eine völlige
Lostrennung von Dänemark usw., diese fanden jedoch wenig Anklang.

Um dieser allgemeinen Verwirrung ein Ende zu machen und
womöglich dem langwierigen und für das Land äusserst schädlichen
Kampfe um die Verfassung wenigstens einen vorläufigen Abschluss zu
geben, arbeitete nun der Dozent an der Hochschule zu Kopenhagen,
Dr. Valtýr Guðmundsson,[1]) der im Jahre 1894 zum Mitgliede des Althings gewählt worden war, einen neuen Entwurf zu einer Verfassungsänderung aus, den er zum ersten Male in der „Juristischen Gesellschaft"
zu Kopenhagen in einem am 6. November 1895 gehaltenen Vortrage
darlegte. Er war der Ansicht, dass durch seine Verwirklichung die
empfindlichsten Mängel des bestehenden Zustandes beseitigt werden
könnten, ohne andererseits den staatlichen Zusammenhang zwischen
Dänemark und Island zu lockern. Dieser neue Vermittlungsvorschlag
lief darauf hinaus, im wesentlichen die bestehende Ordnung beizu-
behalten, nur mit folgenden Abänderungen: Es sollte ein besonderer
Minister für Island ernannt werden, der die isländische Sprache
beherrschte und persönlich vor dem Althing erscheinen und mit
diesem verhandeln könnte. Ferner sollte er nicht nur für die Aufrechterhaltung der Verfassung, sondern zugleich für die Gesamthaltung
der Regierung verantwortlich sein, soweit sich diese auf die inneren
Angelegenheiten Islands beziehe. Endlich sollten die Bestimmungen
der isländischen Verfassung, die sich auf Verfassungsänderungen
beziehen (§ 61), mit den entsprechenden Bestimmungen des dänischen
Grundgesetzes (§ 95) in volle Übereinstimmung gebracht werden.

Diesen Antrag erklärte die Regierung für annehmbar, und ebenso
wurde er in der nächsten Tagung des Althings (1897) von der oberen
Abteilung angenommen, während er in der unteren mit einer Mehrheit von drei Stimmen abgelehnt wurde. Auch 1899 wurde er von
der oberen Abteilung angenommen, dagegen ergab die Abstimmung
der unteren Abteilung Stimmengleichheit, so dass der Antrag auch
diesmal nicht durchging. Da die Wahldauer nun zu Ende war und
die Neuwahlen den Anhängern des Antrages eine geringe Mehrheit
verschafften, so wurde dieser 1901 zum dritten Male gestellt und diesmal von dem gesamten Althing angenommen, nachdem man jedoch

---

[1]) Der Verfasser dieses Buches. Der Übers.

die Bestimmung betreffs der Änderung des § 61 der Verfassung
ausgeschieden, sowie einige neue Bestimmungen hinzugefügt hatte, die
unter anderem forderten, dass die Anzahl der vom Volke zu wählenden
Abgeordneten auf 34 vermehrt würde. Von diesen sollten 8 der oberen
Abteilung angehören, so dass hierdurch die eigentlichen Volksvertreter
in dieser die Mehrheit erhielten. Ferner sollte zur Fassung eines
rechtsgültigen Beschlusses, sowohl in den einzelnen Abteilungen, als
auch in dem vereinigten Althing es genügen, wenn mehr als die Hälfte
der Mitglieder anwesend sei und an der Abstimmung teilnehme; das
Wahlrecht sollte dahin erweitert werden, dass alle unabhängigen Männer
in den Städten und Landgemeinden mit vollendetem 25. Lebensjahre
das Wahlrecht hätten, wenn sie eine Gemeindeabgabe von mindestens
4 Kronen jährlich zahlten; die Dauer der einzelnen Tagungen sollte (auch
ohne königliche Genehmigung) bis zu 8 Wochen verlängert werden usw.

Da indessen gerade zu dieser Zeit die Nachricht kam, dass in
Dänemark durch einen vollständigen Umschwung ein Ministerium der
Linken ans Ruder gekommen war, von dem man erwartete, dass es
gegenüber den Forderungen der Isländer eine wohlwollendere Haltung
einnehmen werde, so sprach die obere Abteilung, die über den Antrag
zuletzt verhandelt hatte, bei dieser Gelegenheit in einer Adresse an
den König sich dahin aus, dass eine völlig befriedigende Ordnung der
Verhältnisse erst dann erreicht sein würde, wenn die Spitze der
isländischen Verwaltung im Lande selbst ihren Sitz habe. In Be-
antwortung dieser Adresse wurde durch „Allerhöchsten Erlass an die
Isländer" vom 10. Januar 1902 diesen kundgetan, dass der König
nicht nur die in dem angenommenen Antrage vorgeschlagenen
Änderungen genehmigen, sondern zugleich auch dem in der Adresse
ausgesprochenen Wunsche entsprechen wolle, dass das Ministerium
für Island seinen Sitz in Reykjavík habe. Dementsprechend
wurde das Althing in demselben Jahre (1902) zu einer ausserordentlichen Tagung einberufen, und in dieser brachte die Regierung
einen Verfassungsentwurf ein, der die gleichen Bestimmungen enthielt
wie der 1901 vom Althing angenommene und dazu die weitere, dass
der Minister für Island in Reykjavík seinen Sitz haben, aber, so oft
es erforderlich sei, sich nach Kopenhagen begeben solle, um im Staatsrate dem Könige Gesetze und wichtige Regierungsmassnahmen vor-
zulegen. Danach hat die isländische Landeskasse das Gehalt und das

Ruhegehalt des Ministers, sowie die durch die Reisen nach Kopenhagen entstehenden Unkosten zu tragen. Falls der Minister stirbt, so
erledigt bis zur Ernennung des Nachfolgers der Landessekretär seine
Amtsgeschäfte auf eigene Verantwortung. Der Minister vergibt die
Stellen, deren Besetzung bisher Sache des Landeshauptmanns gewesen
ist. — Nachdem diese Vorlage, der Verfassung entsprechend, in zwei
aufeinander folgenden Tagungen des Althings, 1902 und 1903,
angenommen worden war, wurde sie vom Könige unter dem
3. Oktober 1903 als Verfassungsgesetz betreffs Abänderung der
Verfassung für Islands innere Angelegenheiten vom 5. Januar 1874
bestätigt; dieses trat mit dem 1. Februar 1904 in Kraft. An dem
gleichen Tage (3. Oktober 1903) bestätigte der König ein vom Althing
angenommenes Gesetz betreffs der Neuregelung der obersten Verwaltung Islands, das die Errichtung eines Ministeriums für Island in
Reykjavík anordnet, mit einem Landessekretär und drei Abteilungs-
vorstehern, deren Ernennung dem Könige obliegt, wohingegen die
Ämter des Statthalters oder Landeshauptmanns, des Statthalterei-
sekretärs und des Landesrevisors in Wegfall kommen. Mit dem
1. Oktober 1904 gehen auch die beiden Amtmannsstellen ein und
wird die Stiftsobrigkeit aufgehoben. Sobald die Stelle des Landes-
vogtes oder Finanzdirektors erledigt sein wird, hört auch dieses Amt
auf. Die Amtsgeschäfte der eingegangenen Stellen sollen ganz oder
teilweise dem Ministerium für Island übertragen werden, doch bleibt
es im übrigen der Entscheidung des Königs vorbehalten, in welcher
Weise ihre Erledigung zu geschehen hat.

Gleichzeitig mit der Bestätigung dieser Gesetze wurde durch
königliche Entschliessung angeordnet, dass künftighin ein sitzender,
nach links blickender weisser isländischer Falke in blauem Felde das
Wappen Islands darstellen solle.

2. Die Verwaltung.

An der Spitze der inneren Verwaltung Islands steht unter dem
Könige das „Ministerium für Island", dessen Leitung nunmehr einem
in Reykjavík wohnenden Minister übertragen worden ist. Dies besteht
aus einer einzigen Kanzlei, deren Vorsteher den Titel eines Landes-
sekretärs führt, und umfasst drei Abteilungen, an deren Spitze je ein
vom Könige ernannter Direktor steht. Ausserdem untersteht dem

Ministerium eine kleine Abteilung in Kopenhagen, deren Vorsteher vom Minister angestellt wird.

Dem Ministerium sind gegenwärtig noch zwei „Amtleute" (Regierungspräsidenten) unterstellt, der eine für das Süd- und Westamt mit dem Sitze in Reykjavík, der andere für das Nord- und Ostamt mit dem Sitze in Akureyri. Auf Grund des Gesetzes vom 3. Oktober 1903 werden diese Ämter indessen vom 1. Oktober 1904 ab eingehen. Den Amtleuten unterstehen 17 Bezirkshauptleute und 4 „Ortsvögte". Einen eigenen Ortsvogt hat jedoch nur Reykjavík, während in den drei andern Städten dieses Amt mit dem des Bezirkshauptmanns vereinigt ist. Die Bezirkshaupt-

leute und Ortsvögte sind sowohl Unterrichter, als auch eine Art untergeordneter Obrigkeit: Polizeidirektoren, Gerichtsschreiber, Erbschafts-richter, sowie Steueraufsichts-beamte. Jeder Bezirkshaupt-mann hat eine gewisse An-zahl Gemeindevorsteher unter sich, gewöhnlich einen, bis-weilen zwei in jeder Land-gemeinde. Diese können im Namen des Bezirkshaupt-

33. Ministergebäude in Reykjavík.

manns und auf seine Verantwortung hin minder wichtige Schulzen-geschäfte erledigen, Versteigerungen abhalten usw.

3. Die Gemeindeverwaltung.

Die Gemeinden haben, unter Oberaufsicht des Ministers, das Recht der Selbstverwaltung. Dazu gehören folgende Gebiete: Armen-pflege und Unterstützungswesen, örtliche Wegeverwaltung, Volks-schulen, Polizei und gesundheitliche Massregeln, gewisse Anordnungen für Landwirtschaft, Fischerei und andere Gewerbe, sowie in den Stadt-gemeinden verschiedene ausschliesslich städtische Angelegenheiten, und endlich die Beschaffung der Mittel für Gemeindezwecke. Die Ver-waltung der Landgemeinden wird von einem „Gemeinderat" (hreppsnefnd)

4

geleitet, der selbst seinen Vorsitzenden wählt. Über diesem steht der
„Bezirksrat" (sýslunefnd), in den jede Gemeinde des Bezirks (sýsla)
einen Vertreter entsendet, und an dessen Spitze der Bezirkshauptmann
(sýslumaður) steht. Über dem Bezirksrate endlich steht der „Amtsrat"
(amtsráð), und zwar je einer für die 4 Ämter oder Viertel des Landes;
in diesen wählt jede Gemeinde des Bezirks, bezw. jeder Bezirksrat
einen Vertreter; an der Spitze steht der betreffende „Amtmann" (amt-
maður).[1]) Die Verwaltung der Stadtgemeinden wird von einem Stadtrat
oder Magistrat (baejarstjórn) geleitet, in dem der betreffende Bürgermeister (baejarfógeti, Ortsvogt) den Vorsitz führt; dieser ist dem
Ministerium unmittelbar unterstellt. Das Gemeindewahlrecht haben
mit gewissen Einschränkungen die Frauen ebenso wie die Männer,
und seit 1902 sind die Frauen auch wählbar.

4. Die Gerichtsbehörden.

Es gibt auf Island drei verschiedene Spruchbehörden oder
Instanzen. Die unterste ist das „Untergericht", je eins für jeden
Gerichtssprengel; dies Amt wird von nur einem Richter, d. h. dem
Bezirkshauptmann oder dem Bürgermeister, bekleidet. Über dem Unter-
gericht steht das Landesgericht (wörtl.: Landes-Obergericht) in Reykjavík,
das aus dem Oberrichter als Vorsitzendem und zwei (juristisch gebildeten)
Beisitzern besteht. Von dem Landesgericht kann man bei allen Sachen
von einem gewissen Umfange an Berufung an das „Höchstgericht"
(Hójesteret) in Kopenhagen einlegen, das auch für Island die oberste
Gerichtsbehörde darstellt. Von weiteren Gerichtsbehörden für besondere
Angelegenheiten ist zu nennen ein Gerichtshof für Grenzstreitigkeiten,
gegen dessen Erkenntnisse man auf Grund von Formfehlern oder
gesetzwidriger Entscheidung in der Sache selbst an das Landesgericht
gehen kann; ferner zur Aburteilung der Amtsvergehen von Geistlichen
ein Propsteigericht, gegen dessen Entscheidungen man an das Synodal-
gericht und von diesem an das Höchstgericht zu Kopenhagen Berufung
einlegen kann.

5. Die Kirche.

Island hat (seit 1801) nur noch einen Bischof, dagegen 20 Pröpste
(Superintendenten) und, mit Einschluss der Pröpste, 142 Pfarrer. Der

---

[1]) Nach Abschaffung der Amtmannsstellen (am 1. Oktober 1904) wird in
jedem Amtsrate einer der Bezirkshauptleute den Vorsitz führen.

Bischof, der in Reykjavík seinen Sitz hat, und der Amtmann des Süd-
und Westamtes bilden zusammen die sog. Stiftsobrigkeit [1]) für ganz
Island, die die Oberaufsicht über das gesamte Kirchen- und Schulwesen
des Landes führt. Jede Kirchgemeinde hat einen Gemeindekirchenrat,
der unter dem Vorsitz des Pfarrers die Angelegenheiten der Gemeinde
zu erledigen hat; dieser wird immer auf ein Jahr gewählt, und zwar
auf einer Gemeinde-
versammlung, die all-
jährlich im Mai statt-
findet. Das kirchliche
Wahlrecht haben alle
Männer und Frauen,
die Abgaben an die
Pfarrstelle und die
Kirche zahlen. Jede
Propstei (Diözese)
hat ferner einen Sy-
nodalausschuss, der
aus sämtlichen Pfar-
rern der Diözese und
je einem weltlichen
Vertreter der einzel-
nen Kirchgemeinden
sich zusammensetzt;
an seiner Spitze steht
der Propst der Diö-
zese. Die weltlichen Mitglieder des Synodalausschusses werden von der
Gemeindeversammlung im Mai nach den gleichen Bestimmungen gewählt,
wie sie für die Wahl in den Gemeindekirchenrat gelten. Der Synodal-
ausschuss soll alljährlich im Juni oder September eine Synodalversammlung
(héraðsfundur) abhalten. Ferner findet Anfang Juli jeden Jahres in
Reykjavík unter dem Vorsitz der Stiftsobrigkeit eine Kirchenversammlung
für ganz Island statt, die den Namen „Synodus" führt, und zu der alle
Pfarrer Zutritt haben. Seit 1886 werden die Pfarrstellen in der Regel
durch Wahl besetzt; nach Beratung mit dem Bischof sucht der Minister

34. Domkirche in Reykjavík.

---

[1]) Die Stiftsobrigkeit fällt mit dem 1. Oktober 1904 fort, ihre Amtsgeschäfte
werden von diesem Zeitpunkte ab dem Ministerium für Island übertragen.

4*

von sämtlichen Bewerbern drei aus, von denen die Gemeinde einen zu
wählen hat. Darauf ist die Wahl von dem Minister oder, wenn das
Gehalt 1800 Kronen und darüber beträgt, von dem Könige zu bestätigen.
Zu einer gültigen Wahl ist mindestens die Hälfte der abgegebenen
Stimmen erforderlich; auch muss wenigstens die Hälfte der stimm-
berechtigten Gemeindemitglieder an der Abstimmung teilgenommen
haben. Im entgegengesetzten Falle wird bei Besetzung der Stelle auf
die von seiten der
Gemeinde vorge-
brachten Wünsche
nach Möglichkeit
Rücksicht genom-
men. Von sonsti-
gen kirchlichen
Reformen sind
Gesetze über den
Austritt aus dem
Gemeindever-
bande und über
die Bildung freier
Gemeinden zu er-
wähnen.

35. Rasenkirche in Flugumýri (Nordland).
Nach D. Bruun.

Religiöse Sek-
ten gibt es auf
Island nicht. Die ganze Bevölkerung gehört zur evangelisch-lutherischen
Kirche. Allerdings befindet sich in Reykjavík eine katholische Kirche
und eine katholische Mission, aber diese hat fast gar keine Anhänger.
— Bei weitem die meisten Kirchen auf Island sind aus Holz gebaut,
nur wenige aus Stein. Auch von den alten Kirchen aus Rasenstücken
sind noch einige wenige vorhanden, aber sie sind im Verschwinden.

IV. Volksbildungswesen.

1. Häuslicher Unterricht und öffentliches Schulwesen.

Die Allgemeinbildung der Isländer kann, wenn man alle Verhältnisse in Betracht zieht, als recht befriedigend bezeichnet werden,

obgleich es Übertreibung ist, wenn sie in den Reiseschilderungen
mancher Ausländer als hervorragend hingestellt wird. Diese mussten
freilich erstaunen, wenn
sie unter den islän-
dischen Bauern, die nie
eine Schule besucht
hatten, solche fanden,
die mehrere fremde
Sprachen lesen und bis-
weilen sogar sprechen
konnten; aber immer-
hin gehören diese zu
den Ausnahmen. Frei-
lich verdient schon die
Tatsache, dass es kaum
einen Erwachsenen gibt,

36. Volksschule in Reykjavik.

der nicht lesen und schreiben kann, alle Anerkennung, wenn man
bedenkt, dass bis in die jüngste Zeit der ganze Unterricht ausschliesslich Sache des Hauses war. Erst im letzten Viertel des 19. Jahrhunderts sind eine An-
zahl Volksschulen ent-
standen, indessen gibt
es solche ausser in
den Städten und Han-
delsplätzen nur in
Fischerdörfern und eini-
gen dichter bevölkerten
Landstrichen, und ihre
Zahl beträgt nicht mehr
als etwa 30. Im
übrigen wird der Unter-
richt im Hause erteilt,
und zwar teils von der

37. Mädchenschule in Reykjavik.

Familie selbst, teils von den ungefähr 180 Wanderlehrern, die von Gehöft
zu Gehöft ziehen und sich dort einen oder mehrere Monate aufhalten,
wo dann gewöhnlich die Kinder von verschiedenen Nachbarhöfen sich
versammeln, um Unterricht zu erhalten. Die Geistlichen sind durch

ein Gesetz vom 9. Januar 1880 verpflichtet darauf zu halten, dass die Kinder bis zu ihrer Einsegnung lesen, schreiben und rechnen gelernt haben; aber hierbei bleibt die grosse Masse auch meist stehen. Doch verdient es hervorgehoben zu werden, dass das Lesebedürfnis des Volkes ungewöhnlich gross ist,[1]) und da der Isländer von Natur ausserordentlich begabt ist, so finden sich nicht wenige, die auf eigene Hand durch Lesen den Kreis ihrer Kenntnisse bedeutend erweitern, so dass sie sich mit Leuten, die Unterricht in öffentlichen Schulen genossen haben, durchaus messen können.

Ausser den Volksschulen gibt es noch zwei Realschulen, die eine in Akureyri im Nordlande, die andere in Hafnarfjörður im Südlande. In diesen wird Unterricht erteilt in Isländisch, Dänisch, Englisch, Geschichte, Erdkunde, Naturgeschichte, Physik, Mathematik, Gesang, Turnen usw. Der Realschule zu Hafnarfjörður ist eine Art Lehrerbildungsanstalt

38. Gymnasium nebst Bücherei.

oder Seminar angegliedert. Für die weibliche Jugend gibt es drei Mädchenschulen, in denen sowohl in Handarbeit wie in wissenschaftlichen Fächern unterrichtet wird, und zwar eine in Reykjavík, zwei im Nordlande; ferner eine Koch- und Haushaltungsschule in Reykjavík. In dieser Stadt befindet sich auch ein Gymnasium (die „gelehrte Schule") mit 6 Klassen,[2]) sowie eine Pfarrerschule

---

[1]) Als Beispiel lässt sich anführen, dass, als der Unterzeichnete 1895 in Kopenhagen die isländische Zeitschrift Eimreiðin (Die Lokomotive) mit einer Auflage von 1500 Stück zum ersten Male herausgab, diese im Verlauf weniger Monate ausverkauft war und, da die Nachfrage noch gross war, eine neue Auflage veranstaltet werden musste.   Der Verfasser.

[2]) Beachtenswert ist die Stellung des Deutschen im Unterricht des Gymnasiums. Während Französisch und Englisch sich mit 10 Wochenstunden begnügen müssen und jenes nur auf den beiden obersten, dieses nur auf den 4 untersten Stufen

(theologische Hochschule) und eine Ärzteschule (medizinische Hochschule). Die Besucher der beiden letztgenannten können jedoch nur auf Island fest angestellt werden, und die der Ärzteschule dürfen ihre ärztliche Tätigkeit nur dann ausüben, wenn sie einen Lehrgang an der geburtshülflichen Klinik in Kopenhagen durchgemacht, sowie mindestens ein halbes Jahr hindurch die grösseren Krankenhäuser dieser Stadt besucht haben. Rechtsbeflissene,[1] Philologen, Polytechniker, wie überhaupt alle Studenten, die etwas anderes als Geistliche oder Ärzte werden wollen, müssen zu ihrer weiteren Ausbildung die Hochschule oder die Gewerbehochschule in Kopenhagen aufsuchen, wo ihnen bedeutende Unterstützungen durch die „Regens- und Kommunitätsstiftung" zuteil werden, weshalb auch manche Mediziner und Theologen, die eine gründlichere Ausbildung erstreben, als sie auf Island erlangen können, dorthin gehen. Einzelne Lehrerinnen haben in den letzten Jahren auch in der staatlichen Fortbildungsschule zu Kopenhagen Aufnahme gefunden. An Fachschulen hat Island 4 Landwirtschaftsschulen, von denen jedes Amt

39. Alter Webstuhl
im Museum für Altertümer.
Nach D. Bruun.

eine besitzt, sowie eine Steuermannsschule in Reykjavík. Gewerbeschulen sind nicht vorhanden, falls man nicht einen in Reykjavík begründeten und vom Staate unterstützten Unterricht im Zeichnen und in der Holzschneidekunst dahin rechnen will. Endlich gibt es in

gelehrt wird, hat das Deutsche mit dem wichtigen Dänischen die gleiche Stundenzahl (14) und wird wie dies in allen Klassen unterrichtet. Auf allen Klassenstufen werden deutsche Sprechübungen abgehalten. Abgesehen von einem deutschen Lesebuche wird vor allem der erste Teil von Goethes Faust gelesen. Der Übers.

[1] 1903 wurde vom Althing die Gründung einer „Gesetzesschule" (juristischen Hochschule) beschlossen, welcher Beschluss am 4. März 1904 die königliche Bestätigung erhalten hat; sie kann jedoch erst nach den einstweilen noch ausstehenden Bewilligung der Kosten durch das Althing errichtet werden.   Der Verfasser.

Reykjavík verschiedene private Kurse und Abendschulen, darunter
eine Art Handelsschule. Mit Ausnahme einer einzigen Volksschule
und der Pfarrerschule, die aus der Mitte des 19. Jahrhunderts her-
stammen, sowie des Gymnasiums, das weit älter ist, sind die genannten
Schulen alle erst im letzten Viertel des 19. Jahrhunderts entstanden.

2. Büchereien und Sammlungen.

Islands grösste Büchersammlung ist die Landesbücherei in
Reykjavík (im Anfange des 19. Jahrhunderts von dem bekannten

40. Geschnitzte Holzgegenstände im Museum für Altertümer.
Nach D. Bruun.

dänischen Altertumsforscher C. C. Rafn unter dem Namen einer Stifts-
bücherei begründet) mit 60 000 Bänden und 6000 Handschriften; ihre
Räume befinden sich im Erdgeschoss des Althingsgebäudes. An dieser
ist ein Büchereiverwalter und ein Hülfsarbeiter angestellt; sie hat
einen Lesesaal, der täglich einige Stunden geöffnet ist. Auch das
Gymnasium besitzt eine grosse Bücherei von etwa 10 000 Bänden in
einem Steinbau, den der Engländer Charles Kelsall der Anstalt geschenkt
hat; ferner haben die Pfarrer- und die Ärzteschule kleinere fach-

41. Alte Decke im Museum für Altertümer.
Nach D. Bruun.

wissenschaftliche Büchereien. Die drei übrigen Ämter
des Landes, das West-, Nord- und Ostamt, haben je
eine Amtsbücherei; diese befinden sich in Stykkishólmur, Akureyri und Seyðisfjörður. Ausserdem gibt
es sowohl in den Orten, als auch überall auf dem
Lande kleinere Volksbüchereien und Lesevereine, für
die ausser isländischen auch fremdsprachliche Werke,
besonders solche in dänischer und norwegischer
Sprache, angeschafft werden. In Reykjavík ist endlich
noch ein Landesarchiv, das jedoch erst 1899 als eine
selbständige Einrichtung geschaffen worden ist. Seine
Räume befinden sich im obersten Stock des Althingsgebäudes.

Museen hat Island nur zwei: ein Museum für
(isländische) Altertümer, das mit seinen 4900
Nummern recht reichhaltig ist und eine bedeutende
Anzahl Sehenswürdigkeiten enthält, und ein kleineres
naturwissenschaftliches Museum. Diese befinden sich
beide in Reykjavík, und zwar das Museum für Altertümer im ersten Stock der Landesbank; der Besuch,
für den bestimmte Stunden festgesetzt sind, ist unentgeltlich. Beide stammen aus der letzten Hälfte des
19. Jahrhunderts.

42. Seitenbrett
einer Bettstelle
(Museum für
Altertümer).

43. Mangelbrett im Museum für Altertümer.
Nach D. Bruun.

44. Schrank von 1653
im Museum für Altertümer.
Nach D. Bruun.

3. Gesellschaften zur Hebung der Volksbildung.

Die älteste Gesellschaft dieser Art ist die im Jahre 1816 von dem grossen dänischen Sprachforscher Rasmus Rask gegründete Isländische Literaturgesellschaft, die eine grosse Anzahl guter, teils wissenschaftlicher, teils volkstümlicher Schriften herausgegeben und eine nicht geringe Bedeutung für die Entwicklung des gesamten isländischen Schrifttums gewonnen hat. Diese Gesellschaft, die unter dem Schutze des Königs von Dänemark steht, umfasst zwei Abteilungen, von denen die eine in Reykjavík, die andere in Kopenhagen ihren Sitz hat. Ferner gibt es eine 1879 gegründete Gesellschaft für isländische Altertumsforschung, deren Aufgabe es ist, geschichtliche Stätten zu erforschen und Altertümer zu sammeln; einen Verein der Volksfreunde, seit 1869, der durch Verbreitung gemeinnütziger Schriften wirkt, einen Naturwissenschaftlichen Verein, seit 1889, dessen Tätigkeit im Sammeln von naturwissenschaftlichen Gegenständen und in der Herausgabe eines Jahrbuchs besteht, einen Lehrerverein, eine Bibelgesellschaft, einen Gartenbauverein, eine Landwirtschaftsgesellschaft und verschiedene andere Vereine. Endlich ist noch zu erwähnen, dass der Studentenverein zu Reykjavík alljährlich eine Reihe volkstümlicher Vorträge für Arbeiter, wie überhaupt für die unteren Schichten der Bevölkerung veranstaltet.

4. Presse und Buchhandel.

Zu Beginn des 19. Jahrhunderts gab es auf Island nur

45. Schrein im Museum für Altertümer.
Nach D. Bruun.

eine und zwar alleinberechtigte Druckerei, keine Zeitung und nur eine
einzige Zeitschrift, und es erschienen sehr wenige Bücher. In dieser
Hinsicht sind im Laufe des 19. Jahrhunderts grosse Veränderungen eingetreten. Die Buchdruckerei ist jetzt ein freies Gewerbe, und die Zahl
der Druckereien ist auf 11 gestiegen, von denen 4 sich in Reykjavík
befinden. Die Anzahl der Zeitungen und Zeitschriften ist im Verhältnis
zur Bevölkerungszahl erstaunlich gross. So erscheinen gegenwärtig
nicht weniger als 18 Zeitungen und 12 Zeitschriften verschiedenen
Inhalts, abgesehen von 7 Zeitungen und 2 Zeitschriften in isländischer
Sprache, die in den isländischen Ansiedelungen Amerikas herausgegeben
und auch auf Island gekauft und gelesen werden. Dafür sind die
Blätter freilich klein und erscheinen in grösseren Zwischenräumen; das
grösste (Ísafold) zweimal, andere einmal wöchentlich oder nur alle 14
Tage, einzelne auch nur einmal monatlich. Täglich erscheinende Zeitungen
können infolge der geringen Bevölkerung und der mangelhaften Postverbindung sich noch nicht halten. Ferner wird alljährlich eine
grössere Anzahl Bücher herausgegeben, teils von Vereinigungen, teils
von Verlegern. Die Bücher haben im allgemeinen eine Auflage von
1000—2000 Stück und darüber. In Reykjavík gibt es einen Buch-
händlerverein, der im ganzen Lande Mitglieder hat; aber da die Ent-
fernungen zwischen diesen gleichwohl sehr gross sind, so muss man,
um einen grösseren Absatz zu erzielen, zu Händlern und Schriften-
vertreibern seine Zuflucht nehmen.

5. Staatliche und private Aufwendungen für Volksaufklärung und Wissenschaft.

Von seiten des Staates geschieht ausserordentlich viel für die
Verbreitung von Volksbildung und die Erleichterung der Gelegenheit
zum Unterricht. So zahlt die Landeskasse einen jährlichen Zuschuss
nicht nur an sämtliche Volksschulen, mit Ausnahme der in den vier
Städten, sondern auch an alle Wanderlehrer. Das Gleiche gilt für die
3 Mädchenschulen, die Haushaltungsschule und die 4 Landwirtschaftsschulen. Die gesamten Ausgaben für die höheren Unterrichtsanstalten
— das Gymnasium, die Pfarrer- und die Ärzteschule, die beiden Realschulen und die Steuermannsschule — werden vom Staate bestritten.
In allen diesen Anstalten ist der Unterricht völlig unent-

geltlich, und die Schüler können ausserdem sogar noch grössere oder
kleinere Unterstützungen erhalten, an den höheren Lehranstalten bis
zu 200 Kronen[1]) jährlich. Ferner werden aus der isländischen Landeskasse — abgesehen von festen Zuschüssen an die Landesbücherei, die
Amtsbüchereien und die Büchersammlungen der höheren Lehranstalten
— alljährlich gewisse Summen an Vereine und Zeitschriften, die im
Dienste der Volksaufklärung stehen, sowie an Einzelpersonen für
schriftstellerische und wissenschaftliche Zwecke gezahlt.

Von seiten Einzelner hat sich der Sinn für Förderung der Volksbildung mehr in der Form uneigennützigen Wirkens in ihrem Dienste,
als in der von Stiftungen und Vermächtnissen für diesen Zweck
betätigt. Immerhin gibt es verschiedene solche, aber infolge der Armut
des Volkes sind die meisten ziemlich klein. Als die bedeutendsten
sind zu nennen ein Vermächtnis zugunsten des Volksschulunterrichts
in der Gullbringu Sýsla[2]) von etwa 70 000 Kronen, ferner eine Stiftung
von ungefähr 50 000 Kronen, aus der an würdige Studenten auf
mehrere Jahre Unterstützungen vergeben werden, um diesen den
Besuch fremder Hochschulen[3]) und das Hören philosophischer Vorlesungen zu ermöglichen, sowie als Entgelt für das Halten öffentlicher
philosophischer Vorlesungen in Reykjavík nach ihrer Rückkehr aus
dem Auslande; weiter eine Stiftung von ungefähr 45 000 Kronen zur
Gründung einer Mädchenschule im Westlande — diese Stiftung ruht
indessen noch einstweilen; eine solche von etwa 12 000 Kronen, deren
Zinsen jedes zweite Jahr als Preis für die beste Schrift oder Abhand-
lung über einen Gegenstand aus der Geschichte oder dem Schrifttum
Islands vergeben werden sollen, und endlich eine Reihe sonstiger
kleinerer Stiftungen, die in der Regel mit den verschiedenen Lehranstalten in Verbindung stehen, und von denen eine — für das
Gymnasium — recht stattlich ist.

---

[1]) 1 Krone = 1,13 Mark.
[2]) Der südwestlichste Bezirk, dem auch Reykjavik angehört.
[3]) Für deutsche Leser verdient die Tatsache Erwähnung, dass nach einjährigem
Besuche der Hochschule zu Kopenhagen ein zweijähriger Aufenthalt „an den
besten Hochschulen Deutschlands" vorgeschrieben ist. Der Übers.

V. Schrifttum und Kunst.

1. Entwicklung des neuisländischen Schrifttums.

Von jeher haben die Isländer für geistige Erzeugnisse jeglicher Art — besonders auf den Gebieten der Schönliteratur und der Geschichte — ausserordentlich viel, ja man möchte fast sagen allzuviel Sinn gezeigt, insofern ihre grosse Vorliebe dafür ihren Sinn für praktische Aufgaben ein wenig abgestumpft zu haben scheint. Selbst in der Zeit des tiefsten Verfalls des isländischen Schrifttums fehlte es durchaus nicht an schriftstellerischen Neigungen und herrschte grosse Fruchtbarkeit auf diesem Gebiete; aber der Geschmack war gesunken, die Sprache verdorben und in hohem Grade mit dänischen Wendungen und Redensarten vermischt, und der grosse Verfall auf allen Gebieten bewirkte, dass keine Männer von Bedeutung auftraten, die imstande waren, das Schrifttum zu heben und es zu neuen Bahnen emporzuführen. Hierzu kam es im Grunde erst im 19. Jahrhundert, das deswegen auch mit Recht als die Zeit der Wiedergeburt des isländischen Schrifttums bezeichnet werden kann.

Der Beginn des neuisländischen Schrifttums lässt sich in die Zeit der Reformation oder die Mitte des 16. Jahrhunderts verlegen. Aber in den beiden folgenden und bis zum Schlusse des 18. Jahrhunderts blieb es ziemlich einförmig und zeigte wenig Eigenart. Auf dichterischem Gebiete gab es freilich eine recht umfangreiche Kirchenlieddichtung, aber diese war mit sehr vereinzelten Ausnahmen äusserst unbedeutend. Noch verbreiteter war das Dichten von rímur, ein Gebiet, auf dem man mehr als 100 Verfasser zählt. Diese Dichtungsart bestand darin, dass man Sagas, Märchen und Ritterromane in Verse brachte, so dass jedem Abschnitte der Saga eine ríma (wörtlich = Reim) entsprach, die aus einer gewissen Anzahl (z. B. 50—100) Strophen bestand, während das Ganze eine Rímur-Reihe (rímur) bildete, die eine Anzahl (z. B. 1—24) rímur oder Gesänge umfasste. Die Verse waren immer reichlich gespickt mit mehr oder minder verwickelten dichterischen Umschreibungen, aber ohne eine Spur von feinerer Behandlung des Stoffes, und so wurde diese Dichtungsgattung nach und nach äusserst langweilig und geschmacklos. Immerhin hatte sie Bedeutung als Bindeglied zwischen Vergangenheit und Gegenwart, indem sie zur Bewahrung und zum Verständnis der alten Dichtersprache und der Erinnerungen

aus der Vorzeit ausserordentlich viel beitrug. Wirklich selbständige
Lyrik gab es sehr wenig; dagegen hatte man eine ziemlich grosse
Menge von recht eigenartigen Volksweisen oder Tanzliedern (vikivakar),
die auf Volksfesten gesungen wurden, und die gewöhnlich ein mehr
oder weniger hervortretendes lyrisches Element enthielten.

Bedeutendere Dichter brachte jener ganze Zeitraum eigentlich nur
drei hervor: Im 17. Jahrhundert den Propst Stefán Ólafsson
(1620—88), der besonders im Vergleich zu seinen Zeitgenossen ein
trefflicher Lyriker war, ferner den Pfarrer Hallgrímur Pétursson
(1614—74), der viele wohlgelungene weltliche Lieder verfasste,
vor allem aber als Dichter von Kirchenliedern alle übrigen bei
weitem überragt. Seine Passionslieder, die bisher 40 Auflagen
erlebt haben, sind hervorragende Dichtungen, die sich in gleichem
Masse durch echt dichterische Behandlung, wie durch tiefe religiöse
Empfindung auszeichnen. Das 18. Jahrhundert brachte in dem stell-
vertretenden Gesetzmann (vgl. Seite 35) Eggert Ólafsson (1726—68)
einen vielseitigen Schriftsteller hervor, der ein ebenso bedeutender
Dichter wie Gelehrter war. Seine Dichtungen, die zwar etwas steif
sind, aber sich durch Gedankentiefe, scharfe Beobachtungsgabe und
glühende Vaterlandsliebe auszeichnen, zeigen das Bemühen, das islän-
dische Schrifttum zu heben, indem sie ihm freilich ein neues, fremdes
Element zuführen, aber zu gleicher Zeit ihm einen tieferen nationalen
Gehalt geben durch Erweckung der Liebe zum Vaterlande und der
Begeisterung für seine grosse Vergangenheit, sowie durch bittere
Urteile über den tiefen Verfall, der seine Zeit auf fast allen Gebieten
kennzeichnete. Vor allem lag ihm die Reinigung der Sprache sehr am
Herzen. Dem gleichen Zwecke dienten viele seiner zahlreichen Prosa-
werke, von denen seine „Rejse igennem Island" („Reise durch Island")
als das bedeutendste hervorgehoben werden kann, eine bis heute
unübertroffene wirtschaftlich-statistische und naturwissenschaftliche
Beschreibung Islands, die immer ihren Wert behalten wird. Indessen
blieb Ólafssons Einfluss auf das isländische Schrifttum zunächst verhältnismässig gering, bis 70 Jahre nach seinem Tode 1832 seine gesammelten
Dichtungen zum ersten Male herausgegeben wurden, nachdem sie bis
dahin zum grössten Teile nur wenigen Auserwählten in Abschriften
bekannt geworden waren.

Auch das Prosaschrifttum war in diesem Zeitraum ziemlich

armselig, indem es — abgesehen von einer recht umfangreichen
Erbauungsliteratur — fast ausschliesslich aus Werken über Geschichte
und Altertumswissenschaft (geschichtlichen Jahrbüchern, Lebensbildern
berühmter Männer, Erklärungen und Bearbeitungen von altnordischen
Werken) bestand. Immerhin gab es auf diesem Gebiete mehrere
hervorragende Forscher, von denen besonders folgende zu nennen sind:
Der gelehrte Pfarrer Arngrímur Jónsson (1568—1648), der eine
Reihe wertvoller Schriften in lateinischer Sprache schrieb, der
Geschichtsforscher Thormóður Torfason („Torfaeus", 1636—1719),
der Verfasser gelehrter lateinischer Werke über die Geschichte
des nordischen Altertums, und der Bischof Finnur Jónsson
(1704—1789), dessen Hauptwerk, die Geschichte der isländischen
Kirche bis 1740 („Historia ecclesiastica Islandiae I—IV"), grundlegende
Bedeutung hat und ein wissenschaftliches Werk ersten Ranges ist.
Noch verschiedene andere Schriftsteller zeichneten sich durch grosse
Gelehrsamkeit und Scharfsinn aus, z. B. Björn Jónsson auf Skarðsá,
Páll Vídalín usw.

Um die Wende des 18. und 19. Jahrhunderts lebten auf Island
verschiedene bedeutende Männer, die jeder in seiner Weise der Literatur
frisches Blut zuzuführen suchten, und denen es dadurch gelang, während
des ganzen ersten Drittels des 19. Jahrhunderts dieser ihr Gepräge
zu geben.

Der hervorragendste Dichter war um diese Zeit der Pfarrer Jón
Thorláksson (1744—1819), der es sich zur Aufgabe gemacht hatte,
seinen Landsleuten die Dichtung des Auslandes zugänglich zu machen,
indem er das Beste, was ihm daraus bekannt war, in das Isländische
übertrug. So übersetzte er eine grosse Anzahl dänischer, deutscher
und englischer Dichtungen — von Dänen Tullin, Baggesen, Wessel,
Thaarup, von Deutschen Gellert, Hagedorn, von Bar, Klopstock, von
Engländern Pope und Milton —, und seine Übersetzungen können
durchweg als wohlgelungen bezeichnet werden. Seine Übertragung
von Klopstocks Messias bezeichnet der deutsche Literaturforscher
Dr. Schweitzer in seiner „Geschichte der Skandinavischen Literatur" als
so vorzüglich, dass sie sogar das deutsche Werk weit übertreffe. Ein
ähnlicher Ausspruch liegt von einem bekannten englischen Schriftsteller, dem Pfarrer Henderson, hinsichtlich seiner Übersetzung von
Miltons „verlorenem Paradiese" vor, indem er sagt, diese sei nicht nur

besser als alle andern Übersetzungen, sondern könne sich durchaus mit
der Vorlage messen und scheine an manchen Stellen diese sogar zu
übertreffen, namentlich da, wo der Übersetzer die Umschreibungen
der Edda und mancherlei Zusammensetzungen anwende, die seine
schöne und vollkommene Muttersprache vor allen andern Sprachen
gestatte. Auch der Däne Rasmus Rask, der sich das Verlagsrecht
für die Übersetzung des verlorenen Paradieses sicherte, spricht in
einem noch vorhandenen Briefe vom 24. November 1814 sein
Erstaunen aus, wieviel besser als dem dänischen Übersetzer es
Jón Thorláksson gelungen sei, nicht nur den Geist der Urdichtung,
sondern vor allem auch ihre treffenden Ausdrücke und Wortspiele
wiederzugeben. Und doch konnte Jón Thorláksson nicht einmal
den englischen Wortlaut als Grundlage zu seiner Übersetzung benutzen, sondern musste sich mit einer deutschen und einer dänischen
Übertragung begnügen.

Ausser seinen vielen Übersetzungen verfasste Jón Thorláksson
eine grosse Anzahl selbständiger Gedichte, die sich durch schöne,
natürliche Sprache auszeichnen, und von denen viele hervorragende
Begabung und tiefes Gefühl verraten. Obgleich er sich so viel
mit ausländischen Schriftstellern beschäftigte, so kann man doch in
seinen eigenen Dichtungen keinen wesentlichen Einfluss von dieser
Seite her wahrnehmen. Stets bringt er in ihnen seine persönlichen
Stimmungen zum Ausdruck, und sein Gedankengang ist immer
natürlich und entspricht ebenso sehr seinem eigenen Charakter wie
dem des Volkes, für das er dichtet. Seine Gedichte zeichnen sich
durch Lebendigkeit, Witz und Laune aus, seine satirischen Dichtungen
sind beissend.

Jón Thorláksson hatte sein ganzes Leben hindurch mit der
äussersten Armut zu kämpfen. Er war sehr oft nicht in der Lage die
Dichtungen zu kaufen, die er übersetzen wollte, sondern musste
sich diese gewöhnlich leihen. Ja er würde oft nicht das Allernot-
wendigste zum Leben gehabt haben, wenn er nicht von einzelnen
Gönnern unterstützt worden wäre. Seine Ehe war unglücklich, und
sein Lebensweg war dauernd mit Dornen bestreut. Aber er hatte
immer Freunde, die ihn wegen seiner Dichtungen bewunderten. So
schrieb der Dichter Bjarni Thorarensen einmal einen Vers an ihn,
der in der Übersetzung folgendermassen lautet:

Heil Dir, Du grosser	Den Altersschwachen,
Isländischer Milton!	Und hindert' mich
Nie wurde je ich	Dir Hülfe zu bieten.
Der Armut feind,	Gold gäb' ich Dir,
Bis Dich sie plagte,	Wenn Gold mir eigen.

Auf seine Armut hat Jón Thorláksson selbst ein Lied verfasst, das nach der Übersetzung von Poestion[1]) folgenden Wortlaut hat:

> Die Armut ist meine Begleiterin,
> Seit ich zur Erde geboren bin.
> Wir sind so beisammen als treues Paar
> Gar bald nun schon das siebzigste Jahr.
> Ob je wir uns trennen werden im Leben,
> Weiss Er nur, der uns zusammen gegeben.

Dieses Lied wurde zusammen mit andern Proben seiner Dichtkunst in eine englische Reisebeschreibung aufgenommen, und so kam es, dass eine englische Gesellschaft, die zu dem Zwecke gegründet worden war, Dichter und Schriftsteller zu unterstützen, beschloss, ihm jährlich 270 Rigsdaler (540 Kronen) als Dichtergehalt zu bewilligen. Zu gleicher Zeit verlieh ihm auch König Friedrich VI. von Dänemark — wahrscheinlich durch Vermittelung von Rask — eine lebenslängliche Unterstützung von jährlich 40 Rigsdalern. Allein er sollte das alles nicht lange geniessen, denn er starb noch in demselben Jahre, wenige Monate nachdem er sein Dichtergehalt für das erste Jahr empfangen hatte. In einem der vielen Gedächtnislieder, die bei Gelegenheit seines Todes gedichtet wurden, heisst es: „Der geringste Seraph hüte sich, wenn der Volksdichter Jón Thorláksson sich der Sängerschar beigesellt! Hatte er eine Engelzunge, solange er noch das Gewand irdischen Staubes trug, was kann man dann später alles von ihm erwarten?"

Ein anderer recht bedeutender Dichter dieser Zeit war Sigurður Pétursson (1759—1827). Er besuchte die Schule zu Roskilde auf Seeland und hielt sich 15 Jahre lang in Dänemark auf, ehe er zum Bezirkshauptmann auf Island ernannt wurde. Er hatte während seines langen Aufenthalts in Dänemark seine Muttersprache vollständig vergessen und musste nach seiner Rückkehr in die Heimat diese von

---

[1]) Isländische Dichter der Neuzeit in Charakteristiken und übersetzten Proben ihrer Dichtung. Mit einer Übersicht des Geisteslebens auf Island seit der Reformation. Leipzig 1897. — Ein Werk, dessen Kenntnis für jeden, der das geistige Leben Islands kennen lernen will, unerlässlich ist.　　　Der Übers.

neuem lernen. Infolgedessen ist seine Sprache auch nicht rein, sondern
mit dänischen Wendungen untermischt. Die meisten seiner Gedichte
sind satirischer Art und zum grossen Teile wohlgelungen, aber um sie
völlig zu verstehen, muss man eine genaue Kenntnis der damaligen
isländischen Verhältnisse haben. Er ist in seiner Dichtung wie in
seiner Lebensauffassung dem Norweger Wessel am nächsten verwandt.
Er wollte sein Leben geniessen, solange er lebte, ohne sich um den
folgenden Tag oder gar um das Schicksal, das ihm nach seinem Tode
beschieden wäre, zu bekümmern. In einem Gedichte, das er sein
„Glaubensbekenntnis" nennt, sagt er, er glaube an die Dreieinigkeit;
aber der Vater ist ihm Bacchus, die zweite Person ein Mädchen und
die dritte „der Geist der Pfeife" (der Rauch aus seiner Tabaks-
pfeife)! Seine von ihm selbst verfasste Grabschrift ist der Wessels
sehr ähnlich („Er ass und trank, war niemals froh"). In ihr heisst es
u. a.: „Er ass und trank und schlief, und dann starb er; — die meisten
hoffen, dass seine Seele in den Himmel kommen wird". Als S. Pétursson
sich in Kopenhagen aufhielt, schloss er sich den Norwegern und der
norwegischen Vereinigung an, und besonders Wessel soll viel von ihm
gehalten und einst durch Handauflegen ihn zum Dichter geweiht haben,
damit er so seinen Dichtergeist empfinge, wie wenn ein Geistlicher bei
der Weihung durch den Bischof den heiligen Geist empfängt. Wie
Wessel in seinem komischen Trauerspiel „Liebe ohne Strümpfe" die
Trauerspiele seiner Zeit verspottet, so macht sich auch S. Pétursson
über die geschmacklose isländische Rímur-Dichtung lustig, indem er
Wessels Gedicht „Stella" in eine Reihe von rímur nach Art der elendesten
isländischen Rímur-Dichter mit den geschmacklosesten Umschreibungen
umdichtet, um dadurch dem Volke die Augen zu öffnen und ihm zu
zeigen, wie erbärmlich die Behandlung des Stoffes seitens der Rímur-
Dichter geworden war. Aber er erzielte nicht die beabsichtigte
Wirkung, indem viele die Satire nicht verstanden und seine
Stella-Rímur als echte Rímur-Dichtung beim Volke beliebt wurden.
Er trat auch als dramatischer Dichter hervor und stand als solcher
besonders unter P. A. Heibergs Einfluss, der übrigens auch in
mehreren seiner Gedichte zu spüren ist. Freilich gab es auf Island
keine „Herren von und van", keine Adligen oder Deutschen
zu bekämpfen,[1]) aber man hatte dort etwas Entsprechendes in

---

[1]) Vergl. Poestion: Isländische Dichter der Neuzeit, S. 266.

den Dänen und vor allem dem dänischen Kaufmannsstande, der
damals eine herrschende Stellung auf Island einnahm und die ein-
geborenen Bauern als eine geringere Kaste behandelte, die nicht auf
gleiche Freiheiten und Achtung Anspruch hätte wie er selbst. Gegen
sie sind S. Péturssons Lustspiele gerichtet, die, obgleich sie vom künstlerischen Standpunkte durchaus nicht als hervorragend bezeichnet werden
können, infolge ihrer treffenden, witzigen Wechselreden ausserordentlich
belustigend sind.

Ein dritter, besonders ansprechender Dichter jener Zeit ist
Benedikt Gröndal (1762—1825), Assessor am isländischen Landesgericht. Er scheint vor allem von den klassischen Dichtern Englands,
besonders von Pope, beeinflusst worden zu sein, dessen Werk „der
Tempel des Ruhms" (The Temple of Fame) er in altisländischem
Versmasse übertrug, wodurch die Übersetzung einen kräftigeren Charakter
erhalten hat als die Dichtung selbst und bisweilen an die Lieder der
Edda erinnert. Er übersetzte auch eine Anzahl griechischer und
lateinischer Gedichte. Seine selbständige dichterische Tätigkeit ist
nicht sehr mannigfaltig, doch zeichnet sie sich durch die sorgfältige
Wahl der Stoffe und deren feine dichterische Behandlung aus.

Der eigentliche literarische Bannerträger am Anfange des 19.
Jahrhunderts war indessen der unermüdliche Aufklärungsapostel
Magnús Stephensen (1762—1833), Doktor der Rechte und Oberrichter (Justitiarius) am isländischen Landesgericht, der nicht nur
im buchstäblichen Sinne, sondern auch in Fragen des Geschmacks der
höchste Richter seines Landes war. Er entfaltete eine aussergewöhn-
liche schriftstellerische Tätigkeit, deren Vielseitigkeit geradezu staunens-
wert ist. Er schrieb umfangreiche geschichtliche Abhandlungen, gab
Zeitschriften heraus, verfasste eine Reihe unterhaltender und belehrender
Schriften für das Volk, ferner wissenschaftliche, juristische und natur-
geschichtliche Arbeiten, solche über essbare Tangarten, über Schafzucht,
Landwirtschaft usw. Er gab ein neues Gesangbuch heraus und dichtete
selbst geistliche und weltliche Lieder. Auf seine Veranlassung wurden
auch die Werke der besten ausländischen Schriftsteller ins Isländische
übersetzt. Die einzige Druckerei des Landes war von ihm abhängig,
und er sorgte dafür, dass von dieser fast ausschliesslich gute und
„nützliche" Bücher gedruckt wurden. Auch gründete er eine „Gesellschaft für Volksaufklärung", deren Zweck es war, nützliche Kenntnisse

im Volke zu verbreiten. Auch schrieb er über Musik, verbesserte
den Kirchengesang und brachte die erste Orgel nach Island. Überhaupt
war er unaufhörlich tätig auf allen Gebieten. Als Dichter war er
höchst unbedeutend, und seine Sprache war kläglich. Auch kümmerte
er sich nicht im geringsten um die nationale Eigenart seines Volkes.
Er war Weltbürger durch und durch und machte es sich zur Aufgabe,
europäische Kulturströmungen nach Island zu leiten, ohne die geringste
Rücksicht darauf zu nehmen, ob die heimische Kultur, ja die isländische
Sprache selbst darunter leiden oder gänzlich zugrunde gehen mochte.
Das Volk aufzuklären und seine Lage zu verbessern war für ihn die

46. Magnús Stephensen.

Hauptsache. Hinsichtlich seiner religiösen
Überzeugung war er strenger Rationalist.
Er sah die Religion als notwendig für den
Pöbel an, um diesen soweit in Zucht zu halten,
dass er nicht allzu wilde Ausschweifungen
begehe. Nützte sie hier auf Erden nichts,
so hatte sie keinen Wert. Er würde deshalb gewiss auch nichts gegen den Vorschlag einzuwenden gehabt haben, der einmal in Deutschland gemacht worden ist:
die Kirchtürme als — Windmühlen zu benutzen, wenn es nur Türme auf Island
gegeben hätte. Er wollte jeglichen Aber-
glauben und alle Äusserlichkeiten im
christlichen Glauben ausrotten, und dazu rechnete er auch den an
den Teufel. Er sorgte deshalb dafür, dass in dem Gesangbuche,
das er herausgab, und das auf Island etwa 70 Jahre hindurch
in Gebrauch war, der Name des Teufels nie genannt wurde. Dies
veranlasste den Dichter Jón Thorláksson zu einem Spottgedichte auf
jenes Gesangbuch, in dem es heisst: „Im Buche Esther wird niemals
Gott genannt, obgleich es doch ein Teil der Bibel ist; du, das du
mit Kirchenliedern angefüllt bist, lehrst, dass es keinen Teufel gibt;
es wäre deshalb wohl das beste, wenn ihr beiden Geschwister in einem
Bande zusammen verkauft würdet." Magnús Stephensen hielt alle Religi-
onen für ziemlich gleichwertig, soweit sie die sittlichen Forderungen der
Zeit befriedigten. Daher konnte eins seiner Kirchenlieder so beginnen:
„Unser Gott, Jehovah, Jupiter!", was allgemein Anstoss erregte.

Solange Magnús Stephensen lebte, drückte er der gesamten
schriftstellerischen Tätigkeit Islands den Stempel seines Geistes auf.
Aber mit dem Jahre 1830 tritt ein Wendepunkt im isländischen
Schrifttum ein. Nicht als ob gerade in diesem Jahre eine Schrift von
entscheidender Bedeutung erschienen wäre, sondern weil die Bewegung,
die um diese Zeit entstand, mit der Julirevolution eng zusammenhing,
wie gleichsam ein elektrischer Schlag Europa durchzuckte, durch den
das Nationalgefühl und der Freiheitsdrang der Völker gewaltig ent-
flammt wurde. Zu dieser Zeit studierten auf der Hochschule zu
Kopenhagen einige der besten Söhne Islands, die das 19. Jahrhundert
hervorgebracht hat, und von dieser Studentenkolonie ging jene Bewegung aus. Auch waren damals die hervorragendsten Dichter und
Schriftsteller der Aufklärungszeit entweder schon gestorben oder
standen in hohem Alter, was noch mehr das Aufkommen einer neuen
Richtung begünstigte. Zu dieser Zeit hält denn auch der Idealismus
seinen Einzug in das isländische Schrifttum, oder — was vielleicht
richtiger gesagt ist — kommt darin zum Durchbruch. Denn schon
vorher hatte ja einer der ausgezeichnetsten Vertreter dieser Richtung,
Bjarni Thorarensen, eine Anzahl seiner schönsten Lieder gedichtet,
aber nur wenige von ihnen lagen bereits im Druck vor, und so hatten
sie keine wesentliche umgestaltende Wirkung gehabt, wenn sie auch
sicher einigen von denen bekannt und in gewisser Weise bedeutungsvoll geworden waren, denen es vorbehalten war, die Träger des
Idealismus zu werden.

Der neue Abschnitt des isländischen Schrifttums wird eingeleitet
mit einer Zeitschrift „Fjölnir" („der Vielseitige", ein Name Odins),
deren erster Jahrgang 1835 erschien.

Die Herausgeber waren vier junge Isländer: der Theologe Tómas
Saemundsson, der Dichter und Naturforscher Jónas Hallgrímsson, der
Sprachforscher Konráð Gíslason und der Rechtsgelehrte Brynjúlfur
Pétursson (später Vorsteher der isländischen Regierungsabteilung zu
Kopenhagen, gest. 1851). Diesen schloss sich als Mitarbeiter bald
auch der Dichter Bjarni Thorarensen an. Das Bestreben der Zeitschrift
war, die isländische Literatur zu erneuern, die Sprache zu reinigen und
zu veredeln, das künstlerische Empfinden des Volkes zu heben und die
geist- und geschmacklose Rímur-Dichtung zu bekämpfen, sowie endlich
den Freiheitsdrang und das Nationalgefühl der Isländer anzufachen,

indem sie vor allem Bewunderung für die grosse Vorzeit des Landes
und für Einrichtungen, Schrifttum und Sprache des alten Freistaates
zu wecken suchte. Alle diese Gedanken sind schon in der von Tómas
Saemundsson verfassten Einleitung entwickelt; darauf folgt Jónas
Hallgrímssons schönes Gedicht „Island" (s. den Anhang), worin er in
feiner, anziehender Form Vergangenheit und Gegenwart mit einander
vergleicht und nachweist, wie gross der Rückgang auf allen Gebieten
geworden ist: In alten Tagen trafen sich die edelsten Söhne des Landes
auf dem Althing und machten weise Gesetze, aber nun gibt es kein
Althing mehr, und das Zelt des Goden Snorri — eines der mächtigsten
und weisesten Häupter des Freistaates — wird jetzt als Schafstall
benutzt. Nur das Land selbst ist unverändert; das ist so hinreissend
schön geblieben wie in alten Tagen. — Dies Lied hat eine ähnliche
Bedeutung für Island wie Öhlenschlägers Gedicht „die goldenen
Hörner"[1]) für Dänemark, indem beide Weckrufe zum geistigen Kampfe
sind und eine neue Zeit einleiten.

Der Abschnitt des isländischen Schrifttums, der mit dem Erscheinen
des „Fjölnir" beginnt, und den man etwa von 1830—80 rechnen kann,
wird am besten als „Zeitalter der Wiedergeburt" bezeichnet. Dass tatsächlich die durch die Juli-Revolution hervorgerufene Bewegung den Anstoss dazu gegeben hat, zeigen einerseits einige Schriften, die im Jahre
1832 erschienen[2]) und die als eine Art Vorläufer des „Fjölnir" gelten
können, andererseits diese Zeitschrift selbst. Unter den Übersetzungen, die
in ihrem ersten Hefte als Beiträge erschienen sind, findet sich auch
ein Stück aus Heines „Reisebildern", das bald nach der Revolution
von 1830 geschrieben ist.[3]) In diesem äussert der Dichter unter der
Maske beissender Satire seinen Grimm darüber, dass sein deutsches
Vaterland, sein teures deutsches Volk knechtisch geworden sei und
gleich einem Gefangenen in der Zelle leben müsse; aber gleichzeitig
spricht er die Hoffnung aus, dass die Nacht bald vorüber sei, und dann
werde die Sonne der Freiheit ihre wohltuenden Strahlen über das
Land ausgiessen, denn schon jetzt glühe im — Westen das Morgenrot.

---

[1]) Vgl. Poestion: Isländische Dichter der Neuzeit, S. 292 f.

[2]) Z. B. Baldvin Einarsson: Die dänischen Provinzialstände mit besonderer
Rücksicht auf Island, sowie Tómas Saemundsson: Island, vom geistigen Standpunkte
aus betrachtet.

[3]) Reisebilder, 2. Teil: Schlusswort. (Geschrieben den 29. November 1830.)
Der Übers.

Heine spricht von Deutschland, aber die Herausgeber des Fjölnir wenden
seine Worte auf Island an.   Sie wünschen, dass der Feuerschein der
Juli-Revolution bis nach Island dringe und für dies Land nach der
langen, finsteren Nacht der Unterdrückung ein Morgenrot werde.   In
die gleiche Richtung weist die Wahl zweier Stücke von Lamennais'
„Worte eines Glaubenden" (Paroles d'un croyant), deren zweites mit
folgenden Worten schliesst: „Und der Teufel wird mit den Unter-
drückern der Völker sich in die Winkel des Abgrundes flüchten."
    Aber wenn auch die Literatur von Jung-Island erst um diese
Zeit so recht zur Entwicklung kommt, so finden sich die Keime, aus
denen sie erwachsen ist, doch schon im ersten Drittel des Jahrhunderts.
Der verjüngende Same, der damals ausgesät wurde, lag nur eine
kurze Weile in der Erde verborgen, bis er unter den Strahlen der
aufgehenden Freiheitssonne emporschoss und sich zur Blume entfaltete.   Unter den Säemännern, die ihn ausstreuten, kann der Dichter
Bjarni Thorarensen genannt werden, dessen noch ungedruckte
kraftvolle, phantasiereiche Gedichte sicher auf manchen von den jungen
Leuten eingewirkt haben, in deren Kreis sie bekannt wurden, ferner
der Dichter und Sprachforscher Sveinbjörn Egilsson, der der
Lehrer aller dieser aufstrebenden Geister gewesen ist, und der sowohl
durch seine verdienstvolle Auslegung der alten Skaldenlieder, als auch
durch seine in unübertrefflicher, mustergültiger Sprache verfassten
Übersetzungen der homerischen Dichtungen ohne Zweifel für ihre
Entwicklung die grösste Bedeutung gehabt hat.   Endlich muss unter
sie — als letzter, aber nicht geringster — der berühmte dänische
Sprachforscher Rasmus Rask gerechnet werden, der durch seine
unermüdliche Tätigkeit für die Reinigung und Veredlung der in hohem
Grade verdorbenen isländischen Sprache und durch die Gründung
der „Isländischen Literatur-Gesellschaft" mächtig dazu beitrug, bei den
Isländern das Gefühl der Selbständigkeit und den Eifer für die Wiedergeburt ihres Schrifttums zu wecken.   Infolge des Todes von Rask im
Jahre 1832 verlor die isländische Literatur eine ihrer besten Stützen.
Aber gerade in diesem Jahre gab die von ihm gegründete Gesellschaft
Eggert Ólafssons vaterländische Gedichte heraus, in denen dieser
mit heiligem Eifer zur Reinigung der Sprache auffordert und zeigt,
wie diese veredelt und verjüngt werden könne, indem man nämlich zu
den Goldgruben der altisländischen Sprache zurückkehre und mit ihrer

Hülfe jener die alte klassische Schönheit und Anmut zurückgebe.
Diese Gedichte haben offenbar auf die Herausgeber des Fjölnir starken
Eindruck gemacht. Beide Tatsachen hatten deshalb grosse Bedeutung,
weil sie die jungen Isländer anspornten, nun auch das Ihre zu tun,
um das Lebenswerk dieser Männer fortzusetzen: ihre rastlose Arbeit
für die Erneuerung des isländischen Schrifttums und für die Reinigung
der isländischen Sprache. Als bedeutungsvoll kann schliesslich noch
die Gründung der „Königl. Gesellschaft für altnordische Literatur" bezeichnet werden, die ursprünglich am 2. Januar 1824 von drei Isländern
und einem Dänen gestiftet worden ist, obgleich als amtlicher Grün-
dungstag der 28. Januar 1825, der Geburtstag König Friedrichs VI.,
gilt, sowie die von ihr veranstaltete Ausgabe der „Fornmannasögur",
d. h. altnordischer Sagas, eines Werkes von 12 Bänden, das die Sagas
von den norwegischen und dänischen Königen, die Jómsvíkinga-Saga
u. a. enthält. Die Aufforderung zum Bezuge dieses Werkes wurde
selbstverständlich auch nach Island gesandt und fand hier eine so
warme Aufnahme, dass unter den 50 000 alles andere als wohlhabenden Einwohnern des Landes über 1000 Käufer sich fanden,
von denen mehr als die Hälfte Bauern, arme Häusler, Knechte und
Mägde waren. Die Herausgabe und das Lesen dieser Sagas trug
natürlich viel dazu bei, den Eifer des Volkes für eine reine, schöne
Sprache und den Sinn für das alte Schrifttum zu wecken. Die neue
Richtung war also auf mehrfache Weise gut vorbereitet worden, aber
ernsthaft beginnt sie erst mit dem Fjölnir.

Der Mann, dem die Zeitschrift ihr Dasein verdankte, und der die
Seele des Unternehmens war, ist Tómas Saemundsson (1807—41).
Er war der Sohn eines Landwirts von der Südküste Islands und
bestand im Jahre 1832 an der Hochschule zu Kopenhagen die theologische Prüfung. In demselben Jahre veröffentlichte er in dänischer
Sprache eine Schrift über das isländische Schulwesen („Island, vom
geistigen Standpunkte aus betrachtet"), worauf er auf eigene Kosten
eine zweijährige Reise ins Ausland unternahm. Er besuchte auf dieser
Stettin, Berlin, Leipzig, Dresden, Prag, München, Wien und andere Orte.
In Berlin hielt er sich eine Zeitlang auf und hörte allerlei Vorlesungen,
darunter philosophische bei Steffens, theologische bei Schleiermacher
und Neander und philologische bei Böckh. Namentlich mit Steffens
verkehrte er ziemlich viel, und dieser scheint ihn als eine Art Lands-

mann betrachtet zu haben (Steffens war Norweger). Er schloss ferner
nähere Bekanntschaft mit Professor Levetzow, dem Direktor des Alten
Museums in Berlin. Im folgenden Winter verbrachte T. Saemundsson
mehrere Monate in Rom, und von dort reiste er nach Neapel und
Sizilien und sodann nach Athen, Konstantinopel, Smyrna und anderen
Orten. Den Winter 1833—34 verlebte er in Paris; dann reiste er
über London wieder nach Kopenhagen, wo er im Mai 1834 ankam.
Nach einem Aufenthalt von einigen Monaten daselbst kehrte er in die
isländische Heimat zurück, wo er in der Nähe seines Geburtsortes eine
Pfarrstelle erhalten hatte. Zwei Jahre
später wurde er zum Propst seines
Bezirks ernannt.

Auf seinen Reisen hatte T. Saemundsson noch mehr als vorher
erkannt, wie weit das isländische Volk
auf allen Gebieten zurückgeblieben war,
und er war deshalb bei seiner Rückkehr von heisser Sehnsucht erfüllt, dem
allgemein herrschenden Stillstande
ein Ende zu machen und seine Landsleute zu neuem geistigen Leben zu
wecken, oder wie er selbst sagt: „die
Dämme zu durchbrechen, um den
Lebensstrom des Volkes vorwärts zu
leiten". Er benutzte deshalb seinen

47. Tómas Saemundsson.

kurzen Aufenthalt in Kopenhagen, um eine Art Schriftstellerverein zu
gründen, indem er mit seinen drei oben genannten Freunden eine Zeitschrift
herauszugeben beschloss, deren Bestimmung war, „mehr Leben in das
Volk zu bringen, es wach zu erhalten und sein Glück und seine Bildung zu
fördern". Als aber die Zeitschrift im Jahre darauf (1835) ihr Erscheinen
begann, war T. Saemundsson schon nach Island abgereist. Trotzdem hat
er die ganze Zeit hindurch sowohl in wirtschaftlicher Hinsicht, als auch
durch hervorragende Beiträge mehr als irgend ein anderer die Zeitschrift
am Leben erhalten. Nach seinem Tode ging es schnell mit dieser
abwärts, bis sie nach dem Tode von Jónas Hallgrímsson gänzlich ein-
ging. Indessen war T. Saemundsson niemals mit der Art, wie die
Zeitschrift geleitet wurde, völlig zufrieden gewesen. Er bevorzugte

wirtschaftliche und politische Abhandlungen, er wollte das Nationalgefühl und die Selbständigkeit des Volkes wecken, die Erwerbs-
verhältnisse bessern u. dgl., während seine Mitarbeiter, vor allem
Jónas Hallgrímsson und Konráð Gíslason, das Hauptgewicht auf
Hebung der allgemeinen Bildung, Reinigung der Sprache, Verbesserung
des Geschmacks, überhaupt auf das kritische und ästhetische Gebiet
legten.   Und da der Fjölnir in Kopenhagen gedruckt wurde, so konnten
diese ihren Willen durchsetzen, was zu einem ziemlich heftigen Streite
zwischen ihnen und T. Saemundsson führte, der ihnen Saumseligkeit,
Untätigkeit und Einseitigkeit zum Vorwurf machte.   Obschon ihr
Wirken weit grössere Bedeutung hatte, als er geahnt zu haben scheint,
so sind doch seine Vorwürfe gewiss nicht unberechtigt gewesen; denn
es ist wohl zweifelhaft, ob sie soviel ausgerichtet hätten, wie es tatsächlich der Fall war, wenn er sie nicht beständig angetrieben hätte.
Er war ein äusserst tatkräftiger Mann und ein glühender Vaterlandsfreund,
und er brannte vor Verlangen auf allen Gebieten zu bessern.   So hat er
denn auch mancherlei erreicht, doch hatte er sich auf seiner Ausland-
reise ein Lungenleiden zugezogen, das sich dauernd verschlimmerte,
bis es ihn im Alter von nur 34 Jahren dahinraffte.   In Anbetracht
des kurzen Zeitraums von sieben Jahren, während dessen es ihm nach
seiner Heimkehr vergönnt war, auf Island zu wirken, muss seine
schriftstellerische Tätigkeit als ebenso vielseitig wie bedeutsam bezeichnet
werden.   Seine letzten Abhandlungen schrieb er auf dem Krankenlager.
Wieviel Island und das isländische Schrifttum durch seinen Hingang
verloren haben, das ist schwer zu sagen, doch bekommt man aus
seinen Schriften und Briefen geradezu den Eindruck, dass er die
grösste Persönlichkeit gewesen ist, die Island im 19. Jahrhundert
hervorgebracht hat.

2. Die Schönliteratur.

Obwohl die neue Bewegung auf den meisten Gebieten zu spüren
war, so machte sie sich doch in der Dichtung besonders stark geltend.
Und zwar erfuhr die Lyrik die stärksten Veränderungen, wie denn
auch bei ihr die grössten Fortschritte zu verzeichnen waren.   Der
Idealismus kam zu hoher Blüte, und es entwickelte sich ein
ausserordentlich starkes Nationalgefühl.   Man besang vor allem das

Vaterland und seine Natur in ihrer erhabenen Schönheit und ihrer
ehrfurchtgebietenden Wildheit, sowie die glorreiche Freiheit der Sagazeit, indem man gleichzeitig nicht vergass — oft mit beissendem Spott
— über den tiefen Verfall der Gegenwart zu klagen und mit feuriger
Begeisterung das heranwachsende Geschlecht zu mahnen, sich seiner
gefeierten Vorfahren würdig zu erweisen und alle seine Kräfte der
Aufgabe zu weihen, dem Vaterlande eine glücklichere Zukunft zu
schaffen. Im übrigen waren die Gegenstände, die man in diesen
Liedern behandelte, naturgemäss höchst verschiedener Art: menschliche
Empfindungen, wie Liebe und Hass, Freude und Leid, ferner Leben
und Treiben des Volkes zu Lande und zu Wasser, die Tierwelt des
Landes usw. Sehr häufig sind Gedichte aus Anlass eines oder des
andern Familienereignisses, und unter diesen sind besonders die
eigenartigen Gedächtnislieder auf den Tod von Verwandten oder
Freunden hervorzuheben. Einige dieser Dichtungen sind so hervorragend, dass man in den Literaturschätzen anderer Länder ver-
geblich ihresgleichen sucht. Merkwürdigerweise hat auch die altisländische Skaldendichtung auf diesem Gebiet ihre höchste Vollendung
erreicht (vgl. u. a. „Des Sohnes Verlust" von Egill Skallagrímsson und
das Gedächtnislied auf Hákon den Guten von Eyvindr Finnsson, genannt
skáldaspillir, der Dichterverderber). Auch die aus altisländischer Zeit
bekannte Schmähdichtung ist von einzelnen Dichtern so ausserordentlich erfolgreich gepflegt worden, dass sie besondere Erwähnung verdient. Endlich kann auch die recht bedeutende religiöse Dichtung
genannt werden.

Aber nicht nur in der Wahl der Stoffe und deren dichterischer
Behandlung erfuhr die isländische Lyrik grosse Veränderungen, sondern
auch in metrischer Hinsicht entwickelte sie sich in hohem Grade. So
wurden viele neue, bis dahin unbekannte Versformen eingeführt, z. B.
der Hexameter und der Pentameter, das Sonett, die Terzine, die Stanze
usw. Doch behielt man überall den alten Stabreim, wie man auch
neben den neuen Formen gewöhnlich die alten nationalen Versmasse
der Eddalieder und der Skaldendichtung mit ihrem stark entwickelten
Versreim (Ganz- und Halbreim) benutzte. Auch gab man nicht völlig
die alten Umschreibungen und die mythischen Bilder auf, aber man
suchte ihre Anwendung auf ein Mindestmass einzuschränken, wie
man auch bemüht war, sie zu vereinfachen und sie mit mehr Geschmack

als früher anzuwenden. Infolgedessen und namentlich infolge der
hemmenden Fesseln, die der Stabreim der dichterischen Freiheit auferlegt, ist die isländische Dichtersprache noch heutzutage in der Wahl
der Worte und im Satzbau von der sonstigen Schrift- und Umgangssprache sehr verschieden, wodurch Fremden, mögen sie auch mit der
isländischen Prosasprache noch so vertraut sein, das Verständnis
isländischer Gedichte ausserordentlich erschwert wird.

Unter den lyrischen Dichtern waren die beiden Bahnbrecher
Bjarni Thorarensen und Jónas Hallgrímsson die hervorragendsten. Von diesen ist jener, der
von 1786—1841 lebte, der ältere.
Er war der Sohn eines Bezirkshauptmanns aus angesehenem Ge-
schlechte und kam 1803 nach Kopenhagen, bestand 1806 die juristische
Prüfung, wurde 1811 Assessor am
isländischen Landesgericht und 1833
Amtmann für das Nord- und Ostamt.
Schon während seines Aufenthaltes
in Kopenhagen begann er zu dichten, z. B. 1805 das Lied „Eldgamla Ísafold" (uralte Ísafold, d. h. Island), das
solche Beliebtheit erlangte, dass es
zum Nationalliede erhoben wurde.
Er kam auch zu einer sehr günstigen Zeit nach Kopenhagen, da
die Schlacht vom 2. April 1801[1])

48. Bjarni Thorarensen.

das Volksempfinden erregt und Steffens' berühmte Vorlesungen und
Öhlenschlägers Dichtungen das geistige Leben in Dänemark aufs neue
erweckt hatten. Er schloss sich von vornherein der idealistischen
Richtung an und blieb im ersten Drittel des Jahrhunderts deren einziger Vertreter auf Island.

Man sollte nun meinen, dass Thorarensen, der mit einer ganz
neuen Lebensauffassung und von romantischen Anschauungen erfüllt

---

[1]) Schlacht auf der Reede von Kopenhagen, in der die Engländer unter Parker
und Nelson die dänische Flotte schlugen und Kopenhagen beschossen, vgl. Poestion:
Isländische Dichter der Neuzeit, S. 293.   Der Übers.

nach Island heimkehrte, kräftige Versuche gemacht hätte, diese in die
Literatur einzuführen. Aber das tat er keineswegs, vielleicht weil er
einsah, dass er vorläufig in dieser Hinsicht gegenüber dem allmächtigen
Aufklärungsapostel Magnús Stephensen, der ja ausserdem sein nächster
Vorgesetzter war, nichts ausrichten könne. Solange dieser lebte,
war auch keine Aussicht auf Erfolg. Thorarensens Schaffenslust
äusserte sich daher mehr auf anderen Gebieten. Er war einer der
eifrigsten Vorkämpfer für die Wiedererrichtung des Althings und
verlangte unbedingt, dass es auf der alten Althingsstätte, der
Ebene von Thingvellir, abgehalten würde. Er gründete ferner eine
Vereinigung zur Verbesserung der Wegeverhältnisse, besonders durch
Anlegung von Wegen über das Gebirge zwischen dem Norden und
Süden Islands, um dadurch den Verkehr zwischen diesen beiden Landesteilen zu heben; für diesen Zweck gab er sogar einen namhaften
Beitrag aus seinen eigenen, nicht sehr bedeutenden Mitteln her. Dass
sein Verhältnis zu Stephensen bald sehr gespannt wurde, ist bei der Ver-
schiedenheit ihrer Naturen ganz begreiflich, zumal beide ausserordentlich
arbeitsfreudig und tatkräftig waren. Thorarensen sah in Stephensen
die Verkörperung des Rationalismus, den er verabscheute und auf
allen Gebieten bekämpfte. Er war wie alle Romantiker jener Zeit vor
allem streng national und wünschte die Eigenart des Volkes zu fördern,
um die sich jener nicht im geringsten kümmerte. Stephensens Behandlung der seit den Tagen Alt-Islands fortlebenden isländischen Sprache
weckte bei Thorarensen den grössten Unwillen und Schmerz, denn er
liebte die alte Zeit mit ihren Erinnerungen mehr als irgend eine andere.
Thorarensen war gläubig und religiös, während Stephensen gleich vielen
Rationalisten der Religion völlig gleichgültig gegenüberstand und nahezu
Gottesleugner war, wenn er auch niemals offen als solcher hervortrat.
Der Gegensatz zwischen beiden war infolgedessen auf allen Gebieten
so stark, dass Zusammenstösse unvermeidlich waren, und diese nahmen
bisweilen sehr heftige Formen an, wofür mehrere Gedichte von Thorarensen
sprechendes Zeugnis ablegen.

Der am stärksten hervortretende Zug in Thorarensens Dichtungen
ist seine Vorliebe für alles, was mit der nationalen Eigenart zusammen-
hängt. Er war Isländer vom Scheitel bis zur Sohle. Daher hatte
auch das Volk beim Lesen seiner Gedichte die Empfindung, dass diese
ihm aus der Seele gesprochen, dass sie Geist von seinem Geiste, Blut

von seinem Blute seien. In hohem Grade sind seinen Gedichten
Männlichkeit und Kraft eigen. Er liebt die alte Zeit mit ihren
Reckengestalten und hat gleichsam etwas von dem Helden-
geiste der Sagazeit in sich eingesogen. Er verlebte seine Kindheit in
der erinnerungsreichen Gegend, wo Gunnar, Njáll und Skarpheðinn
gewohnt hatten, und diese edlen Heldengestalten haben ihm immer
als Leitsterne vorgeschwebt. Dieser Gegend galt auch eins seiner
ersten Lieder. Thorarensens Grundsatz ist derselbe wie der der Sagazeit:
lieber mit Ehren fallen, als mit Schande leben. Deshalb fordert er in
dem Liede „Island" (s. den Anhang) sein Vaterland auf, mit seinen
starken Waffen Feuer und Frost gegen Untugenden und Weichlichkeit des Auslandes wie ein Held zu kämpfen, wenn diese sich im
Lande einzuschleichen suchen; aber wenn es nicht vermag, im
Kampfe standzuhalten und seine Kinder vor diesen Übeln zu
behüten, dann soll es sein altes Lager aufsuchen und wieder ins Meer
sinken. Auch sein Gedicht auf den Tod ist bemerkenswert, denn in ihm
tritt gleichfalls jener männliche Zug stark hervor. Wenn er die Natur
besingt, so stellt er sich stets auf den mythologischen Standpunkt,
indem er der Natur Leben und Seele verleiht und die Naturkräfte als
Heldengestalten darstellt. Aus seinen Liebesliedern strömt uns heisse
Leidenschaft entgegen, aber seine Auffassung der Liebe ist rein und edel
und ohne jede Spur von Sinnlichkeit. Seine Lieder zum Gedächtnis verstorbener Freunde sind sehr eigenartig und von hohem dichterischen
Werte. Im ganzen genommen müssen die meisten seiner Gedichte nach
ihrem Inhalte als Meisterwerke bezeichnet werden, während sie in
Bezug auf die Form durchaus nicht vollkommen sind. Er war kein
Reimkünstler und scheint kein rechtes Gefühl für schöne, tadellose Reime
gehabt zu haben.

Jónas Hallgrímsson (1807—45) war der Sohn eines Geistlichen.
Sein Vater, der Hülfsprediger bei dem Dichter Jón Thorláksson war,
starb, als der Sohn neun Jahre alt war. Er bestand 1829 die Reifeprüfung, ging aber erst im Jahre 1832 nach Kopenhagen, wo er die
Rechte zu studieren beabsichtigte; indessen beschäftigte er sich hauptsächlich mit den Naturwissenschaften und daneben mit dem Lesen
ausländischer Dichtungen. Im Jahre 1837 unternahm er auf eigene
Kosten eine Reise nach Island, um die Natur seines Heimatlandes zu
erforschen, und als er zurückkehrte, schrieb er verschiedene natur-

wissenschaftliche Abhandlungen, die solches Aufsehen erregten, dass ihm von Staats wegen eine Unterstützung zuteil wurde, die es ihm ermöglichte, während der Jahre 1839—42 ganz Island zu bereisen. Er hatte vor, ein grösseres Werk über Islands erdkundliche und geologische Verhältnisse zu schreiben, wurde aber leider durch seinen allzu frühen Tod an der Vollendung dieser Arbeit verhindert, die sicher ein Werk von grosser Bedeutung geworden wäre. Nach seiner Rückkehr nach Dänemark hielt er sich teils bei seinem Gönner und Freunde, dem Lektor Japetus Steenstrup in Sorő, teils in Kopenhagen auf, wo er im Frederiks-Hospital am 26. Mai 1845 starb.

Jónas Hallgrímsson war einer der Gründer und Herausgeber des Fjölnir, und von seiner Hand stammen viele der besten Beiträge in dieser Zeitschrift. Durch diese suchte er einerseits die isländische Schönliteratur zu heben, andererseits den Sinn seines Volkes für geistige und politische Unabhängigkeit und das Verständnis für die Natur seines Landes zu wecken, mit der

49. Jónas Hallgrímsson.

seit den Tagen Eggert Ólafssons nahezu niemand sich beschäftigt hatte. Abgesehen von seinen im Fjölnir veröffentlichten Arbeiten über Erdbildung und Tierkunde gab er eine isländische Bearbeitung von Ursins Astronomie heraus und schrieb eine Geschichte der Vulkane Islands, die jedoch nie ganz vollendet wurde, da er keinen Verleger dafür fand. Er war nach dem Ausspruche so angesehener Fachmänner wie Steenstrup und Forchhammer ein hervorragender Naturforscher, und dies kam ihm als Dichter sehr zustatten. Gerade infolge seiner gründlichen Kenntnis der isländischen Natur konnte er wie kein anderer in seinen Gedichten die Schilderung so fesselnd und anziehend gestalten, dass sie ungeteilte Bewunderung erregen und Liebe zum Lande selbst erwecken musste. Als Beispiele hierfür verdienen, ausser dem oben genannten Liede „Island", besondere Hervorhebung die Gedichte „Gunnarshólmi", in dem er die Gegend von Hlíðarendi

und die Liebe des bekannten Sagahelden Gunnar zu dieser schildert,
und „Skjaldbreiður", in dem er die Ebene von Thingvellir darstellt und
ausführt, wie die einstige Althingsstätte durch vulkanische Umwälzungen
gebildet wurde, jene Stätte, für deren Wahl als Versammlungsplatz
des neuerrichteten Althings er nebst seinen Freunden Konráð Gíslason,
Tómas Saemundsson und Bjarni Thorarensen mit aller Macht kämpfte.
Das Gedicht „Gunnarshólmi" machte, als es im Fjölnir zum ersten
Male veröffentlicht wurde, auf Bjarni Thorarensen einen so starken
Eindruck, dass er voll Bewunderung in die Worte ausbrach: „Nun
wird es für mich Zeit, mit dem Dichten aufzuhören!"

Abgesehen von den unübertrefflichen Naturschilderungen zeichnen
sich Jónas Hallgrímssons Gedichte vor allem durch vollendete Form,
gefälligen Reim und eine Anmut der Sprache aus, von der keine
Übersetzung eine Vorstellung geben kann. Die meisterhafte Wahl
des Ausdrucks, der Klang und Wohllaut der Sprache, der auf
isländische Leser so bestrickend wirkt, lassen sich in der Übersetzung
nicht wiedergeben, so dass die Übertragungen getrockneten Pflanzen
gleichen: man kann den Bau und die einzelnen Teile betrachten, aber
Duft und Farbe sind fort. Er war ausserdem ein hervorragender Reimkünstler, der mit grösster Leichtigkeit die schwierigsten altisländischen
Versmasse zu handhaben verstand. Aber nicht nur das, sondern er
führte auch mehrere neue, bisher unbekannte Versformen ein, wie den
Hexameter und den Pentameter, das Sonett, die Terzine und die Stanze.
Von ausländischen Dichtern war Heine sein besonderer Liebling, und
dieser hatte einen nicht geringen Einfluss auf ihn. Er übertrug verschiedene seiner Gedichte, und sowohl diese Übersetzungen wie die
anderer ausländischer Gedichte sind vorzüglich gelungen und haben
ein so eigentümlich isländisches Gepräge erhalten, dass kein Un-
eingeweihter sie für Übersetzungen halten würde. Jónas Hallgrímsson
schrieb ferner mehrere kleine Erzählungen und eine unvollendete
grössere Novelle, sowie einige Märchen im Stile Andersens. Auch auf
diesem Gebiete zeigt sich seine Meisterschaft, besonders was Stil und
Behandlung der Sprache angeht.

Aber nicht nur als Dichter und Naturforscher, sondern auch
als Geschmacksrichter oder literarischer Kritiker hatte Jónas Hallgrímsson grosse Bedeutung. Er hasste die alte geistlose Rímur-
Dichtung, und es verdross ihn, dass man Gefallen daran finden

konnte. Und als in der Zeit von 1831—36 nicht weniger als
13 Rímur-Dichtungen erschienen, richtete er im Fjölnir einen sehr
scharfen Angriff gegen diese Dichtungsart. Die Wirkung war so
überwältigend, dass er tatsächlich durch sie dieser Dichtung den
Todesstoss versetzte. Ein anderes Mal schlug er ein von diesem ganz
verschiedenes, äusserst eigenartiges Verfahren ein. In einer Zeitschrift „Sunnanpósturinn" (die Post aus dem Süden), die von den
obersten Beamten in Reykjavík herausgegeben wurde, erschien eines
Tages ein „Mutterliebe" betiteltes Gedicht, das ein Ereignis behandelte,
das kurz vorher in Norwegen geschehen war: Eine Bettlerin war
bei einem Schneesturme erfroren, während ihre beiden Kinder lebend
bei ihr aufgefunden wurden, indem die Mutter sie in ihre Kleider
eingehüllt und so mit Aufopferung ihres eigenen Lebens gerettet
hatte. Diese Begebenheit eignete sich vorzüglich zur Behandlung
für einen wirklichen Dichter, aber J. Hallgrímsson erschien jenes
Gedicht in so hohem Grade misslungen, dass es bei jedem, der
nur die geringste Spur von Schönheitssinn besass, Anstoss erregen
müsse. Um nun zu zeigen, wie dieser Gegenstand hätte behandelt
werden müssen, arbeitete er das Gedicht um oder verfasste
vielmehr ein völlig neues. Und tatsächlich ist zwischen beiden
ein grosser Unterschied. Auf eine solche Kritik konnte keine
Erwiderung erfolgen, denn die Bewunderung für das neue Gedicht liess jeden Widerspruch verstummen und zwang alle zu
dem Eingeständnis, dass das erste jämmerlich gewesen sei.
Diese Kritik hat also sicher mehr Erfolg gehabt als viele lange
Abhandlungen.

Jónas Hallgrímsson gilt mit Recht als der zweitgrösste isländische
Dichter des 19. Jahrhunderts; aber er hat weit grössere Beliebtheit
beim Volke erlangt als Thorarensen. Auch wird er von vielen weit
höher gestellt als dieser, was indessen kaum ganz berechtigt ist.
Freilich hat er viel mehr Einfluss auf das isländische Schrifttum
ausgeübt als jener, was zum Teil darauf beruht, dass er es sich
bewusst zur Aufgabe gemacht hat, jenes zu heben. Aber wenn
auch der grössere Teil der Ehre für die Neugestaltung der isländischen Schönliteratur unbestreitbar Hallgrímsson gebührt, so darf
man doch andererseits nicht vergessen, dass auch Thorarensen sehr
viel dazu beigetragen hat, wenn auch mehr mittelbar. Schon als

Hallgrímsson das Gymnasium zu Bessastaðir[1]) besuchte, sammelte er
mehrere von Thorarensens Gedichten, die damals nur in Abschriften
bekannt waren, und las sie häufig seinen Mitschülern laut vor, indem
er gleichzeitig seine höchste Bewunderung für sie aussprach.
Thorarensens Gedichte haben also ohne Zweifel in nicht geringem
Grade zur Entwicklung von Hallgrímssons Dichtergabe beigetragen.
Und sobald dieser und seine Bundesgenossen ihren Kampf für
die Wiedergeburt der Literatur begannen, schloss Thorarensen sich
ihnen · an und sandte mehrere Gedichte zur Veröffentlichung im
Fjölnir. Er hält auch keineswegs mit der Anerkennung von Hallgrímsson als Dichter zurück, wie sein oben angeführter Ausspruch über
„Gunnarshólmi" beweist. Ein anderes Mal soll er, als er im letzten
Jahre seines Lebens Hallgrímsson in Reykjavík auf der Strasse traf,
zu diesem gesagt haben: „Wenn ich gestorben bin, wirst du unser
einziger Volksdichter sein, Jónas".

Vergleicht man Bjarni Thorarensen und Jónas Hallgrímsson mit
einander, so ergibt sich, dass beide gleich ideal gesinnt, gleich national,
gleich begeistert für die Vorzeit und ihre Erinnerungen sind. Aber
im übrigen ist ihr Wesen recht verschieden. Während Thorarensen
sich besonders mit der Gefühls- und Gedankenwelt beschäftigt, besingt Hallgrímsson vor allem die sinnlich wahrnehmbare Aussenwelt,
die Natur. Thorarensen mit seiner hochfliegenden Phantasie, seiner
überwältigenden Kraft und seinen tiefen, leidenschaftlichen Empfindungen
erhebt sich höher als Hallgrímsson; dafür übertrifft dieser Thorarensen
durch die vollendete Form, durch seine reine, wohlklingende Sprache
und seine wundervollen Bilder, die den Leser so sehr gefangen nehmen,
dass er ihn sofort lieb gewinnt und bewundert. Thorarensen dichtet
nur, um seinen Empfindungen Luft zu machen, wenn etwas von aussen
auf ihn einwirkt, so dass seine dichterischen Ergüsse den Ausbrüchen
des Vulkans gleichen, der nur dann Flammen speit, wenn sein Inneres
so sehr erregt worden ist, dass seine Felsenfesseln nicht länger Widerstand
leisten. Deshalb spielt die Form bei ihm eine untergeordnete Rolle.
Im Gegensatz dazu hat Hallgrímsson beim Dichten einen bewussten
Zweck vor Augen, darum sind seine Gedichte fein gemeisselte, form-
vollendete, wohldurchdachte Kunstwerke. Wenn Thorarensen die Natur
besingt, so legt er allen Dingen menschliche Eigenschaften bei; er kann

---

[1]) Von dort wurde diese Anstalt 1846 nach der Hauptstadt verlegt. Der Übers.

die Natur nicht schildern, ohne sie zu beseelen, er braucht Gedanken und Gefühle, mit denen er sein Spiel treiben kann. Das Entgegengesetzte ist bei Hallgrímsson der Fall. Er schildert die Natur um ihrer selbst willen und um ihre wundervolle Sprache zu deuten, und gerade seine Naturschilderungen gehören zu dem Vollkommensten, was er gedichtet hat. Die Naturkräfte bleiben bei ihm, was sie sind, und werden nicht zu Heldengestalten wie bei Thorarensen. Bei beiden tritt uns glühende Liebe zum Vaterlande entgegen; aber während diese bei Thorarensen sich vor allem als Liebe zu den Kindern des Landes, zum Volke äussert, gilt Hallgrímssons Liebe weit mehr dem Lande selbst und seiner Natur. Beide ergänzen also einander stets und stehen, jeder in seiner Weise, ungefähr gleich hoch. Der deutsche Literaturhistoriker Dr. Schweitzer hat den Unterschied zwischen ihnen in der Weise gekennzeichnet, dass er Thorarensen den isländischen Goethe, Hallgrímsson den isländischen Schiller nennt.

In den Spuren dieser beiden hervorragendsten Dichter wandelte eine grosse Schar anderer Lyriker, von denen einige noch am Leben sind. Von diesen

50. Grímur Thomsen.

können folgende als die bedeutendsten hervorgehoben werden:

Jón Thóroddsen (1819—68), Bezirkshauptmann. Er verfasste hauptsächlich leichte, anmutige, humoristische Gedichte, erlangte aber vielleicht seine höchste Bedeutung als Verfasser von Novellen (vgl. S. 88).

Gísli Brynjúlfsson (1827—88), Dozent an der Hochschule zu Kopenhagen. Sein Hauptgebiet waren politische Gedichte und wehmütige Trauer- und Liebeslieder.

Grímur Thomsen (1820—96), Doktor der Philosophie und Bevollmächtigter im Ministerium für äussere Angelegenheiten zu Kopenhagen, nahm 1866 seinen Abschied und lebte darauf als Landwirt und Althingsmitglied anf seinem väterlichen Gute Bessastaðir auf Island. Er war als Dichter Thorarensen am nächsten verwandt und wie dieser

C*

kein Reimkünstler. Am bezeichnendsten für ihn sind seine männlich-
kräftigen Balladen, die oft in einem sehr eigenartigen Stil geschrieben
sind und im Tone dem Volksliede nahe stehen. Er verfasste ferner
eine Reihe ästhetischer, geschichtlicher und philosophischer Abhandlungen, und zwar meist in dänischer oder einer andern fremden
Sprache.

Sigurður Breiðfjörð (1798—1846), ein armer Böttcher, der
sich einige Jahre in Kopenhagen und drei Jahre in Grönland, im
übrigen aber auf Island aufhielt. Er war als Rímur-Dichter und als
Lyriker äusserst fruchtbar. Der letzte und beste Vertreter der Rímur-
Dichtung, erlangte er beim Volke grössere Beliebtheit als alle anderen
isländischen Dichter. Seine Gedichte zeichnen sich vor allem durch
grosses Reimgeschick und durch einen leichten, gutmütigen Humor
aus; er war das isländische Gegenstück zu dem Dänen Jens Baggesen,
dem er glich und den er nachahmte.

Kristján Jónsson (1842—69), der Sohn eines armen Bauern,
der schon in einem Alter von fünf Jahren seinen Vater verlor und
von da ab bis zu seinem zwölften Jahre mit seiner Mutter in äusserst
dürftigen Verhältnissen lebte. Von 1854—63 stand er bei verschiedenen Bauern seiner engeren Heimat in Dienst, und obgleich er,
wie die meisten isländischen Kinder in entlegenen Gegenden, keinen
andern Unterricht als den üblichen in der Familie erhalten hatte, so
begann er doch schon damals Gedichte zu machen, von denen er
einige zum Abdruck an isländische Blätter sandte. Diese erregten so
grosse Aufmerksamkeit, dass einige Beamte in Reykjavík, die ihn
persönlich nie gesehen hatten und nur seine Lieder kannten, beschlossen,
ihm eine bessere Ausbildung zuteil werden zu lassen. Er wurde jetzt
zur Aufnahme ins Gymnasium vorbereitet und machte auf diesem die
drei untersten Klassen durch, alsdann verliess er die Schule und übernahm eine Hauslehrerstelle im Ostlande, auf der er in einem Alter
von noch nicht 27 Jahren starb. Während seiner Schulzeit schrieb er
eine Menge lyrischer Gedichte, die nach seinem Tode herausgegeben
wurden und auf Island sehr beliebt sind. Er war als Dichter durch und
durch Pessimist, verfasste jedoch auch einzelne humoristische Gedichte.

Hjálmar Jónsson (1796—1875), nach seinem Wohnorte „Hjálmar
von Bóla" genannt, war ein armer Bauer, der während seines ganzen
Lebens mit der äussersten Not zu kämpfen hatte und keine weitere

Bildung besass als die, die er sich selber
angeeignet hatte. Er war ein hervorragender Dichter, der sowohl durch seine
kraftvolle Art und seine treffenden, ursprünglichen Bilder, wie auch durch
seine unübertroffenen Spottgedichte an
die eigenartigsten Gestalten der alten
Zeit erinnert.

Von noch lebenden lyrischen Dichtern, die dieser Zeit angehören, sind
folgende die bedeutendsten:

Benedikt Gröndal, geb. 1826,
ehemaliger Gymnasiallehrer zu Reykjavík,
Sohn des Sprachforschers und Dichters
Sveinbjörn Egilsson und ein Enkel des

51. Benedikt Gröndal d. J.

Dichters Benedikt Gröndal d. Ä. (vgl. S. 67), nach dem er jenen
Namen erhalten hat. Er hat eine sehr grosse schriftstellerische Tätigkeit
auf den verschiedensten Gebieten entfaltet und ist ein genial-phantastischer
Dichter, jedoch bisweilen ein wenig unklar und ziemlich schwülstig.

Páll Ólafsson, geb. 1827, Gutsbesitzer und Verwalter von
Staatsgütern, steht infolge seines einzigartigen Humors, seiner leicht-
fliessenden Reime und der unge-
wöhnlichen Feinheit seiner Sprache
beim Volke ausserordentlich in
Gunst. Seine Gedichte sind erst
vor einigen Jahren im Druck erschienen, sind aber zum grossen
Teile längst im ganzen Lande bekannt gewesen, teils durch Abschriften und mündliche Verbreitung, teils durch Zeitungen.

Steingrímur Thorsteins-
son, geb. 1830, Philologe und
Oberlehrer am Gymnasium zu
Reykjavík. Er ist als Schriftsteller äusserst tätig gewesen,

52. Steingrímur Thorsteinsson.

namentlich als Übersetzer ausländischer Dichtungen. Seine lyrischen Gedichte sind stimmungsvoll und von schöner Form, aber Einbildungskraft und Schwung sind bei ihm nicht besonders stark entwickelt, ausser wo er die Freiheit besingt. Auch wohlgelungene satirische Sinngedichte entstammen seiner Feder.

Matthías Jochumsson, geb. 1835, Pfarrer. Er zeichnet sich durch seine feurig-geniale Art und seine glühende Sprache aus, die freilich leider bisweilen mit unklaren, zum Teil sinnlosen Wendungen untermischt ist. Manche von seinen Gedichten gleichen deshalb rohen, ungeschliffenen Diamanten. Er hat ausserdem mehrere Schauspiele verfasst und entfaltet eine umfangreiche schriftstellerische Tätigkeit. Er bezieht gegenwärtig ein Schriftstellergehalt von 2000 Kronen.

Jón Ólafsson, geb. 1850, Schriftsteller und Politiker, hat ein wechselvolles Leben geführt und sich hin und wieder in Amerika oder anderswo im Auslande aufgehalten. Er verfasste in seinen jüngeren Jahren leidenschaftliche Freiheitslieder und hat sich besonders durch politische Gedichte hervorgetan. Er ist ein wenig von norwegischen Dichtern beeinflusst und

53. Matthías Jochumsson.

kann in mancher Hinsicht als Vorläufer des Realismus betrachtet werden.

Die meisten von diesen Dichtern, besonders aber Steingrímur Thorsteinsson und Matthías Jochumsson, sind, abgesehen von ihren selbständigen Dichtungen, auch als Übersetzer ausländischer Gedichte und Schauspiele von Bedeutung.

Um 1880 begann eine realistische Richtung im isländischen Schrifttum sich geltend zu machen. Wieder geht die Bewegung von der isländischen Studentenschaft in Kopenhagen aus. Und wie seinerzeit der Kampf für den Idealismus durch eine Zeitschrift eingeleitet worden war, so gaben auch jetzt, d. h. seit 1882, vier junge Studenten, die die geistvollen Vorträge von Georg Brandes gehört und sich begeistert seinen Ansichten angeschlossen hatten, eine neue Zeitschrift „Verðandi" (in der nordischen Götterlehre der Name jener der drei

Nornen oder Schicksalsgöttinnen, die die Gegenwart darstellt) heraus, die ihren Landsleuten das neue Evangelium verkündigen sollte. Von lyrischen Dichtern, die dieser Richtung angehören, sind zu nennen:

Thorsteinn Erlingsson, geb. 1858, Herausgeber einer Zeitung. Er schreibt in leichten, fein ausgemeisselten Versen teils scharf herausfordernde sozialistische Lieder, teils zarte, lyrische Gedichte voll weicher Stimmung. Er bezieht gegenwärtig ein Schriftstellergehalt.

Einar Hjörleifsson, geb. 1859, ebenfalls Herausgeber einer Zeitung, eine mehr grüblerische Natur. Seine stimmungsvollen, oft wehmütigen Verse legen Zeugnis ab von echter Menschenliebe. Er hat auch vortreffliche Novellen geschrieben (vgl. S. 90).

Hannes Hafsteinn, geb. 1861, Bezirkshauptmann. Er steht dem Dänen Holger Drachmann sehr nahe und ist in nicht geringem Grade von ihm beeinflusst. Seine wohlklingenden Verse sprudeln von Lebenslust und waren anfangs sehr leidenschaftlich und rücksichtslos; aber seit er die Amtsuniform angelegt hat, ist es merkwürdig still geworden.

54. Thorsteinn Erlingsson.

Von geistlichen Dichtern sind vor allem zu erwähnen: Helgi Hálfdanarson (1826—94), Lehrer an der Pfarrerschule zu Reykjavík, und der Propst Valdimar Briem, geb. 1848, der bedeutendste geistliche Dichter des 19. Jahrhunderts, der u. a. ein aus 209 Gesängen bestehendes Werk über biblische Stoffe geschrieben und Davids Psalmen umgedichtet hat.

Dramatische Dichtung gibt es auf Island erst seit dem 19. Jahrhundert; sie hat stets eine etwas untergeordnete Rolle im isländischen Schrifttum gespielt, was sich aus der Tatsache zur Genüge erklärt, dass das Land bis in die neueste Zeit keine feste Schaubühne besessen hat. Immerhin sind auch in dieser Hinsicht verschiedene mehr oder minder erfolgreiche Versuche gemacht worden, aber etwas Hervorragendes ist bis jetzt dabei noch nicht herausgekommen. Als

die tüchtigsten Dramatiker sind zu nennen: Sigurður Pétursson
(vgl. S. 65), Matthías Jochumsson (vgl. S. 86) und der Revisor
Indriði Einarsson, geb. 1851. Von den Schauspielen des letztgenannten ist eins („Schwert und Krummstab") ins Dänische und
Deutsche[1]), ein anderes ins Englische übersetzt worden. — Von
isländischen Übertragungen ausländischer Schauspiele liegt eine ganze
Reihe vor (Stücke von Shakespeare, Byron, Ibsen, Holberg, Hostrup u. a.).
Noch jünger als die dramatische ist die isländische Novellendichtung, sofern man nicht einige altisländische Sagas als Novellen
betrachten will, was im Grunde
ganz berechtigt wäre. So ist z. B.
die „Víglundarsaga" eine echte
Novelle, und dasselbe gilt von
verschiedenen andern. Stellt man
sich auf diesen Standpunkt, so
kann man die Isländer als die
ältesten Novellendichter der Welt
bezeichnen. Hiervon abgesehen
wurde der erste Versuch auf diesem
Gebiete um 1840 von Jónas
Hallgrímsson (vgl. S. 78) gemacht. Aber was er als Novellist
schuf, kann wegen seines geringen
Umfanges und zum Teil auch, weil

55. Jón Thóroddsen.

es Bruchstück geblieben ist, nicht als etwas Hervorragendes bezeichnet
werden, obgleich es in mancher Hinsicht trefflich gelungen ist. Ihm folgte
um 1850 Jón Thóroddsen (vgl. S. 83) mit den beiden Novellen „Dálítil
ferðasaga" (eine kleine Reiseschilderung) und „Piltur og stúlka",[2]) sowie
später einem unvollendet gebliebenen grösseren Roman „Maður og kona"
(Mann und Frau). Thóroddsens Novellen, die am ersten von Auerbach
beeinflusst zu sein scheinen, sind ganz vortrefflich; sie zeichnen sich durch
lebendige Darstellung und schöne Sprache aus und bieten eine vorzügliche

---

[1]) „Schwert und Krummstab", historisches Schauspiel in 5 Aufzügen, deutsch
von M. phil. Carl Küchler, Berlin 1900. — Die bisher einzige deutsche Übersetzung
eines isländischen Stückes!   Der Übers.

[2]) „Jüngling und Mädchen", deutsch von J. C. Poestion, Reclams Universal-
bibliothek, Nr. 2226—27, 4. Auflage.

Schilderung des isländischen Volkslebens und seiner Eigenart. Besonders „Piltur og stúlka" (Jüngling und Mädchen) hat auf Island grossen Anklang gefunden und ist in mehrere fremde Sprachen — Dänisch, Deutsch, Englisch und Niederländisch — übersetzt worden. In dänischer Sprache liegen sogar zwei verschiedene Übertragungen vor, in englischer drei, und die deutsche Übersetzung hat vier Auflagen erlebt. — Den Spuren Jón Thóroddsens folgte eine Anzahl weiterer Novellisten, so der Pfarrer Páll Sigurðsson (1839—87), die tätige Schriftstellerin Frau Torfhildur Holm (geb. 1845) und mehrere andere.

Seit sich um 1880 die realistische Richtung geltend zu machen beginnt, kommt neues Leben in die Novellendichtung. Während die früheren Verfasser sich, wie es scheint, nur das Ziel gesteckt haben, ihre Leser zu unterhalten, sehen die neueren ihre Aufgabe mehr darin, einen wirklichen Beitrag zum Verständnis des Lebens und der Gesetze der Gegenwart zu liefern und, indem sie die Aufmerksamkeit auf manche bisher nicht beachtete Schäden und Mängel lenken, beim Leser eine klarere und richtigere Auffassung der geschilderten Verhältnisse herbeizuführen.

56. Gestur Pálsson.

Der bedeutendste unter diesen jüngeren Novellisten ist der Schriftsteller Gestur Pálsson (1852—91), gestorben als Herausgeber eines isländischen Blattes zu Winnipeg in Canada. Seine erste Novelle „Kaerleiksheimilið" (das Liebesheim) wurde 1882 in der schon genannten Zeitschrift mit realistischer Richtung „Verðandi" veröffentlicht. Sowohl diese wie sechs weitere Novellen, die er später erscheinen liess, legten Zeugnis ab von unbestreitbarer dichterischer Begabung, die sicher imstande gewesen wäre, etwas ganz Hervorragendes zu schaffen, wenn er unter andern Verhältnissen gelebt hätte und ihm ein längeres Leben beschieden gewesen wäre. Gestur Pálsson ist dem Norweger Alexander Kielland am nächsten verwandt und scheint besonders von diesem und dem Russen Turgenjeff beeinflusst worden zu sein. Seine Novellen zeichnen sich durch leichten, angenehmen Stil aus, und sein tiefes Mitgefühl

für die unglücklichen und zurückgesetzten Mitglieder der menschlichen Gesellschaft kann nicht verfehlen, Eindruck auf den Leser zu
machen und seine Teilnahme zu wecken. Seine Charakterzeichnungen
sind grösstenteils wohlgelungen, und seine Schilderung seelischer Kämpfe
verrät eine scharfe und ausserordentlich feine Beobachtungsgabe. Alle
Novellen von G. Pálsson sind ins Deutsche übersetzt,[1] einige auch ins
Dänische, Norwegische, Englische und Tschechische. — Von sonstigen
Novellisten, die der neueren Richtung angehören, verdient besonders
Einar Hjörleifsson (vgl. S. 87) hervorgehoben zu werden, der
sich durch seinen scharfen Blick für seelische Vorgänge und
feine Kunst der Darstellung auszeichnet, sowie der Propst Jónas
Jónasson (geb. 1856), der ein recht fruchtbarer Schriftsteller ist und
mit gutem Erfolge die gesellschaftlichen Zustände der Gegenwart und
der Vergangenheit behandelt hat. Einige Novellen dieser beiden
Verfasser sind ins Dänische und Deutsche[2] übersetzt worden. —
Von ausländischen Novellen ist eine grosse Anzahl ins Isländische
übertragen worden, z. B. solche von Björnson, Kielland, Lie,
Drachmann, J. P. Jakobsen, Juhani Aho, Heyse, Turgenjeff und
vielen andern.

3. Die nichtpoetische Prosaliteratur.

Wie die Schönliteratur, so hat auch die nichtpoetische Prosa im
Laufe des 19. Jahrhunderts eine bedeutende Entwicklung durchgemacht.
Sie ist weit reichhaltiger und vielseitiger geworden als vorher und hat
mehrere Namen von gutem Klange aufzuweisen. Die in der Dichtung
wie in der Politik vorherrschende idealistische Richtung hat freilich die
Folge gehabt, dass man seinen Blick in weit höherem Grade auf die
Vorzeit als auf Gegenwart und Zukunft des Landes gerichtet hat.
Forschungen auf den Gebieten der isländischen Geschichte und Altertums-
wissenschaft, sowie der Philologie haben infolgedessen stark die Vor-

[1] „Drei Novellen vom Polarkreis", deutsch von M. phil. Carl Küchler,
Reclams Universalbibliothek, Leipzig 1896, Nr. 3607.
„Grausame Geschicke", deutsch von M. phil. Carl Küchler, ebenda, Leipzig 1902,
Nr. 4360.
[2] „Lebenslügen", deutsch von M. phil. Carl Küchler, ebenda, Leipzig 1904.

herrschaft gehabt, obgleich auch andere Bestrebungen, besonders seit
der letzten Hälfte des 19. Jahrhunderts, mehr und mehr treffliche Vertreter gefunden haben.

Von Männern, die sich mit Philologie und Abfassung von Wörterbüchern,
sowie im Zusammenhange damit mit Sagenkunde, Altertümern, Welt- und Literaturgeschichte beschäftigten, haben verschiedene sich als Gelehrte einen Namen
erworben. Einige von diesen haben jedoch
ebenso viel oder sogar weit mehr in
fremden Sprachen — besonders dänisch und
englisch — geschrieben als in isländischer
Sprache. Von Verfassern auf diesem Gebiete
sind zu nennen:

57. Finnur Magnússon.

Finnur Magnússon (1781—1847), Professor an der Hochschule
zu Kopenhagen und Geheimer Archivar. Er schrieb viele seiner Zeit
hochangesehene Werke und Ab-
handlungen über die Runen, sowie
über Stoffe aus der Sagenkunde, der
Geschichte und der Altertumswissenschaft.

Sveinbjörn Egilsson (1791
—1852), Doktor der Theologie
und Rektor des Gymnasiums zu
Reykjavík. Er verfasste ein vor-
zügliches Wörterbuch der altnordischen Dichtersprache mit latei-
nischen Übersetzungen („Lexicon
poëticum"), übersetzte eine Reihe
von Sagas und Snorris Edda ins
Lateinische und versah eine grosse
Anzahl altnordischer Dichtungen

58. Sveinbjörn Egilsson.

mit Erläuterungen. Auch übersetzte er Homers Ilias und Odyssee in
mustergültiger Weise ins Isländische, und zwar jene nur in Prosa,
diese dagegen ausserdem auch in einem altnordischen Versmasse.
Ferner trat er mit geschmackvollen lyrischen Dichtungen hervor.

Konráð Gíslason (1808—91), Doktor der Philosophie und Professor an der Hochschule zu Kopenhagen. Er verfasste ein grosses dänisch-isländisches Wörterbuch und schrieb eine Menge ausgezeichneter philologischer Abhandlungen und scharfsinniger Erklärungen zu alt- nordischen Dichtungen, auch veranstaltete er vorzügliche Ausgaben von verschiedenen altisländischen Werken. Er war einer von den Herausgebern des Fjölnir und war als solcher eifrig für die Reinigung der isländischen Sprache tätig. Er schrieb selber ein mustergültiges Isländisch, das zugleich klassisch und doch auch wieder so ungekünstelt war, dass es in hohem Grade sich der unverfälschten Umgangssprache des Volkes näherte, nur unter Ausschluss alles dessen, was irgendwie platt erscheinen konnte. Er erstrebte ebenso wie Rask die Einführung einer naturgemässeren Rechtschreibung, die dann auch in einigen Jahrgängen des Fjölnir angewandt wurde, aber bei der isländischen Bevölkerung auf einen so starken Widerstand stiess, dass sie bald aufgegeben werden musste, da die Zeit- schrift sonst ihren Leserkreis verloren hätte. Konráð Gíslason übte einen grossen Einfluss auf seinen Freund Jónas Hallgríms-

59. Konráð Gíslason.

son aus, teils hinsichtlich der Behandlung der isländischen Sprache, teils dadurch, dass er ihn mit den besten deutschen Dichtern bekannt machte. Beide Freunde sahen gemeinsam alle Arbeiten durch, die für den Fjölnir angenommen wurden, und sorgten dafür, dass sie in reiner, geschmackvoller Sprache an die Öffentlichkeit traten. Diese ihre Tätigkeit wurde freilich von den übrigen Mitarbeitern, deren Ausdrucksweise von ihnen nachgebessert wurde, nicht immer günstig aufgenommen, aber um so mehr wurde sie von der Nachwelt anerkannt, die besser imstande war, deren Früchte zu sehen.

Guðbrandur Vigfússon (1827—89), Doktor der Philosophie und Professor an der Hochschule zu Oxford. Er bearbeitete und vollendete ein isländisch-englisches Wörterbuch ("Jcelandic-English Dictionary"), besorgte Ausgaben von zahlreichen Sagas und gab eine vollständige Sammlung altnordischer Dichtungen mit englischer Übersetzung heraus

("Corpus poëticum boreale"). Er verfasste ferner eine Anzahl Abhandlungen über Geschichte und Altertumskunde, darunter eine vorzügliche
Arbeit über die Zeitrechnung in den altisländischen Sagas ("Um tímatal
í Íslendingasögum").

Jón Sigurðsson (vgl. S. 98) war — abgesehen von seiner
politischen Tätigkeit — ein hervorragender Altertums- und Geschichtsforscher, der eine Reihe von Sagas und andern Werken der
Vorzeit herausgab, u. a. das "Diplomatarium Islandicum".

Jón Thorkelsson d. Ä., geb. 1822, Doktor der Philosophie und
ehemaliger Rektor des Gymnasiums
zu Reykjavík. Er hat 4 Bände Er-
gänzungen ("Supplementer") zu isländischen Wörterbüchern verfasst, viele
altnordische Dichtungen mit Erläuterungen versehen und eine Reihe wertvoller grammatischer und geschichtlicher Arbeiten geschrieben.

Björn M. Ólsen, geb. 1850,
Doktor der Philosophie und gegen-
wärtiger Rektor des Gymnasiums zu
Reykjavík, hat ausser einem Buche
über die Runen im altisländischen
Schrifttum (Runerne i den oldislandske
Litteratur) auf den Gebieten der

60. Guðbrandur Vigfússon.

Philologie, sowie der Altertumswissenschaft und Geschichte zahlreiche
Schriften verfasst.

Finnur Jónsson, geb. 1858, Doktor der Philosophie und Professor
an der Hochschule zu Kopenhagen. Er hat eine grosse altnordisch-
altisländische Literaturgeschichte (Oldnorsk-Oldislandsk Litteraturhistorie)
verfasst, eine ganze Anzahl alter Schriften herausgegeben und eine
grosse Menge philologischer, sagenkundlicher und literaturgeschichtlicher
Arbeiten geschrieben.

Jón Thorkelsson d. J., geb. 1859, Doktor der Philosophie und
Archivar am Landesarchiv zu Reykjavík. Er hat die Herausgabe des
"Diplomatarium Islandicum" fortgesetzt, ein Werk "Obituaria Islandica"
(ein Verzeichnis der Todestage von Isländern) herausgegeben und ein
Buch "Om Digtningen paa Island i det 15. og 16. Aarhundrede" (die

isländische Dichtung im 15. und 16. Jahrhundert), sowie verschiedene
literaturgeschichtliche Abhandlungen u. a. verfasst.

Valtýr Guðmundsson, geb. 1860, Doktor der Philosophie und
Dozent an der Hochschule zu Kopenhagen, hat ein Buch verfasst mit
dem Titel „Privatboligen paa Island i Sagatiden samt delvis i det övrige
Norden" (die Privatwohnung auf Island zur Sagazeit sowie teilweise
im übrigen Norden), ferner mehrere andere kulturgeschichtliche
Arbeiten, u. a. über die Kultur im skandinavischen Altertum in Pauls
„Grundriss der germanischen Philologie".[1] Seit 1895 gibt er eine
isländische Zeitschrift literarischen und gemeinverständlichen Inhalts
unter dem Namen „Eimreiðin" (Die Lokomotive) heraus und hat in dieser
zahlreiche grössere und kleinere Aufsätze verschiedenster Art veröffentlicht.

Ausser den hier aufgezählten kann eine ganze Reihe anderer
Isländer genannt werden, die sich um die nordische Sprach- und
Altertumsforschung mehr oder weniger verdient gemacht haben.

Von ausschliesslich geschichtlichen Verfassern sind hervorzuheben: Der Bezirkshauptmann Jón Espólín (1769—1836), der u. a.
eine Geschichte Islands von 1262—1832 in Jahrbuchform, sowie verschiedene andere geschichtliche und genealogische Schriften verfasste;
der Anwalt am Obergericht Páll Melsteð, geb. 1812, der eine grössere
Weltgeschichte und einige kleinere geschichtliche Lehrbücher geschrieben
hat, und der Pfarrer Thorkell Bjarnason, geb. 1839, der Verfasser
einer kürzeren Geschichte Islands, einer Geschichte der Reformation
auf Island und einer Anzahl fesselnder kulturgeschichtlicher Schriften.
— Von einer ganzen Reihe von Männern, die sich durch eigene
Arbeit ihre Bildung erworben haben und die als Geschichts- oder
Sagaverfasser[2] hervorgetreten sind, ist besonders zu nennen der
Landwirt Gísli Konráðsson (1787—1877), der Vater des oben-
genannten Hochschulprofessors Konráð Gíslason, der ein echter „Saga-
schreiber" war und mit nahezu unglaublicher Schaffenskraft viele der
besten Eigenschaften der alten Sagaerzähler vereinigte, und der sicher
weltberühmt geworden wäre, wenn er im — 12. oder 13., und nicht
im 19. Jahrhundert gelebt hätte.

---

[1] 2 Bände, Strassburg 1891. Eine neue Auflage ist gegenwärtig im Erscheinen.
[2] Der Ausdruck Saga bezeichnet sowohl Lebensbilder einzelner Personen,
als auch die Geschichte ganzer Geschlechter oder Landstriche in einem gewissen
Zeitraume.   Der Übers.

An volkskundlichen Schriften oder
Sammlungen von Volksüberlieferungen hat
Island im 19. Jahrhundert keinen Mangel
gehabt. Der bedeutendste Forscher auf
diesem Gebiete war Jón Árnason (1819
—1888), Vorsteher der Landesbücherei zu
Reykjavík, dessen Hauptwerk „Íslenzkar
thjóðsögur og aefintýri" (Isländische Volkssagen und Märchen) im Auslande die
grösste Anerkennung gefunden hat und —
teils im ganzen, teils im Auszuge — ins
Dänische (durch den Dichter Carl Andersen),
Deutsche [1]) und Englische übersetzt worden
ist. Jón Árnasons Tätigkeit ist von

61. Jón Árnason.

seinem Verwandten, dem gelehrten Ólafur Davíðsson (1862—1904)
fortgesetzt worden, der ausser einem Bande neuer Volkssagen ein
grösseres Werk über isländische Volksbelustigungen, Sitten, körperliche
Übungen, alte Tanzlieder usw. her-
ausgegeben hat. — Seit 1890 erscheint
in Reykjavík eine volkskundliche Zeitschrift „Huld" (Name eines unsicht-
baren Wesens, einer Zauberin usw.)

Die rechtswissenschaftliche
Literatur ist nicht sehr umfangreich,
ist aber immerhin durch einige hervorragende Namen vertreten. Der
tüchtigste Verfasser auf diesem Gebiet
ist Vilhjálmur Finsen (1823—92),
Doktor der Rechte und Assessor beim
Höchstgericht in Kopenhagen. Er veranstaltete mustergültige, streng wissenschaftliche Ausgaben der Gesetze des

62. Vilhjálmur Finsen.

Freistaates (der sogenannten Grágás) und schrieb: „Om den oprindelige
Ordning af nogle af den islandske Fristats Institutioner" (die ursprüngliche

---

[1]) Isländische Volkssagen, übers. von M. Lehmann-Filhés, 2 B., Berlin 1889
und 1891. — Sehr geeignet für den, der sich mit dem Denken und Fühlen des
isländischen Volkes vertraut machen will.   Der Übers.

Ordnung einiger Einrichtungen des isländischen Freistaats), „Den islandske Familieret efter Grágás" (Das isländische Familienrecht nach der Grágás)[1]), „Om de islandske Love i Fristatstiden" (Die isländischen Gesetze in der Zeit des Freistaats), sowie verschiedene andere, höchst wertvolle rechtswissenschaftliche Abhandlungen. Von sonstigen Forschern auf diesem Gebiete sind besonders zu nennen Magnús Stephensen (vgl. S. 67) und Jón Sigurðsson (vgl. S. 98). — Seit 1897 erscheint in Akureyri eine vorzügliche rechtswissen-schaftliche Zeitschrift „Lögfraeð-ingur" (der Rechtsgelehrte), her-ausgegeben von dem Amtmann Páll Briem (geb. 1857).

Die Naturwissenschaften haben infolge der starken Vor-liebe des Volkes für Geschichte und Altertümer einige Schwierig-keit gehabt, sich den Platz im isländischen Schrifttum zu erobern, auf den sie der gegenwärtigen Zeitrichtung gemäss Anspruch haben. So hat man, abgesehen von einzelnen Ausnahmen, erst

63. Björn Gunnlaugsson.

neuerdings dieser Wissenschaft grössere Aufmerksamkeit zugewandt. Als Schriftsteller sind auf diesem Gebiete ausser den schon genannten Dichtern Jónas Hallgrímsson (vgl. S. 78) und Benedikt Gröndal d. J. (vgl. S. 85), von denen der letztgenannte Lehrbücher über Tier-, Stein- und Erdkunde geschrieben hat, folgende zu nennen:

Oddur Hjaltalín (1782—1840), ein Arzt, der die erste isländische Pflanzenkunde, sowie eine Anzahl Abhandlungen über Zeit-rechnung und Heilkunde verfasste.

Björn Gunnlaugsson (1788—1876), Oberlehrer am Gymnasium zu Reykjavík. Er schrieb verschiedene mathematische und astronomische Arbeiten und fertigte eine vorzügliche grosse Karte von Island[2])

---

[1]) Alte Rechtsbücher, die unter diesem Namen (Graugans, wilde Gans) zusammengefasst werden.   Der Übers.

[2]) Näheres darüber s. bei Poestion: Isländische Dichter der Neuzeit, S. 189 f.

an, nachdem er eine Reihe von Jahren hindurch das Land bereist und Messungen vorgenommen hatte. Von ihm stammt ferner eine eigenartige astronomisch-philosophische Dichtung („Njóla", die Nacht). Thorvaldur Thóroddsen (geb. 1855), Doktor der Philosophie und Professor, ehemaliger Gymnasiallehrer in Reykjavík. Er hat während eines Zeitraums von 17 Jahren ganz Island durchforscht und eine ausgezeichnete geologische Karte des Landes angefertigt, sowie eine „Landfraeðissaga Íslands",[1] ferner „Oversigt over de islandske Vulkaners Historie" (Übersicht über die Geschichte der isländischen Vulkane) und eine grosse Anzahl sonstiger geologischer und erdkundlicher Bücher und Abhandlungen (teils in isländischer, teils in verschiedenen fremden Sprachen) verfasst, die die grösste Anerkennung im Auslande gefunden haben.

Stefán Stefánsson (geb. 1863), Lehrer („Adjunkt") an der Realschule zu Akureyri, früher zu Möðruvellir im Nordlande, hat eine verdienstliche „Flóra Íslands", sowie allerlei sonstige Arbeiten über Pflanzenkunde geschrieben.

Neben den selbständigen Schriften auf diesem Gebiete sind verschiedene naturwissenschaftliche Werke von Ausländern zu erwähnen, die ins Isländische übersetzt worden sind, z. B. von Ursin (Himmelskunde), J. G. Fischer, B. Stewart, Schmidt (Physik), A. Geikie (physische Erdkunde), H. E. Roscoe (Chemie) und mehreren anderen.

Die heilkundliche Literatur ist ziemlich unbedeutend und umfasst fast ausschliesslich volkstümliche Schriften. Von hierher gehörigen Schriftstellern können besonders die drei Landesärzte Jón Thorsteinsson (1794—1855), Dr. Jón Hjaltalín (1807—82) und Dr. Jónas Jónassen (geb. 1840) genannt werden. Ferner ist zu erwähnen, dass der berühmte Erfinder der Lichtbehandlung, Professor N. R. Finsen, der Sohn eines Isländers ist und die Reifeprüfung auf dem Gymnasium zu Reykjavík bestanden hat. — Seit 1898 erscheint in Reykjavík eine volkstümliche Zeitschrift für Heilkunde und Gesundheitspflege „Eir" (Name der Göttin der Heilkunde in der nordischen Götterlehre[2]).

---

[1] Geschichte der Isländischen Geographie, übersetzt von Dr. A. Gebhardt, 2 Bände. Leipzig 1897—98. — Für Islandforscher unentbehrlich. Der Übers.
[2] Diese hat unterdessen leider schon wieder ihr Erscheinen einstellen müssen. Der Übers.

7

Über Volkswirtschaft und Gewerbe ist im Laufe des 19. Jahrhunderts eine nicht geringe Anzahl zum Teil sehr wertvoller Schriften und Abhandlungen veröffentlicht worden. In Reykjavík erscheint eine landwirtschaftliche Zeitschrift („Búnaðarrit"), die schon 16 Jahrgänge aufweist.

Von politischen Schriftstellern überragt Jón Sigurðsson (1811—79) alle übrigen. Er war der Sohn eines Pfarrers an der Westküste Islands, ging 1829 vom Gymnasium ab und kam 1833 nach Kopenhagen, wo er dann bis zu seinem Tode blieb. Auf der Hochschule studierte er zunächst die alten Sprachen, verliess aber bald dieses Gebiet, da er sich mehr und mehr zum altisländischen Schrifttum und zu Forschungen in der Geschichte Islands hingezogen fühlte. Im Jahre 1835 erlangte er eine Unterstützung aus der Arnamagnäanischen Stiftung,[1] 1847 wurde er Verwalter der Urkundensammlung der „Königl. Gesellschaft für nordische Altertumskunde", 1848 Sekretär der Arnamagnäanischen Kommission, 1851 Vorsitzender der „Isländischen Literatur-Gesellschaft" und 1871 Vorsitzender des „Isländischen Vereins der Volksfreunde". Er war als Vertreter Islands 1848—49 Mitglied der gesetzgebenden Versammlung Dänemarks, ferner — und zwar bis zu seinem Tode — Mitglied des Althings von dessen Wiedererrichtung (1845) an und in den späteren Jahren dessen ständiger Vorsitzender.

Jón Sigurðsson war ein hervorragender Gelehrter und entfaltete eine sehr umfangreiche schriftstellerische Tätigkeit. Er gab eine Reihe Sagas und andere ältere Werke heraus und schrieb viele ausserordentlich wertvolle geschichtliche Abhandlungen, namentlich in dem von ihm begründeten ausgezeichneten Sammelwerke „Safn til sögu Íslands og íslenzkra bókmenta" (Beiträge zur Geschichte und Literatur Islands). Er gab ferner ein „Diplomatarium Islandicum" (Urkunden aus der Zeit des Freistaats) und eine „Lovsamling for Island" (Sammlung der isländischen Gesetze) in 17 Bänden heraus. Ausserdem veranstaltete er Ausgaben von neueren Dichtungen (z. B. von Jón Thorláksson, Jón Thóroddsen u. a.). Schliesslich verfasste er auch einige volkswirtschaftliche Schriften, über isländische Erwerbszweige, Fischerei, Handel u. a. m.

---

[1] Über diese wie über die bedeutsame Tätigkeit von Árni Magnússon (Arnas Magnaeus), dem rühmlichst bekannten Sammler altnordischer Handschriften, vgl. Poestion: Isländische Dichter der Neuzeit, besonders S. 138—141.   Der Übers.

Die grösste Bedeutung für sein Land gewann Jón Sigurðsson jedoch als Politiker und politischer Schriftsteller (vgl. S. 38—39). Er war auf diesem Gebiete nicht nur der von allen anerkannte Vorkämpfer und Führer, sondern zugleich auch der Lehrer des gesamten Volkes. Er gab 30 Jahre hindurch eine Zeitschrift „Ný félagsrit" (Neue Vereinsschriften) heraus, für die er unausgesetzt vorzügliche Aufsätze über die verschiedensten Fragen schrieb, und die als Wegweiser und Erzieher des isländischen Volkes für dieses hervorragende Bedeutung erlangt hat. Nicht weniger verdienstvoll ist seine Schrift „Om Islands statsretlige Forhold" (Islands staatsrechtliche Stellung), die sich in gleicher Weise durch grossen Scharfsinn und durch einzig dastehende Gelehrsamkeit und Vertrautheit mit den einschlägigen geschichtlichen Urkunden auszeichnet. Alle seine Schriften offenbaren nicht nur seine äusserst gründlichen Kenntnisse, sondern auch seinen gesunden, praktischen Blick, wie sie zugleich von der grossen Charakterstärke ihres Verfassers und seiner nie erlöschenden Vaterlandsliebe Zeugnis ablegen. Jón Sigurðsson gilt denn auch allgemein als die bedeutendste Persönlichkeit Islands im 19. Jahrhundert, und die isländische Volksvertretung drückte ihre Anerkennung und ihren Dank für seine grossen Verdienste dadurch aus, dass sie in der ersten Tagung des Althings ihm eine Ehrengabe von jährlich 3200 Kronen bewilligte und den Beschluss fasste, ihm für 25 000 Kronen seine wertvolle Sammlung von Büchern und Handschriften abzukaufen. Diese wurde nach seinem Tode der Landesbücherei einverleibt. Seine Leiche wurde nach Island überführt und hier auf Staatskosten unter den grössten Ehrenbezeugungen bestattet. Seine Möbel werden in einem eigenen Zimmer des Althingsgebäudes aufbewahrt, wo sie den Besuchern vorgezeigt werden.

Von sonstigen politischen Schriftstellern verdienen besonders folgende genannt zu werden: Der Rechtsgelehrte Baldvin Einarsson (1801—33), der ausser verschiedenen wertvollen Abhandlungen in isländischer Sprache, die in seiner Zeitschrift „Ármann á althingi" (Der Ármann auf dem Althing — Ármann ist der Name eines Schutzgeistes, der in einem Berge nahe der ehemaligen Althingsstätte wohnen sollte) erschienen, in dänischer Sprache das schon oben genannte Buch verfasste: „Om de danske Provinsialstaender med specielt Hensyn paa Island" (Die dänischen Provinzialstände mit besonderer Rücksicht auf

Island, vgl. S. 36), sowie der Bezirkshauptmann Benedikt Sveinsson (1827—99), der eine Reihe von Arbeiten über die isländische Verfassungsfrage schrieb (vgl. S. 44).

Die Philosophie ist nie in nennenswerter Weise auf Island gepflegt worden. Erst am Schlusse des 19. Jahrhunderts sind einzelne derartige Schriften (über Logik und Ethik) erschienen.

Theologische Werke und Erbauungsbücher sind in ziemlich grosser Anzahl verfasst worden. Als die wichtigsten Vertreter dieses Faches sind zu erwähnen: Pétur Pétursson (1808—91), Doktor der Theologie und Bischof von Island, der eine sehr beliebte Postille und verschiedene andere Erbauungsbücher, sowie in lateinischer Sprache die Geschichte der isländischen Kirche von 1740—1840 (eine Fortsetzung der berühmten „Historia ecclesiastica Islandiae" von dem Bischof Finnur Jónsson (vgl. S. 63) schrieb; der Dichter geistlicher Lieder Helgi Hálfdanarson (vgl. S. 87), der eine grössere allgemeine Kirchengeschichte, eine christliche Sittenlehre und verschiedene homiletische und katechetische Werke verfasste; Magnús Eiríksson (1806—81), ein Kandidat der Theologie und Privatlehrer in Kopenhagen, der in dänischer Sprache eine Anzahl theologischer Schriften rationalistischer Richtung veröffentlichte, die bedeutendes Aufsehen erregten. Auf Island erscheinen 2, in den isländischen Ansiedelungen Amerikas 3 kirchliche Blätter.

64. Pétur Pétursson.

Wie diese kurze Übersicht zeigt, hat das isländische Schrifttum im Laufe des 19. Jahrhunderts grosse Veränderungen durchgemacht. Vor hundert Jahren war es nicht viel mehr als ein verkümmerter Schössling der klassischen Literatur Islands und seine Sprache fast durchweg hochgradig entartet und verdorben. Jetzt dagegen kann man tatsächlich von einem selbständigen neuisländischen Schrifttum sprechen. Dies zeigt nunmehr eine Vielseitigkeit, wie man sie billigerweise bei einem Volke von nur 80 000 Seelen verlangen kann. Neue Literaturgattungen sind entstanden, die Sprache ist gereinigt, der Stil hat sich entwickelt, die Rechtschreibung ist verbessert, der Geschmack hat sich veredelt, und die wissenschaftliche Forschung hat sich auf mehrere neue Gebiete ausgedehnt. Dass die schriftstellerischen Erzeugnisse sich in den meisten Fällen mit denen grösserer Kulturvölker nicht messen können, ist selbstverständlich, es ist das eine notwendige Folge der Verhältnisse. Und doch dürfte es nicht gewagt sein, zu behaupten, dass Island im 19. Jahrhundert ebenso hervorragende (nordische) Altertumsforscher und ebenso gute Lyriker hervorgebracht hat wie die übrigen nordischen Völker. Schon diese Tatsache ist bei einer so kleinen Volksgemeinschaft, wie es die Isländer sind, aller Ehren wert und berechtigt diese zu dem Anspruch, als ein bescheidenes Glied in der Kulturentwickelung der Menschheit mitgezählt zu werden.

Das isländische Schrifttum hat denn auch nach und nach die Aufmerksamkeit des Auslandes in immer stärkerem Grade auf sich gezogen. Während man sich dort früher ausschliesslich mit dem altisländischen Schrifttum beschäftigte, vergeht jetzt kaum ein Jahr, ohne dass eine oder mehrere isländische Schriften oder Abhandlungen in fremde Sprachen übersetzt werden. So sind einzelne isländische Novellen in sechs verschiedene Sprachen übertragen worden, und vor einigen Jahren konnte man sogar die ungewöhnliche Tatsache erleben, dass ein grösseres wissenschaftliches Werk, das in der Ursprache heftweise veröffentlicht wird, in deutscher Übersetzung schon vollendet vorlag, ehe die letzten Hefte der isländischen Ausgabe erschienen waren, indem der letzte Teil des Buches nach der isländischen Handschrift des Verfassers übersetzt wurde. [1] In deutscher Sprache gibt es nicht weniger als drei selbständige Darstellungen der Geschichte des neuisländischen Schrifttums. Die grösste von diesen ist J. C. Poestions „Isländische Dichter der Neuzeit" (Leipzig 1897), ein Werk von 33 Bogen Umfang in Gross-Oktavformat, das weit mehr bietet, als der Titel erraten lässt, indem es eine vollständige Geschichte des neuisländischen Schrifttums von der Reformation bis in die unmittelbare Gegenwart darstellt. [2]

---

[1] „Landfraebissaga Íslands" von Thorvaldur Thóroddsen, deutsch von Dr. A. Gebhardt, vgl. Anm. 1 auf S. 97.

[2] Wir heben ferner für die neuere Zeit hervor Küchlers verdienstvolle und fleissige „Geschichte der Isländischen Dichtung der Neuzeit (1800—1900)". I. Heft (Novellistik), Leipzig 1896. II. Heft (Dramatik), Leipzig 1902.   Der Übers.

4. Die Kunst.

Mit Ausnahme der Dichtkunst steht die Kunst auf Island auf sehr schwachen Füssen. Und in dieser Hinsicht findet in mancher

65. Alte Decke im Museum für Altertümer.
Nach D. Braun.

Richtung geradezu ein Rückgang statt. Dies gilt namentlich von den bildenden Künsten. Gewiss hat Island niemals einen berühmten Baukünstler, Maler oder Bildhauer besessen, wenn man davon absieht,

66. Geschnitzter Webstuhl.
'Nach D. Braun.

dass Albert Thorvaldsen isländischer Herkunft war;[1] aber zahlreiche Überreste aus der Vergangenheit, die man noch heute aufbewahrt, sind ein Beweis, dass der Kunstsinn in früheren Jahrhunderten viel stärker entwickelt war als heutzutage. Namentlich blühte damals eine bedeutende, höchst eigenartige Kunstindustrie, und zwar sowohl Kunstweberei und- stickerei, als auch Metallarbeit und Holz- und Knochenschnitzerei. Und das gilt nicht nur von der Verfertigung einzelner kunstvoll gearbeiteter

[1] Sein Vater Gottskálkur Thorvaldsson war der Sohn des isländischen Pfarrers Thorvaldur Gottskálksson; er ging nach Kopenhagen und erwarb sich seinen Lebensunterhalt als Holzschnitzer. Dort wurde Albert am 19. November 1770 (oder 1772) geboren.   Der Übers.

Gegenstände; auch viele Gebäude wurden mit prächtigen geschnitzten und gemalten Bildern auf Türen, Pfosten und Balken (Menschen- und Götterbildern, stilvollen Drachenverzierungen usw.) geschmückt, während die Wände mit künstlich gewebten oder gestickten Teppichen bedeckt waren, auf denen mannigfache Begebenheiten und sogar ganze Sagen dargestellt wurden. Zahlreiche Reste dieser Kunstindustrie befinden sich im Museum für Altertümer zu Reykjavík, im Nationalmuseum zu Kopenhagen und im Nordischen Museum zu Stockholm. Aber im isländischen Volke selbst hat sie fast gänzlich auf-

67. Kirchengerät
(Knochenschnitzerei).

gehört. Doch fertigt man in einzelnen entlegenen Gegenden noch heutzutage schön geschnitzte Essnäpfe aus Holz und Löffel aus Horn, sowie verschiedene andere Gegenstände an. Seit einigen Jahren hat ferner ein tüchtiger Holzschnitzer in Reykjavík einen Lehrgang in der Holzschneidekunst eingerichtet. Ebenso wird die Kunstweberei und -stickerei noch teilweise betrieben. Besonders die sogenannte „Brettchenweberei" (spjaldvefnaður) ist höchst eigentümlich, indem man mit Hülfe einer gewissen Anzahl viereckiger Brettchen (spjald), die in jeder Ecke ein Loch haben, durch das das Garn gezogen wird, vermittels Wendens und Drehens der Brettchen

68. Essgefäss (askur).

nach bestimmten Regeln Bänder in den verschiedensten Mustern zu weben vermag. Diese Brettchenweberei, die uralt ist und schon in der Edda erwähnt wird, hat neuerdings im Auslande grosse Aufmerksamkeit erregt und umfangreiche wissenschaftliche Forschungen veranlasst. Diese haben ergeben, dass sie sich noch jetzt in manchen Gegenden Asiens findet und bei vielen Völkern des Altertums, in Ägypten wie in

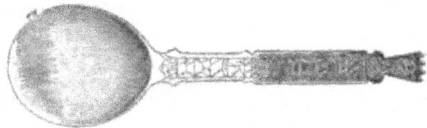

69. Hornlöffel (hornspónn).

andern Ländern, geübt wurde, was auch durch Gräberfunde erwiesen ist. Man nimmt sogar an, dass die Brettchenweberei
die älteste Art des Webens ist, die es überhaupt je gegeben hat. [1])
Auch in der Verfertigung verschiedenartigen Gold- und Silberschmuckes
— besonders aus Filigran — ist der alte Kunstsinn der Isländer
noch zu spüren, namentlich bei Schmuckgegenständen, die zur
weiblichen Festtracht gehören. Einen eigenen Baustil in künstleri-
schem Sinne gibt es nicht. Die wenigen Gebäude, bei denen man

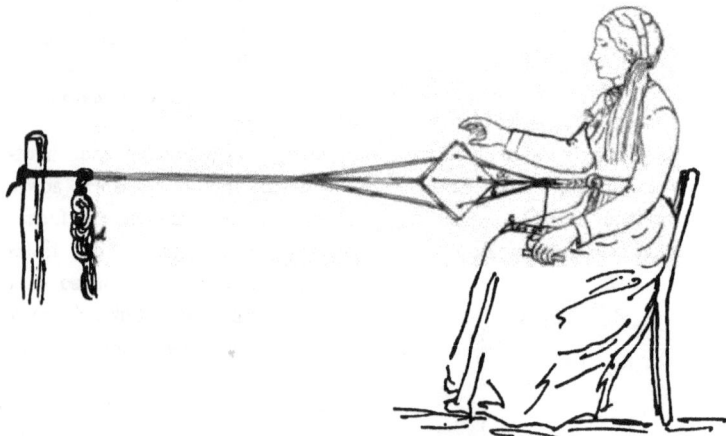

70. Frau bei der Brettchenweberei.

von einer gewissen künstlerischen Ausstattung sprechen kann — z. B.
das Althingsgebäude und die Landesbank zu Reykjavík — sind unter
Hinzuziehung dänischer Baukünstler aufgeführt worden. Der einzige aka-
demisch gebildete Maler des 19. Jahrhunderts, Sigurður Guðmundsson (1833—74), hatte sicher bedeutende Begabung und ausgeprägtes
Kunstgefühl, hat aber trotzdem als Maler nichts Hervorragendes geleistet,
weil er mehr und mehr in kulturgeschichtlichen Bestrebungen auf-
ging. Immerhin ist seine Bedeutung für Island keineswegs gering,
indem er durch verschiedene Mittel den schlummernden Kunstsinn

[1]) Näheres hierüber findet sich in dem Buche von M. Lehmann-Filhés „Über
Brettchenweberei" (Berlin 1901), einem Prachtwerke mit 82 Abbildungen von
Arbeiten in Brettchenweberei aus den verschiedensten Weltgegenden, sowie Grab-
funden aus dem Altertum.   Der Verf.

seiner Landsleute zu wecken suchte, und namentlich durch die Gründung des jetzt so reichhaltigen Museums für Altertümer hat er
sich ein grosses Verdienst erworben. Ausser dieser Sammlung, in der

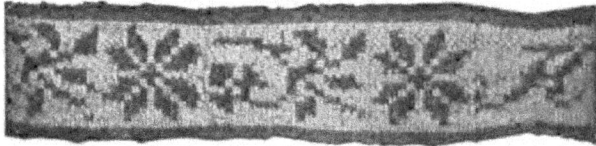

71. Strumpfband (Brettchenweberei).

man die alte Kunstindustrie des Landes studieren kann, besitzt
das Althingsgebäude zu Reykjavík eine kleine Gemäldesammlung, die
im wesentlichen aus Geschenken dänischer Künstler besteht. Eine Sammlung von Bildhauerarbeiten gibt es nicht. Das einzige, was auf diesem
Gebiete vorhanden ist, sind zwei
Marmorbüsten von Jón Sigurðsson,
dem grössten Politiker, und Bjarni
Thorarensen, dem einen der beiden
grössten Dichter des 19. Jahrhunderts, sowie zwei kleinere viel-
versprechende Arbeiten von Einar
Jónsson, dem auf der Kunstakademie zu Kopenhagen ausge-
bildeten ersten Bildhauer Islands.
Auf einem öffentlichen Platze vor
dem Althingsgebäude steht ein
Standbild von Thorvaldsen, ein
Geschenk der Stadt Kopenhagen
zur Tausendjahrfeier der Besie-   72. Sigurður Guðmundsson.
delung Islands im Jahre 1874.
          Auf musikalischem Gebiete sind im Laufe des 19. Jahr-
hunderts grosse Veränderungen vor sich gegangen. Die Isländer
haben lange in dem Rufe gestanden, durchaus unmusikalisch zu sein,
aber das ist keineswegs der Fall. Wie die meisten Gebirgsbewohner
sind sie im Besitze ausgezeichneter Stimmittel, und nur die abgesonderte Lage ihres Landes ist schuld daran, wenn sie bis in die

neueste Zeit hinein nicht gelernt haben, diese in rechter Weise zu
benutzen. Denn es ist nicht zu leugnen, dass die Gesangkunst auf

73. Betender Knabe (von Einar Jónsson).

Island bisher auf einer sehr niedrigen Stufe gestanden hat. Bis in
die Mitte des 19. Jahrhunderts benutzte man nämlich nicht allein
für kirchliche, sondern auch für weltliche Lieder fast ausschliesslich

uralte kirchliche Weisen, die zu Beginn des 12. Jahrhunderts in Island
eingeführt zu sein scheinen, die aber in Wirklichkeit auf derselben
Stufe stehen, wie der Gesang in ganz Europa um das Jahr 1000.

74. Band mit Namen (Brettohenweberei).

Noch heutzutage benutzt man einige von ihnen für weltliche Lieder,
und zwar höchst wahrscheinlich aus Anhänglichkeit, indem man diese
Weisen, die im übrigen Europa lange völlig vergessen und unbekannt
gewesen sind, als etwas Island Eigentümliches betrachtet. Dies gilt
namentlich von dem
sogenannten „Zwiege-
sang" (tvísöngur), den
man als echt isländisch
angesehen und deshalb
zu erhalten gesucht hat.
Im übrigen hat dieser
alte Gesang der all-
gemein europäischen
Art zu singen weichen
müssen, die besonders
im letzten Teile des
19. Jahrhunderts meh-
rere eifrige Vorkämpfer gefunden hat; von diesen
verdienen vor allem die beiden Organisten an der
Domkirche zu Reykjavík Pétur Gudjohnsen
(1812—77) und Jónas Helgason, (geb. 1839),
Hervorhebung. Infolge der Schriften und des
Unterrichts dieser beiden Männer, wie auch der
unermüdlichen Arbeit verschiedener anderer ist ein grosser Eifer für
musikalische Bestrebungen erwacht. Während es im Anfange des 19. Jahrhunderts von Musikinstrumenten nur einige höchst unvollkommene Saiten-
instrumente — vor allem das sogenannte „Langspil" — gab, haben jetzt
die meisten Kirchen ein Harmonium, ausserdem einen Organisten,

75. Altertümlicher Sohmuok.

76. Alter Silber-
sohmuok.

der in Reykjavík seine Ausbildung in Musik und Orgelspiel erhalten
hat. In den Küstenorten haben viele von den wohlhabenderen Familien
ein Klavier, viele Damen spielen Gitarre, einzelne auch Geige. In
Reykjavík und Akureyri — möglicher-
weise auch in andern Orten — gibt
es eine Musikkapelle für Blasinstru-
mente.[1]) Reykjavík hat auch einen
Musikverein, und in den übrigen
Küstenorten wie hier und da auf dem
Lande gibt es Gesangvereine. In
Reykjavík und den andern Städten
finden zuweilen Konzerte statt, bei
denen jedoch der Gesang in der
Regel die Hauptrolle spielt. Am
Gymnasium zu Reykjavík und an
den meisten anderen Schulen wird
Gesangunterricht erteilt. Während aus früheren Zeiten kaum eine
einzige Tondichtung bekannt ist, haben im letzten Viertel des 19. Jahr-
hunderts nicht weniger als ungefähr zehn Isländer mit mehr oder weniger

77. Sveinbjörn Sveinbjörnsson.

78. Band (Brettchenweberei).

Glück sich auf diesem Gebiete versucht. Der bedeutendste von ihnen,
Sveinbjörn Sveinbjörnsson (geb. 1847), ist allerdings ausserhalb
Islands — als Gesang- und Klavierlehrer in Edinburg — ansässig,
und die Mehrzahl seiner Schöpfungen ist deshalb in Schottland und
mit englischem Wortlaut erschienen. Von weiteren isländischen Ton-

---

[1]) Diese erhielten 1903 vom Landtage einen Staatszuschuss.   Der Übers.

dichtern ist besonders Bjarni Thorsteinsson (geb. 1861) hervorzuheben.

Die Schauspielkunst steht noch auf ziemlich tiefer Stufe, obgleich auch hier bemerkenswerte Fortschritte zu verzeichnen sind. Ihre Anfänge fallen in den Beginn des 19. Jahrhunderts, indem die Gymnasiasten in den Weihnachtsferien Liebhaberaufführungen veranstalteten, und dieser Brauch ist seitdem beibehalten worden. Später begannen Studenten und Bürger, bisweilen auch Staatsbeamte, hier und da Stücke aufzuführen.[1] Besonders um das Jahr 1870 waren solche Aufführungen in Reykjavík sehr häufig, da der oben genannte Künstler Sigurður Guðmundsson, der selbst Bühnenwände malte und

79. Strafurteil (von Einar Jónsson).

auch sonst für bessere Ausstattung sorgte, den Sinn des Volkes für das Schauspielwesen zu wecken suchte. Nach seinem Tode (1874) ging es mit diesen Versuchen wieder mehr zurück, doch ist in jüngster

---

[1] Der dänische Sprachforscher Rasmus Rask trat während seines Aufenthalts auf Island mehrfach als isländischer Schauspieler auf.   Der Verf.

Zeit der Eifer für die Schauspielkunst von neuem erwacht und hat ausserordentlich zugenommen. In den meisten Orten finden jetzt Liebhaberaufführungen statt, Akureyri und Reykjavík haben sogar einen eigenen Theatersaal. In letztgenannter Stadt hat sich auch eine stehende Schauspielergesellschaft gebildet, die fast den ganzen Winter hindurch Vorstellungen gibt.[1] Eine eigentliche Ausbildung haben ihre Mitglieder nicht erhalten, abgesehen von dem, was sich durch Übung und durch die Ratschläge erzielen lässt, die Beamte und andere Leute, die im Auslande wirkliche Schauspielkunst kennen gelernt haben, zu geben imstande sind. Trotzdem sollen — nach dem Urteile der dortigen Kunstrichter — einige von diesen Schauspielern und besonders von den Schauspielerinnen eine so hervorragende Begabung zeigen und so vorzügliche Leistungen bieten, dass man hier tatsächlich von einer Kunst, oder doch mindestens von den Anfängen einer solchen reden kann.

Von seiten des Staates ist seit 1874, d. h. seitdem Island

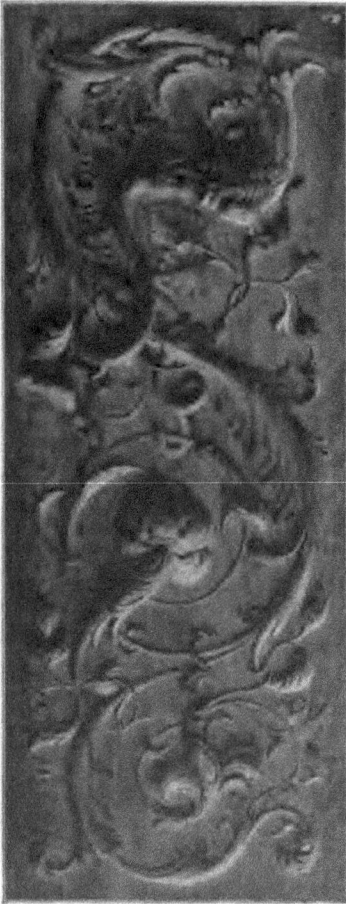

90. Moderne Holzschnitzerei (1895).

---

[1] Für deutsche Leser verdient es Erwähnung, dass folgende deutsche Stücke mit glänzendem Erfolge aufgeführt worden sind: „Mein Leopold" von L'Arronge, „Die Ehre" von Sudermann, „Verlorenes Paradies" von Fulda (nach Poestion: Zur Geschichte des isländischen Dramas und Theaterwesens. Wien 1903). Vgl. hierzu Küchler: Geschichte der isländischen Dichtung der Neuzeit, II. Heft „Dramatik", Leipzig 1902.   Der Übers.

selber die gesetzgebende Gewalt ausübt, recht viel für die Förderung schriftstellerischer und künstlerischer Bestrebungen geschehen. Im isländischen Finanzgesetz werden regelmässig verschiedene Summen für diesen Zweck bewilligt, die im Verhältnis zu dem Gesamthaushalt Islands als recht beträchtlich zu bezeichnen sind. Abgesehen von den dauernden Zuschüssen an öffentliche Büchereien, Museen und literarische Gesellschaften werden beispielsweise gegenwärtig grössere oder kleinere Unterstützungen an fünf Schriftsteller gezahlt, sowie einige kleinere Summen zur Förderung geschichtlicher und naturwissenschaftlicher Forschungen aufgewendet. Seit einer Reihe von Jahren sind ferner Gelder zur Ausbildung von jungen Leuten in der Malerei und Bildhauerei auf der Kunstakademie zu Kopenhagen bewilligt worden; auch hat man neuerdings zu einem Lehrgange im Zeichnen und Holzschnitzen in Reykjavík, der früher sehr vermisst wurde, einen Zuschuss hergegeben. Ein tüchtiger Musiker, der derzeitige Organist an der Domkirche zu Reykjavík, erhält eine dauernde Vergütung für die Erteilung von unentgeltlichem Unterricht im Orgelspiel und Gesang. Endlich ist zur Hebung der Schauspielkunst in den letzten Jahren eine Beihülfe an die Schauspielergesellschaft in Reykjavík bewilligt worden, die jedoch an die Bedingung geknüpft ist, dass auch die Stadt ihrerseits die gleiche Summe zahlt.

VI. Grundlagen und Verhältnisse des praktischen Lebens.

1. Die wirtschaftliche Lage.

Es ist unzweifelhaft richtig, dass Island ein armes Land ist, aber ebenso sicher birgt es mancherlei Möglichkeiten der Entwicklung in sich. Die Schuld an der Armut trägt weniger das Land selbst, als seine Bewohner und seine Regierung. Island hat verschiedene, zum Teil reiche Erwerbsquellen, die bisher entweder noch gar nicht oder nur mangelhaft ausgenutzt worden sind. Fast das ganze Land liegt noch unbebaut da und befindet sich im Grunde in einem weit schlechteren Zustande als zur Zeit seiner Besiedelung vor tausend Jahren,

weil die Isländer fast ausschliesslich Raubbau betrieben haben, ohne
dem Boden zurückzugeben, was sie ihm genommen haben. Die Wälder
hat man schonungslos niedergeschlagen, ohne einen einzigen Baum
nachzupflanzen; infolgedessen sind diese fast überall gänzlich verschwunden, zum grossen Nachteil für die Fruchtbarkeit des Bodens,
die Witterung und die Heizungsfrage. Von den Wiesenflächen, die
zur Gewinnung von Heu dienen, wird nur ein geringer Teil, und auch
der nur dürftig bearbeitet. Im allgemeinen wird die Landwirtschaft
und Fischerei bis in die neueste Zeit auf gerade so unvollkommene
Weise betrieben wie vor tausend Jahren, und so ist es kein Wunder,
wenn die Isländer im Wettbewerb mit ihren Nachbarvölkern, die immer
neue, vervollkommnete Arten des Betriebes eingeführt oder die alten
in zeitgemässer Weise umgestaltet haben, unterlegen sind. Dazu kommt
ferner als eine der bedeutendsten Ursachen der Verarmung des Landes,
dass dies mehrere Jahrhunderte hindurch unter dem Druck eines äusserst
nachteiligen Alleinhandels gestanden hat und meist ausserordentlich
schlecht regiert worden ist. Islands grösstes Unglück ist es lange gewesen,
dass die Regierung des Landes Männern anvertraut war, die keine
hinreichende Kenntnis seiner Verhältnisse und seiner Entwicklungs-
fähigkeiten hatten, aber trotzdem an der unseligen Einbildung litten,
der ihnen gestellten Aufgabe gewachsen zu sein, und die deshalb, trotz
ihres unleugbar guten Willens, einen verhängnisvollen Missgriff nach
dem andern machten. Welche schweren Folgen diese traurige Tatsache für die Entwicklung des Landes gehabt hat, lässt sich am besten
aus den grossen Fortschritten erkennen, die Island auf fast allen
Gebieten im Laufe der letzten 30 Jahre gemacht hat, seit es nämlich
infolge seiner freien Verfassung auf die Gestaltung seiner Lage Einfluss
gewann. Und doch wäre der Fortschritt in diesem Zeitraum ohne
Zweifel noch weit grösser gewesen, wenn die oberste Verwaltung in
geeigneteren Händen gelegen hätte, als es tatsächlich der Fall gewesen ist.

Wenn man alle diese Umstände erwägt, wird man sich über die
Armut der Isländer nicht mehr allzu sehr wundern. Denn dass diese
durchweg arm sind, ist nicht zu bestreiten. Die Höhe des isländischen Nationalvermögens lässt sich infolge des Fehlens zahlen-
mässiger Berechnungen nicht mit Bestimmtheit angeben, doch kann es
kaum auf mehr als höchstens 40 000 000 Kronen, d. h. etwa 500 Kr.
auf den Kopf der Bevölkerung, veranschlagt werden. Den gesamten

Grundbesitz des Landes schätzt man auf nicht mehr als 10 000 000 Kr.; aber wie hoch der Wert der zugehörigen Baulichkeiten, die nur zum Teil in der genannten Summe mit einbegriffen sind, sich beläuft, ist nicht bekannt. Dagegen hat man für die Städte einigermassen zuverlässige Angaben über den Wert der Häuser, der im Jahre 1900 7 643 000 Kr. (1896: 5 269 000, 1886: 3 628 000, 1879: 1 665 000 Kr.) betrug. Mit Ausnahme von Reykjavík sind jedoch Kirchen- und Schulgebäude in diesen Zahlen nicht mit einbegriffen, ebenso wenig die zu den Häusern gehörigen Grundstücke, deren Gesamtwert unbekannt ist, jedoch für Reykjavík allein auf etwa eine Million Kr. veranschlagt wird. Der gesamte Viehbestand des Landes (Rinder, Schafe, Pferde und Ziegen) wurde 1900 auf 9 438 000 Kr. berechnet.

Wenn demnach das Nationalvermögen auch nur gering ist, so hat Island dafür keine Staatsschuld. Im Gegenteil hat es nach und nach eine verhältnismässig ansehnliche Rücklagenkasse (Reservefonds) geschaffen, die aus den jährlichen Überschüssen (seit Trennung der isländischen und dänischen Staatsgelder am 1. April 1871) gebildet worden ist, während früher der isländische Staatshaushalt stets Fehlbeträge aufgewiesen hatte. Als das Althing am 1. Januar 1876 das Recht auf Geldbewilligungen erhielt und somit die selbständige Verwaltung des isländischen Landesvermögens übernahm, enthielt die Rücklagenkasse nur 162 000 Kr. Aber schon im folgenden Jahre erhielt sie dadurch einen ausserordentlichen Zuwachs, dass eine andere Kasse — die für das Gesundheitswesen — mit einem Betrage von 166 000 Kr. mit ihr zusammengelegt wurde, so dass ihr Bestand sofort auf 328 000 Kr. stieg. Seitdem ist — mit Ausnahme einzelner besonders harter Jahre, die Ausfälle brachten — stets eine grössere oder kleinere Summe in jene Kasse gelegt worden, so dass ihr Vermögen, einschliesslich des Bestandes der Landeskasse, am 31. Dezember 1901 die Höhe von 1 601 795 Kr. erreicht hatte. Infolge einer vollständigen Neuregelung des Abgabenwesens und der Einführung neuer Zölle haben sich die Landeseinnahmen in den verflossenen 29 Jahren ausserordentlich vermehrt. Für den Finanzzeitraum 1874—75 waren die gesamten voraussichtlichen Einnahmen auf 443 047 Kr. veranschlagt, wovon 200 000 Kr. auf den Zuschuss aus der dänischen Staatskasse entfielen, für 1904—05 dagegen auf 1 668 570 Kr., einschliesslich des dänischen Zuschusses von jetzt nur

8

noch 120 000 Kr. Wenn man von diesem dauernd abnehmenden
Zuschusse aus der Staatskasse absieht, so sind die eigenen Einnahmen
Islands somit von 243 047 auf 1 548 570 Kr., d. h. um mehr als das
Sechsfache gestiegen. Die fortschreitende Entwicklung auf den verschiedenen Gebieten lässt sich aus folgender Übersicht der Vor-
anschläge für drei Finanzzeiträume mit je zehnjährigen Abständen
ersehen:

	1876—77 Kr.	1886—87 Kr.	1896—97 Kr.
Steuern und Abgaben............	393 876	574 300	936 000
Einnahmen aus unbeweglichem Eigentum der Landeskasse.............	54 452	64 800	52 600
Einnahmen aus der Rücklagenkasse (Reservefonds)..............	22 184	69 800	78 000
Verschiedene Einnahmen und Rück- zahlungen	3 057	8 500	9 200
Zuschuss aus dem (allgemeinen) Staats- schatze	196 024	175 000	135 000
Gesamteinnahmen des Landes......	579 593	892 400	1 210 800

In demselben Verhältnis wie die Einnahmen sind natürlich auch
die Ausgaben gestiegen. Ihre Zunahme in den gleichen Zeiträumen
zeigt folgende Übersicht:

	1876—77 Kr.	1886—87 Kr.	1896—97 Kr.
Die oberste Verwaltung des Landes ..	26 800	26 800	26 800
Das Althing (Landtag)	32 000	33 600	39 600
Verwaltung, Steuererhebung und Rechnungswesen	47 080	50 916	50 816
Rechtspflege und Polizei	41 092	169 850	168 800
Hebung der Landwirtschaft	2 400	20 000	55 980
Leuchttürme und Feuerzeichen	—	8 000	13 800
Ärzte- und Gesundheitswesen	38 010	89 700	124 964
Verkehrswesen	71 800	138 800	331 000
Kirchliche u. Unterrichtsangelegenheiten	132 391	243 788	274 611
Ruhegehälter und Unterstützungen ...	41 000	60 000	80 400
Verschiedene Ausgaben	19 322	46 348	45 878
Gesamtausgaben des Landes	451 895	887 838	1 212 649

Die Hauptstelle für Islands eigene Vermögensverwaltung ist die Landeskasse, die unter der Oberaufsicht des Ministeriums von einem vom Könige zu ernennenden „Landesvogt" geleitet wird.[1]) Die Steuererhebung ist Sache der Bezirkshauptleute und der Bürgermeister, sowie der Verwalter der Staatsländereien. Der Minister legt dem Althing Rechnung, und diese wird von zwei von dieser Körperschaft gewählten Rechnungsprüfern untersucht und durch gesetzkräftige Verordnung anerkannt.

81. Landesbank (und Museum für Altertümer).

Die Gemeindekassen, die von den zuständigen Behörden verwaltet werden, enthalten das Vermögen der Landgemeinden, der Städte, der Bezirke und der Ämter. Die gesamte Jahreseinnahme der Landgemeinden und der Städte beträgt über 600 000 Kr. (1899: 621 110 Kr.), und ihre Besitzwerte (Aktiva) belaufen sich gleichfalls auf mehr als 600 000 Kr. (1899: 636 616 Kr., 1893: 278 344 Kr.).

Die erste Sparkasse auf Island wurde im Jahre 1872 in Reykjavík gegründet. Ihre Gesamteinlagen betrugen am Ausgange des ersten Jahres nur 13 610 Kr., während sie im Jahre 1891 auf 605 241

---

[1]) Gemäss dem Gesetze vom 3. Oktober 1903 kommt dieses Amt bei Erledigung der Stelle in Wegfall. (Vgl. Seite 48).   Der Verf.

8*

und 1897 auf 1 110 853 Kr. gestiegen waren. Dem Beispiele der
Hauptstadt folgten bald auch andere Orte, so dass die Anzahl der
Sparkassen 1891 auf 15 gewachsen war, deren gesamte Einlagen
854 136 Kr. betrugen. Seit jener Zeit hat sich die Zahl der Sparkassen
weiter vermehrt (1897: 22), und ihre gesamten Einlagen können
jetzt auf 2 — 3 Millionen Kronen veranschlagt werden. (1897:
1 742 000 Kr.)

Islands erste und bis vor kurzem einzige Bank, die Landesbank, wurde im Jahre 1885 errichtet. Es ist eine Staatsbank, die
von einem von dem Minister ernannten geschäftsführenden Direktor
und zwei von dem Althing gewählten aufsichtführenden Direktoren
geleitet wird. Der Grundstock der Bank betrug ursprünglich nur
500 000 Kr. in uneinlösbaren Noten, für die jedoch die Landeskasse
haftete; später wuchs ihr Betriebsgeld dadurch bedeutend, dass die
Sparkasse von Reykjavík mit ihr vereinigt wurde. Der Umsatz der Bank
belief sich im Jahre 1899 auf 3 251 543 Kr., ihre Besitzwerte
betrugen am Schlusse des Jahres 2 046 424 Kr., wovon jedoch
mehr als die Hälfte oder 1 070 055 Kr. der Sparkasse gehörte,
und die Rücklagen (der Reservefonds) betrugen damals 203 577 Kr.
Da die Bank mit diesen beschränkten Mitteln dem Bedürfnisse der
Bevölkerung natürlich nicht genügen konnte, so wurde ihr Vorrat an
Noten im Jahre 1900 durch ein vom Althing angenommenes Gesetz
um 250 000 Kr. vermehrt, sowie an der Bank eine Hypothekenabteilung
gegründet, die die Berechtigung erhielt, Schuldverschreibungen
(Obligationen) bis zu einer Höhe von 1 200 000 Kr., für welche die
Landeskasse haftet, auszugeben. Aber auch diese Vermehrung des
Betriebsgeldes der Bank hat sich bereits als unzureichend erwiesen,
und man hat sich deshalb von verschiedenen Seiten seit einer Reihe
von Jahren um die Gründung einer neuen Bank bemüht, die denn
auch am 25. September 1903 errichtet worden ist und mit so reichen
Mitteln ausgestattet wird, dass sie allen berechtigten Ansprüchen
genügen wird. (Vgl. S. 144—145.)

2. Erwerbsverhältnisse.

Die Haupterwerbszweige der Isländer sind Landwirtschaft
und Fischfang. Von diesen ist wieder die erstgenannte am wichtigsten;
von ihr lebten 1901 50,7 v. H. der Bevölkerung. Getreidebau gibt

es auf Island nicht; alles Brotkorn muss aus dem Auslande eingeführt werden. Die Landwirtschaft besteht fast ausschliesslich aus Schaf-, Rindvieh- und Pferdezucht, sowie der in Verbindung hiermit notwendigen Bewirtschaftung von Wiesen- und Weideland.

Der gesamte Grundbesitz lässt sich in zwei Arten einteilen: eigenes Land, d. h. der zu dem einzelnen Gehöfte gehörige Grund und Boden, und Gemeindeland oder Gebirgsweiden, die gemeinsamer Besitz eines ganzen Bezirks sind. Das eigene Land wird eingeteilt in

82. Grasfeld (tún).
1. Wohngebäude. 2—6. Schafställe. 7—8. Pferdeställe.
Nach D. Bruun.

Wiesenland, wo Heu geerntet wird, und Weideland, das für die Kühe, sowie für [solche Schafe und Pferde dient, die während des Sommers auf dem Hofe bleiben, ferner während der übrigen Jahreszeiten für das gesamte Vieh, soweit es nicht im Stalle gefüttert wird. Das Wiesenland kann gleichfalls in zwei Arten eingeteilt werden: Grasfelder, (isländisch: tún, vgl. niederdeutsch „Tun" = Zaun), die eingezäunt, bearbeitet und gedüngt werden, und ungedüngte Wiesen, an denen nichts geschieht, ausgenommen insoweit ihre Fruchtbarkeit durch Bewässern erhöht wird. Zum Düngen verwendet man im allgemeinen nur Kuhdünger, während der im Laufe des Winters in den Schafställen aufgehäufte Dünger in der Regel zum — Heizen benutzt wird, nachdem er im Frühjahre in dünne, viereckige Scheiben

geschnitten worden ist, die an der Luft getrocknet werden. Dagegen
sucht man an manchen Orten mit Hülfe tragbarer Hürden (s. die Abbildung auf S. 122) es so einzurichten, dass die Mutterschafe während
des Sommers selbst einen grösseren oder kleineren Teil des Gras-
feldes düngen, nachdem dieser gemäht worden ist. Infolge der
Wirkung des Regenwassers entstehen auf den Grasfeldern im Laufe
der Jahre gewöhnlich eine Menge grösserer oder kleinerer gras-
bewachsener Höcker, die einerseits das Mähen ausserordentlich erschwe-
ren und andererseits bewirken, dass der Ertrag weit geringer wird, als
er ohne sie wäre. Die Behandlung der Grasfelder besteht deshalb auch
hauptsächlich darin, dass man sucht sie zu ebnen und die Erhebungen
zu beseitigen, was jedoch erst in den letzten Jahren in grösserem
Massstabe geschehen ist. Dieses gedüngte Wiesenland, dessen Umfang
man in „Tagesernten" (dagslátta) zu je 900 Geviertfaden[1]) angibt,
umfasste 1900 für ganz Island nur 53 081 „Tagesernten" oder 2,99
Geviertmeilen.[1])

Die Heuernte beginnt Ende Juni oder Anfang Juli und dauert
ungefähr 9 Wochen, also etwa bis Anfang September. Das Mähen ist Sache
der Männer, während eine entsprechende Anzahl Frauen das Heu
zusammenrecht. Bis 1870 bediente man sich einer selbstgefertigten
Sense aus Schmiedeeisen, die bis 1840 an den Schaft gebunden, dann
aber mit Hülfe einer eisernen Röhre (hólkur) befestigt wurde. Diese
Sense musste jeden Abend, aber auch häufig während der Arbeit nach
der Schmiede gebracht und durch Hämmern von neuem geschärft werden; dadurch ging viel Zeit verloren, und ausserdem
musste man auf jedem Hofe eine Schmiede haben. Jetzt ist diese
Sense überall durch die sogenannte schottische Sense ersetzt worden,
die gegen 1870 von Torfi Bjarnason, dem Vorsteher der Landwirtschaftsschule in Ólafsdalur, eingeführt wurde, der nicht nur hierdurch, sondern
auch in anderer Hinsicht sich um die isländische Landwirtschaft grosse
Verdienste erworben hat. Die schottische Sense besteht aus einer
Schneide von Stahl, die auf einen Rücken aus Schmiedeeisen genietet
wird. Da sie weit schärfer und auch länger als die alte isländische
Sense ist, so kann man mit ihr eine bedeutend grössere Arbeit leisten,
und da sie auf dem Schleifstein geschärft wird, hat sie die früher

---

[1]) 1 Faden = 6 Fuss = 1,88 m.

unentbehrliche Schmiede und den mit dieser verbundenen starken
Verbrauch von Feuerung überflüssig gemacht.

Wenn das Heu trocken ist, wird es zunächst in kleinen Schobern
an Ort und Stelle aufgestapelt. Später wird es dann in Bündeln durch

83. Heuernte.
Nach D. Braun.

Pferde nach dem Hofe gebracht; diese Bündel werden vermittelst
zweier mit einander verbundener Stricke zusammengeschnürt, die an
dem einen Ende mit Hornbügeln versehen sind; durch diese wird das
andere Ende gezogen, nachdem es um das Heu geschlungen worden

84. Einbringen des Heus.
Nach D. Braun.

ist. Von diesen Heubündeln (sáta), die durchschnittlich etwa
80 Pfund wiegen,[1] wird auf jede Seite des Pferdes eins gehängt,
indem sie an aufrechtstehenden hölzernen Pflöcken befestigt werden,
die an dem Packsattel angebracht sind. Zwei solche Heubündel werden

[1] 1 Pfund wie im Deutschen = $^1/_2$ Kilogramm.

ein „Pferd" (hestur) Heu genannt, eine Bezeichnung, die man stets anwendet, wenn man den Ertrag der Heuernte oder die Menge des Heuvorrats angeben will. Ist das Heu auf den Hof geschafft, so wird es entweder

85. Packsattel.
Nach D. Bruun.

in die Scheune (hlaða, Lade) gebracht, oder im Freien auf einem eingehegten Platze (hey-tóft) aufgeschichtet und in diesem Falle oben mit langen, schmalen Rasenstreifen bedeckt.

Das auf dem ge-düngten Boden (tún) geerntete kräftige Heu wird so gut wie aus-schliesslich zur Winter-fütterung für die Kühe und einzelne bevorzugte Reitpferde benutzt, während das weniger kräftige Heu von den unge-düngten Wiesen, das grösstenteils aus Halbgräsern besteht, für die übrigen Pferde und die Schafe verwandt wird, soweit diese überhaupt gefüttert werden.

86. Anlegen von Heuschobern.
Nach D. Bruun.

Die gesamte Heuernte Islands betrug im letzten Jahrzehnt durch-schnittlich gegen eine halbe Million „Pferde" Heu von gedüngtem, und eine Million „Pferde" von ungedüngtem Boden, einmal etwas mehr, einmal weniger. 1899 waren es beispielsweise 632 553 und 1 311 498 „Pferde".

Die Zahl der Schafe ist im Verhältnis zur Bevölkerungsziffer recht beträchtlich und hat das ganze 19. Jahrhundert hindurch beständig zugenommen. Während der gesamte Schafbestand des Landes im Jahre 1804 nur 218 818 Stück betrug, war er 1849 auf 619 092 und 1896 auf 841 966 Stück gestiegen. Berechnet man freilich, wie viele Schafe auf je 100 Einwohner kommen, so ist der Zuwachs in der zweiten Hälfte des 19. Jahrhunderts nicht sonderlich gross (1849: 1048, 1896: 1128).

Ausser als Schlachtvieh und Ausfuhrgegenstand kommen die Schafe auch als Milchtiere in Betracht. Die Mutterschafe werden während des Winters im Stalle gehalten, wogegen die übrigen ausgewachsenen Schafe, namentlich die Hammel, soweit es möglich ist, täglich auf die Weide getrieben werden, . um sich selbst ihr Futter zu suchen; sie müssen dann den Schnee fortscharren, um zu dem

87. Alte Hürde für Lämmer.
Nach D. Braun.

darunter befindlichen Grase zu gelangen, und werden deshalb gewöhnlich von einem Hirten begleitet, der sie nach den Stellen führt, wo die Schneedecke am dünnsten ist. Doch bekommen sie in der Regel auch etwas Heu, und wenn der Winter sehr streng ist, bleiben sie die ganze Zeit im Stalle. Dann geschieht es freilich nicht selten, dass der Heuvorrat verbraucht wird, so dass ein grösserer oder geringerer Teil des Schafbestandes an Futtermangel zugrunde geht. Von Ende April ab werden die Schafe gewöhnlich hinausgetrieben, und Mitte Mai tritt die Lammzeit ein. Die Lämmer werden dann nach und nach im Freien geworfen und bleiben bei den Müttern bis Ende Juni, wo die „Trennungszeit" (fráfaerur) eintritt. In den letzten vierzehn Tagen vorher war es früher allgemeiner Brauch, der sich auch jetzt noch hier und da findet, die Lämmer während der Nacht den Müttern fortzunehmen, um ihnen das Saugen abzugewöhnen. Hierzu benutzt man eine sogenannte Lämmerhürde (stekkur), die sich

gewöhnlich ein gutes Stück von dem Hofe entfernt auf den Weide-
plätzen befindet. Diese besteht aus zwei Abteilungen, einer grösseren
Hürde oder Umzäunung, in die die Mutterschafe mit den Lämmern
hineingetrieben werden, und einer an diese anstossenden kleineren
Abteilung (lambakró), in die man die Lämmer sperrt, während die
Mutterschafe wieder hinausgelassen werden. Diese halten sich während

88. Tragbare Hürde (zum Melken der Schafe).
Nach D. Braun.

der Nacht in der Nähe der Lämmerhürde auf und werden am nächsten
Morgen wieder hineingetrieben, um gemolken zu werden, bevor man
die Lämmer zu ihnen lässt. Im Laufe dieser Zeit werden die Lämmer
an den Ohren mit Zeichen (mark) versehen. Jeder Besitzer hat sein
eigenes Zeichen, das in gedruckten Verzeichnissen steht und sich vom
Vater auf den Sohn vererbt. Nach der „Trennungszeit" bleiben die
Mutterschafe gewöhnlich unter Aufsicht auf dem Hofe, wo sie Morgens
und Abends innerhalb einer Melkhürde (kvíar) gemolken werden, die
gewöhnlich ein viereckiger, mit Rasenwänden umgebener Platz, bisweilen

auch ein Pferch (faerikvíar) ist, der aus zusammengebundenen hölzernen Rahmen besteht. Für die Melkzeit wird der Raum innerhalb dieser Rahmen entsprechend verkleinert, während man nach dem Melken durch Hinzufügen mehrerer Rahmen den Pferch erweitert und die Schafe die Nacht hindurch darin liegen lässt. Wenn das Grasfeld gemäht ist, wird der tragbare Pferch darauf aufgestellt, damit der Schafdünger ihr zugute kommt, und alsdann von einer Stelle zur andern geschafft, damit auf diese Weise ein möglichst grosses Gebiet nach und nach gedüngt wird. Früher war es üblich, die Mutterschafe und die Mutterkühe auf die Gebirgsweiden zu treiben, wo man aus der Milch Butter, Käse und „skyr" (eine Art geronnener Milch, aus der die Molken ausgeseiht werden, und die darauf in grossen Gefässen oder Tonnen aufbewahrt wird) bereitete, die allmählich nach dem Gehöft geschafft wurden. Heutzutage hat die Benutzung der Gebirgsweiden beinahe gänzlich aufgehört und bleibt das ganze Milchvieh in der Regel auf dem Hof.

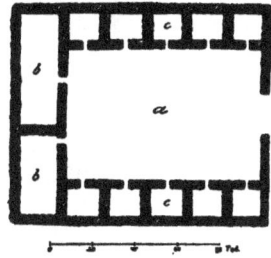

89. Hürde zum Aussondern der Schafe.
Nach D. Bruun.

Die Lämmer und Hammel (sowie die Pferde, die nicht gebraucht werden) treibt man im Sommer auf die Gemeindeweiden im Gebirge, nachdem vorher die ausgewachsenen Schafe geschoren worden sind. Dort bleiben sie sich selbst überlassen, bis im Herbst — genauer im September — eine Menge Leute auszieht, um sie zu sammeln und wieder in die Ebene hinabzutreiben. Hier werden sie in grossen, eigens für diesen Zweck bestimmten Hürden (rétt, almannarétt) gesondert, wobei jeder Eigentümer seine Schafe an den Ohrenzeichen erkennt. Jene Hürde ist meist eine viereckige, bisweilen auch kreisrunde Umfriedigung mit einem grösseren Platze in der Mitte, der den Namen almenningur (gemeinsamer Platz) führt und oft mehrere tausend Schafe fasst, und einer Menge grösserer oder kleinerer Einzelhürden (dilkur) auf allen Seiten ausser der des Eingangs. Von dem ganzen Haufen (safn) werden nun nach und nach so viele auf den gemeinsamen Platz (Abbildung 89: a) getrieben, wie er aufnehmen kann, worauf die verschiedenen Eigentümer ihre Schafe heraussuchen und diese in die

Einzelhürden schaffen, von denen die kleineren (Abbildung 89: cc) einem
oder ein paar Höfen gehören, während die grösseren (Abbildung 89: bb)
bisweilen für einen ganzen Gau bestimmt sind, und die Schafe, die in
diese gebracht sind, müssen dann in ihrem Heimatbezirk weiter aus-
gelesen werden. Ausser den Leuten, die mit dem Aussuchen der
Schafe beschäftigt sind, kommen bei dieser Gelegenheit stets viele

90. Aussondern der Schafe (Hürde bei Akureyri).

Zuschauer herbei, alte und junge, Frauen und Kinder, und es entwickelt sich ein sehr munteres Treiben mit Spielen, Körperübungen,
Gesang und mancherlei Belustigungen, so dass dieser Tag zu einem
wirklichen Volksfeste wird. Wie grossen Wert manche auf die Teilnahme daran legen, geht daraus hervor, dass bisweilen Knechte und
Mägde, ehe sie bei einem Bauern in Dienst treten, die Bedingung
stellen, dem Aussondern der Schafe beiwohnen zu dürfen.[1]

---

[1] Vgl. Thóroddsen: Jüngling und Mädchen, übers. von Poestion, 4. Aufl.
Reclams Univ.-Bibl., Nr. 2226—27, S. 27—36.   Der Übers.

Da die Rindviehzucht infolge des mangelnden Absatzes und der Unerfahrenheit der Leute im Meiereiwesen nicht so lohnend ist wie die Schafzucht, so hat man auf den meisten Höfen die Zahl der Kühe soweit eingeschränkt, wie es der häusliche Milchbedarf irgend gestattet. Der Wirtschaftsbetrieb mit Ochsen ist so gut wie unbekannt. Auch sind die Ausgaben bei der Rindviehzucht bedeutend grösser als bei der Schafzucht; denn wenn auch die Kühe während der drei Sommermonate draussen auf den Weideplätzen sich selbst überlassen sind, müssen sie doch etwa neun Monate hindurch im Stalle gehalten und mit dem besten Heu von dem Grasfelde gefüttert werden. Infolgedessen ist die Rindviehzucht beständig zurückgegangen. Der gesamte Rindviehbestand des Landes ist gegenwärtig nur unwesentlich grösser als am Anfange und sogar etwas geringer als um die Mitte des 19. Jahrhunderts. Im Jahre 1804 gab es 20 325 Stück, 1849 war ihre Zahl auf 25 523 gestiegen, dagegen 1896 wieder auf 23 713 gesunken. Berechnet man dagegen, wieviel Stück auf je 100 Einwohner kommen, so ergibt sich ein dauernder Rückgang seit dem Jahre 1700 (1703: 71; 1770: 67; 1849: 43; 1896: 32), und wenn man aus noch früheren Zeiten zuverlässige Angaben hätte, so würde man ohne Zweifel dieselbe Entwicklung feststellen können. Dass diese dauernde Verminderung des Rindviehbestandes Islands einen merklichen Rückgang der isländischen Landwirtschaft bedeutet, ist unbestreitbar. Es geht daraus hervor, dass diese mit ihrer Bevorzugung der Schafzucht einen falschen Weg eingeschlagen hat. Die Folge davon ist, dass man jetzt weit mehr als früher von dem Ertrage des unbebauten Bodens lebt, was für kein Land günstig ist, geschweige denn für Island, wo Meereisnebel auf unbebautem Boden zuweilen den Pflanzenwuchs fast gänzlich vernichten, während der Ertrag des gedüngten Bodens dadurch nur verringert wird; die Erfahrung hat nämlich gezeigt, dass ein gut gepflegtes Grasfeld stets einen gewissen Ertrag liefert, sogar in den schlimmsten Jahren. Wenn man hauptsächlich von den Erträgen des unbebauten Bodens abhängt, so führt das ausserdem dahin, dass die Bevölkerung sich unverhältnismässig zerstreut, was für die Landwirtschaft höchst bedenkliche Folgen mit sich bringt, die unbedingt ihrer natürlichen Entwicklung hinderlich sein müssen.

Da Wagen auf Island so gut wie unbekannt sind und man für Reisen, sowie für die Fortschaffung von Gütern und Heu auf die Pferde

angewiesen ist, so muss jeder Landwirt diese in ziemlich grosser Menge
halten.   Ihre Gesamtzahl im ganzen Lande betrug 1804: 26 524,
1849: 37 557 und 1896: 43 235.   Der Zahl nach besitzt also Island
jetzt mehr Pferde als am Anfang und um die Mitte des 19. Jahrhunderts; berechnet man aber, wieviel Pferde auf je 100 Einwohner kommen, so ergibt sich, dass der Pferdebestand in der letzten

91. Satteln der Packpferde.
Nach D. Braun.

Hälfte des 19. Jahrhunderts in Wirklichkeit ein wenig abgenommen hat
(1849: 63; 1896: 56), was indessen kaum als ein Nachteil für die
Landwirtschaft anzusehen ist, denn ein allzu grosser Pferdebestand ist
für die Viehweiden ausserordentlich schädlich.   Die isländischen Pferde
sind klein, aber trotz ihrer durchweg schlechten Behandlung recht
kräftig und sehr ausdauernd und sicher auf den Füssen.   Die Reitpferde, oder doch wenigstens die besten von ihnen, werden während
der strengsten Wintermonate im Stalle gehalten und mit gutem Heu
gefüttert, die wertvollsten sogar mit Heu von den Grasfeldern, während
die Packpferde in der Regel im Freien bleiben und sich selbst ihr

Futter suchen müssen; diese bekommen, soweit sie überhaupt gefüttert werden, nur den Abfall vom Heu (moð).

Hier und da hält man auch Ziegen, aber eine wie geringe Rolle sie in der Landwirtschaft spielen, ist daraus ersichtlich, dass ihre Gesamtzahl im Jahre 1900 nur 271 Stück betrug. Die Schweinezucht, die zur Zeit des alten Freistaats allgemein verbreitet war, hat längst aufgehört, obgleich sie sicher gewinnbringend wäre. Von Geflügel hält man nur Hühner, ausnahmsweise wohl auch ein paar Enten, während man in den Zeiten des Freistaats ausserdem noch zahme Gänse in Menge hatte, deren Aufzucht gewiss auch jetzt noch vorteilhaft wäre.

Der Gartenbau, der früher ziemlich unbedeutend war, hat in der letzten Zeit gute Fortschritte gemacht. Besonders werden Kartoffeln und Rüben, sowie Rhabarber und verschiedene Kohlarten angebaut. Obstbäume gedeihen nicht, doch hat man in den Handelsplätzen Beerensträucher, wie die rote und schwarze Johannisbeere. Die Kartoffelernte, die 1885 nur 2953 Tonnen ergab, lieferte im Jahre 1900 schon 17 453 Tonnen.[1]) In demselben Zeitraum war die Rübenernte von 2800 auf 18 977 Tonnen gestiegen. Indessen deckt der einheimische Kartoffelbau nicht entfernt den Bedarf, so dass alljährlich 3000—4000 Tonnen aus dem Auslande eingeführt werden müssen. So wurden 1899 beispielsweise 3431 Tonnen zu einem Werte von 31 698 Kronen, d. h. von rund 9 Kronen auf die Tonne, eingeführt. Da nun die Erfahrung gelehrt hat, dass in vielen Gegenden des Landes bei sachgemässem Betriebe eine Fläche von 10 Geviertfaden[1]) eine Tonne, oder eine „dagslátta" (900 Geviertfaden) 90 Tonnen Kartoffeln liefert — was, selbst wenn man die Tonne nur zu 8 Kronen rechnet, für die „dagslátta" 720 Kronen ergibt —, so ist es klar, dass der Kartoffelbau sehr gewinnbringend werden kann. In Manitoba in Canada, das vielen Isländern im Vergleich zu Island als ein Gosen erscheint, und wohin so viele in den letzten Jahren ausgewandert sind, ist der durchschnittliche Ertrag eines Morgens (Acre), der doch die isländische dagslátta um ein Fünftel an Grösse übertrifft, nur 12 096 englische Pfund im Werte von etwa 226 Kronen. Trotzdem bezeichnet man dort den Kartoffelbau als recht lohnend. Auf Island dagegen bringt er mehr als das Dreifache ein; er sollte deshalb in dem Grade ausgedehnt

---

[1]) 1 Tonne = 200 Pfund = 100 Kilogramm. 1 Faden = 1,88 m.

werden, dass man nicht nur mit der Einfuhr von Kartoffeln völlig aufhören, sondern sie sogar zu einem Ausfuhrgegenstande machen könnte.
Neuerdings ist ein grosser Eifer für die Hebung der Landwirtschaft erwacht. So ist in Reykjavík ein grosser Gartenbauverein
gegründet worden, der in mannigfacher Weise für die Entwicklung des
Gemüsebaues tätig ist, sowie eine Landwirtschaftsgesellschaft für ganz
Island, die zwei besoldete Sachverständige angestellt hat. Fast in
jeder Gemeinde gibt es auch kleinere landwirtschaftliche Vereine und
in den vier „Ämtern" des Landes je eine Landwirtschaftsschule. Auch
ist in den letzten Jahren viel geschehen für die Urbarmachung und
sonstige Verbesserungen des Bodens. Im Jahre 1899 wurden z. B.
374 219 Geviertfaden oder 416 „dagsláttur" Grasfelder eingeebnet,
d. h. die oben erwähnten Bodenerhebungen entfernt; der Flächeninhalt
der Gemüsegärten wurde um 22 124 Geviertfaden vermehrt, Zäune
um die Grasfelder wurden in einer Länge von 24 936 Faden ausgeführt, es wurden 27 308 Faden Schutzgräben zu demselben Zwecke,
sowie 40 964 Faden Bewässerungsgräben gezogen und verschiedene
weitere Verbesserungen ausgeführt. Während der Jahre 1893—99
wurden von ungefähr 2100 Mitgliedern der landwirtschaftlichen Vereine
auf die Bodenverbesserung (jarðabætur) 362 000 „Arbeitstage" (dagsverk)
verwandt, was, wenn der Arbeitstag zu 2,50 Kr. gerechnet wird, eine
Summe von 912 500 Kr. ausmacht. Aber trotz dieser lobenswerten
Bestrebungen hatte man es im Jahre 1900 doch erst soweit gebracht,
dass es in dem 1903 (oder nur 1870) Geviertmeilen grossen Lande
3,53 Geviertmeilen bebauten Landes gab, und zwar 2,99 Dungwiesen,
0,04 Gartenland und 0,50 eigentliches Wiesenland (flaeðiengi, Flutwiese,
d. h. eine solche, die unter Wasser gesetzt werden kann).

Von seiten des Staates geschieht recht viel für die Hebung der
Landwirtschaft. Abgesehen von beträchtlichen Zuschüssen an die Landwirtschaftsgesellschaft und die Landwirtschaftsschulen wird alljährlich
eine ansehnliche Summe zur Verteilung unter die zahlreichen landwirtschaftlichen Vereine Islands bewilligt, die in Form von Ehren-
preisen an die Mitglieder entsprechend den von ihnen im Laufe des
Jahres ausgeführten Bodenverbesserungen vergeben wird; auch wird
den Landwirten die Möglichkeit zu billigen Darlehen aus der Landeskasse gewährt, um sie in den Stand zu setzen, kostspieligere Verbesserungen auszuführen. Ausserdem nahm der Landtag 1899 ein

Gesetz an, auf Grund dessen aus den Einnahmen, die seit 1883 durch
den Verkauf von Staatsländereien erzielt worden sind oder noch erzielt
werden, eine Urbarmachungskasse (raektunarsjóður) zu bilden ist, deren
(z. Z. 150 000 Kr. betragendes) Vermögen zu Urbarmachungsversuchen
und andern Bodenverbesserungen ausgeliehen werden soll, während
die Zinsen als Belohnungen für die verwendet werden können, die
sich auf diesem Gebiet besonders hervorgetan haben. Eine solche
Preisverteilung hat bereits im letzten Viertel des 19. Jahrhunderts
stattgefunden, und zwar von den Zinsen der „Unterstützungskasse
König Christians IX. zur Erinnerung an das Tausendjahrfest" (gegenwärtig 9614 Kr.), die hauptsächlich der Landwirtschaft zugute gekommen
ist, obgleich nach den Satzungen andere Berufe nicht ausgeschlossen
sind. Auf derselben Tagung des Landtags (1899) wurde eine recht
ansehnliche Summe, die 1901 und 1903 noch erhöht wurde, für die
Gründung einer Molkereischule im Anschluss an eine der Landwirtschaftsschulen bewilligt. Diese leitet ein von der Regierung berufener
dänischer Molkereidirektor, und junge Isländer, die sich in diesem
Fache ausbilden wollen, erhalten hier kostenlosen Unterricht. Gleichzeitig wurden in einem besonderen Gesetze Preise für die Ausfuhr
von Butter (Exportprämien) ausgesetzt, und zwar für die, die eine
bestimmte Menge Butter ausführen und dafür im Auslande einen
gesetzlich festgelegten Mindestpreis erzielen. Diese Unternehmungen
hatten zur Folge, dass man schon eine Anzahl Molkereien auf Anteil-
scheine hat gründen können, die Butter nach England ausgeführt und
dafür den recht annehmbaren Preis von 75—90 Öre für das Pfund
erhalten haben. Man plant gegenwärtig die Gründung weiterer solcher
Molkerei-Genossenschaften, aber der geringe Rindviehbestand Islands
und die zerstreut lebende Bevölkerung legen dem so grosse Hindernisse in den Weg, dass diese sich kaum überall werden einrichten
lassen, es sei denn, dass es glückt, eine wesentliche Änderung dieser
Verhältnisse und einen neuen Wirtschaftsbetrieb herbeizuführen. Weiter
ist in den letzten Tagungen des Althings ein Betrag ausgesetzt worden
für Versuche mit Waldanpflanzungen, die von einem dänischen Forst-
mann geleitet werden, für Untersuchung isländischer Futterpflanzen
und endlich für die Gründung einer Versuchsgärtnerei, die unter
der Leitung eines Gärtners steht, der eine dänische Gartenbauschule
besucht hat.

Im Vergleich zu dem, was für die isländische Landwirtschaft geschah, ehe das Land gesetzgebende Gewalt und das Recht zu Geldbewilligungen erhielt, sind die Fortschritte auf diesem Gebiet also recht bedeutend. Indessen darf das alles doch nur als ein Anfang betrachtet werden, dem weitere und viel wirksamere Unternehmungen folgen müssen. Unter anderem ist eine Durchsicht der ganzen Landwirtschaftsgesetzgebung ein dringendes Bedürfnis. Diese stammt zum grossen Teile aus dem Jahre 1280 (!) und ist, im ganzen betrachtet, alles andere als zeitgemäss. Die Zukunft Islands wird aber vor allem von der Entwicklung der Landwirtschaft abhängen. Diese ist der sicherste Erwerbszweig des Landes und kann auch ganz reichliche Erträge liefern, wenn sie mit dem nötigen Geschick und in zweckmässiger Weise betrieben wird.[1]) Aber der Betrieb muss anders werden, und es muss mehr Gewicht auf Viehzucht gelegt werden. Der bisher übliche Raubbau, der für ungesittete Völker passen mag, muss abgeschafft oder doch stark eingeschränkt werden. Die Fruchtbarkeit des isländischen Bodens ist selbstverständlich denselben Naturgesetzen unterworfen wie alles andere und muss nach und nach aufhören, wenn dem Boden niemals das wiedererstattet wird, was ihm entzogen worden ist.

Seiner Bedeutung nach der zweite Erwerbszweig der Isländer ist der Fischfang. Von diesem lebten 1901 27,2 v. H. der Einwohner, während die Fischerbevölkerung um die Mitte des 19. Jahrhunderts nur 7 v. H. der Gesamtbevölkerung ausmachte. Früher wurde der Fischfang fast nur im Westlande, besonders am Faxafjörður und am Ísafjarðardjúp, betrieben, heutzutage jedoch — und zwar in beträchtlichem Umfange — auch im Nord- und namentlich im Ostlande. Auch in anderer Hinsicht sind grosse Veränderungen eingetreten. Früher war es allgemein üblich, dass der Fischer nebenbei ein wenig Landwirtschaft hatte, wie denn auch viele Fischer im Sommer auf das Land gingen, um während der Ernte bei den Landleuten als Tagelöhner ihr Brot zu verdienen. Andererseits schickten die Landwirte, wenn die notwendigste Arbeit auf dem Hofe erledigt war, einige von ihren Leuten in die Fischerdörfer hinab, um Fischfang zu treiben. Aber

---

[1]) Nach der Versicherung eines der erfahrensten isländischen Landwirte kann ein wirklich gut bestelltes Grasfeld bis zu 30 v. H. Reinertrag bringen.

Der Verf.

das hat sich jetzt geändert, nachdem der Fischer sich mehr und mehr gewöhnt hat, hauptsächlich von der Fischerei zu leben, wie der Bauer von der Landwirtschaft. Doch treiben auch jetzt manche Fischer nebenbei noch ein wenig Landwirtschaft.

Die Seefischerei der Isländer besteht in erster Linie in Dorsch- oder Kabliaufang; doch fängt man auch Schellfische, Quappen (Leng- fische, Aalraupen), Flundern, Seehasen, Rochen und verschiedene andere Arten Fische. Schollen, die es stellenweise in grosser Menge gibt, fängt der Isländer ausschliesslich für den Hausbedarf, ausgeführt werden sie nur durch Ausländer. Auch Haifische werden an manchen Stellen gefangen, besonders im Nordlande; ausserdem ist hier wie im Ostlande die Herings- fischerei sehr bedeutend und liefert oft einen ausserordentlich reichen Ertrag, ist aber dafür freilich ein höchst unsicherer Erwerb.[1]) Bisher wurde der Fischfang meist in kleinen offenen Booten mit Netzen oder Leinen betrieben; neuerdings sucht man indessen mehr und mehr von der höchst gefährlichen und auch

92. Heimkehr vom Fischfange.
Nach D. Bruun.

sonst in mancher Hinsicht ungeeigneten Benutzung von Booten loszukommen und an deren Stelle den Gebrauch grösserer Verdeck- schiffe einzuführen, deren Anzahl denn auch mit jedem Jahre stark zunimmt. Einige unternehmende Männer haben sogar den Dorschfang mit Dampfschiffen versucht, was wahrscheinlich das geeignetste ist, obgleich die bisherigen Versuche nicht günstig ausgefallen sind.

') In bezug auf den Heringsfang hat man vor einigen Jahren begonnen neue Wege einzuschlagen und erzielt seitdem viel sichere Ergebnisse. Während man nämlich früher die Heringe ausschliesslich innerhalb der Fjorde mit Schlepp- netzen fing, wendet man jetzt Treibgarn an und fischt auf dem offenen Meere ausser- halb der Küste, wo stets Heringe sind. Man begann mit dieser neuen Fangweise im Jahre 1900 mit nur 2 Schiffen, 1901 waren es 4, 1902 29 und 1903 bereits 120 Schiffe, darunter 100 norwegische und 20 isländische. Das Gesamtergebnis im Sommer 1903 waren 40000 Tonnen. Der Verf.

Die Gesamtzahl der Fischerboote war 1900 für ganz Island 2028
(davon 760 mit 2, 636 mit 4, 510 mit 6 Mann Besatzung und 122
grössere Boote), während die Zahl der Verdecksohiffe 140 betrug.

Das Meer um Island ist sehr reich an Fischen, aber nur der
geringste Teil dieses Reichtums kommt den Isländern selbst zugute.
Ausser ihnen treiben nämlich mehrere fremde Völker in ausgedehntem
Masse Fischfang in den isländischen Gewässern, besonders Franzosen,
Engländer und Amerikaner. Dagegen lässt sich auch nichts sagen,
solange sie nicht den Rechten der Isländer zu nahe treten; aber das
haben besonders die Engländer durch Anwendung von Schleppnetz-
dampfern im isländischen Küstengebiet in den letzten Jahren vielfach
getan; diese bedrohen dadurch die Bootfischerei der armen isländischen
Fischer mit dem Untergange, besonders im Faxafjörður, wo die
Fischbänke teilweise schon verwüstet zu sein scheinen. Allerdings hat
der Landtag durch strenge gesetzliche Bestimmungen von der Schlepp-
netzfischerei im Küstengebiet abzuschrecken gesucht; aber da man als
Küstenpolizei nur einen einzigen Kreuzer hat, der sich in den isländischen
Gewässern noch dazu wenig mehr als die Hälfte des Jahres aufhält
und nicht zugleich an allen Punkten der langgestreckten Küste sein
kann, so kümmern sich die englischen Schleppnetzfischer wenig darum.
Vor vier Jahren wurden auch ein paar isländische Schleppnetzgesell-
schaften gegründet, deren Mittel freilich zum weitaus grössten Teile
ausländischen Ursprungs waren; aber sie hatten vor den fremden
Schleppnetzbooten immerhin den Vorzug, dass sie einer grossen Menge
von isländischen Fischern Arbeit verschafften, sowohl an Bord ihrer
Schiffe, als auch bei der Verarbeitung der Beute. Aber da diese
Gesellschaften, sicher infolge ungeschickter Leitung, mit Verlust
arbeiteten, so haben sie ihre Tätigkeit schon wieder eingestellt und
sind aufgelöst worden.

Der grösste Teil der gefangenen Fische wird eingesalzen und als
Klippfisch ausgeführt, nur ein geringer Teil als Hart- oder Stockfisch
(getrocknet). Die Ausfuhr von Fischen und Erzeugnissen der Fischerei
hat seit der Mitte des 19. Jahrhunderts stark zugenommen. Während
im Jahre 1849 die Gesamtausfuhr von Klipp- und Stockfisch nur
$5^1/_4$ Millionen Pfund betrug, war sie 1900 auf $27^3/_4$ Millionen
gestiegen, und die ausgeführten Erzeugnisse der Seefischerei hatten
einen Wert von 6 947 000 Kronen. Auch in den Binnengewässern

wird etwas Fischfang betrieben, und besonders der Fang von Lachsen und Forellen wirft an manchen Orten einen recht guten Ertrag ab. 1896 wurden 84 867 Pfund Lachs zu einem Werte von 40 203 Kronen ausgeführt.

Der Staat tut sein möglichstes für die Hebung der Fischerei, wenn auch weniger als für die Landwirtschaft. So ist, um dem empfindlichen Mangel an geschulten Schiffsführern abzuhelfen, eine Steuermannsschule in Reykjavík gegründet worden, die völlig vom

93. Von der Walfangstation am Dýrafjörður (Westland).
Nach D. Bruun.

Staate unterhalten wird. Der Unterricht ist unentgeltlich. Ausserdem hat man versucht zur Anschaffung von Verdeckschiffen anzuregen, indem man einerseits die Möglichkeit zu billigen Anleihen für diesen Zweck bot, andererseits Versicherungsgesellschaften für solche Schiffe durch Zuschüsse unterstützte. Auch hat der Landtag mehrere Jahre hindurch der Regierung eine gewisse Summe zur Verfügung gestellt, um dadurch billige Darlehne für den Bau von Eishäusern zu ermöglichen, und solche sind denn auch von mehreren aus Amerika zurückgekehrten Isländern in grosser Anzahl nach amerikanischem Muster erbaut worden. Diese Eishäuser sind für die Fischerei von grösster Bedeutung, da man in ihnen z. B. Hering, der der beste

Köder für den Dorsch ist, in frischem Zustande aufbewahren kann.
Endlich wird zur Anstellung biologischer Untersuchungen für die
Zwecke der Süss- und Salzwasserfischerei jährlich eine Summe für
einen Fachmann auf diesem Gebiete bewilligt.

Die Jagd auf Seesäugetiere kann auf Island recht einträglich sein.
Dies gilt besonders vom Walfange, der indessen mit Ausnahme einer
dänisch-isländischen Walfängergesellschaft nur von Norwegern betrieben
wird, die im West- und Ostlande mehrere grosse Niederlassungen
errichtet haben, wo die Erzeugnisse des Walfanges (Tran, Guano usw.)
verarbeitet werden. In neuerer Zeit wurden jährlich gegen 1200 Wale
im Werte von etwa 2 Millionen Kronen gefangen, wobei die sehr wertvollen Barten nicht mit eingerechnet sind. Der Seehundfang wird
mit gutem Erfolge an einzelnen Stellen getrieben, wo dieser schädliche
Räuber merkwürdigerweise gegenüber andern als dem Besitzer des
betreffenden Gebietes den Schutz des Gesetzes geniesst. Die Jagd auf
Landtiere und Vögel spielt eine untergeordnete Rolle. Indessen lebt
die Bevölkerung an manchen Punkten im Westlande, sowie auf Grimsey
und den Vestmannaeyjar zum grossen Teile vom Vogelfang. Im
Binnenlande werden besonders Schwäne und Schneehühner gejagt, die
auch teilweise ausgeführt werden (1896: 15 941 Schneehühner im
Werte von 6036 Kr.). Von Landtieren jagt man den Fuchs als
schädliches Wild, aber da sein kostbarer Pelz ein vorzüglicher Ausfuhrgegenstand ist, so wirft diese Jagd immerhin einen kleinen Ertrag ab (1896
wurden 178 Fuchsfelle im Werte von 2700 Kr. ausgeführt). — Stellenweise ist das Sammeln von Eiderdunen eine besonders gute Einnahmequelle (1896 wurden 6238 Pfund im Werte von 55 466 Kr. ausgeführt).

Von Handwerk und Industrie lebten 1890 nur 2,6 v. H. der
Bevölkerung, 1901 schon 5,4 v. H. Die Wichtigkeit dieses Erwerbs-
zweiges hat seit der Mitte des 19. Jahrhunderts, und besonders in den
letzten Jahren beständig zugenommen. Unter den verschiedenen Hand-
werken bilden die Tischler die zahlreichste Gruppe. Danach kommt
das Schmiedehandwerk mit Fein- und Grobschmieden. Auf diese folgen
in absteigender Linie Näherinnen, Schuhmacher, Zimmerleute, Sattler,
Vertreter der literarischen und künstlerischen Zwecken dienenden
Industrie, Steinmetzen, Weber, Schiffs- und Bootzimmerleute, Gold- und
Silberarbeiter, Bäcker, Vertreter der Holzwarenindustrie, Schneider,
sonstige Angestellte des Bekleidungsfachs, Uhrmacher, Maurer, allerlei

bei der Zubereitung von Lebensmitteln beschäftigte Personen (mit Ausnahme der Bäcker), Maler usw.

94. Vogelfang auf den Vestmannaeyjar (Inselgruppe im Süden Islands).

Die isländische Hausindustrie ist im Laufe des 19. Jahrhunderts in bedauerlicher Weise zurückgegangen. Während man vor hundert Jahren den grössten Teil der Wolle im Lande selbst verarbeitete und

fast ausschliesslich isländische Stoffe trug, wird jetzt die Hauptmasse
der Wolle in unverarbeitetem Zustande ausgeführt; dagegen werden
sehr viel Woll- und Leinwandstoffe eingeführt. Während im Jahre
1806 von verarbeiteter Wolle 283 076 Paar wollene Handschuhe, 181 676
Paar Strümpfe, 6282 Jacken, 9328 Pfund Strickwolle und eine Menge
Fries ausgeführt wurden, betrug die Ausfuhr in diesen Waren 1896
nur 15 089 Paar wollene Handschuhe, 5864 Paar Strümpfe, im übrigen
aber weder Jacken, noch Strickwolle oder Fries. Wenn man bedenkt,
dass die Wollerzeugung Islands von 1806—1896 sich ungefähr ver-
vierfacht und die Einwohnerzahl sich nahezu verdoppelt hat, so sieht
man, dass der Rückgang gross, ja im Grunde weit grösser ist, als die
blosse Zusammenstellung der angeführten Zahlen lehrt. Aber es kommt
noch hinzu, dass ein grosser Teil der Wolle, die zu Anzügen verwandt
wird, nicht im Lande selbst verarbeitet, sondern in norwegische Fabriken
geschickt wird, um dort verarbeitet zu werden, und dafür gehen an
Arbeitslohn mehr als 20 000 Kronen jährlich aus dem Lande. Dass das
einen nicht geringen wirtschaftlichen Verlust für Island bedeutet,
darüber ist man sich jetzt allgemein klar, und man hat deshalb in den
letzten Jahren von verschiedenen Seiten mit grossem Eifer sich darum
bemüht, kleinere Wollspinnereien mit Fabrikbetrieb zu gründen. Auch
der Landtag hat diese Bestrebungen dadurch unterstützt, dass er Darlehne zu günstigen Bedingungen für diese Zwecke bewilligte. Es ist
denn auch bereits gelungen, einige solche Wollspinnereien zu gründen,
die mit Wasserkraft betrieben werden, und in denen die Landleute
gegen angemessenen Entgelt ihre Wolle kämmen und spinnen lassen
können, was deren weitere Verarbeitung im Hause sehr erleichtert.
In seiner Tagung vom Jahre 1899 ging der Landtag noch einen
Schritt weiter, indem er die Regierung aufforderte, die Bedingungen
für die Gründung einer Tuchfabrik festzustellen, und zugleich die
dazu erforderlichen Mittel bewilligte. Nachdem ein von der Regierung
bestellter Ingenieur, der zu diesem Zwecke Dänemark, Norwegen
und Island bereist hatte, dem Landtage das Ergebnis seiner Untersuchungen vorgelegt und die Gründung einer solchen, mit Wasserkraft zu betreibenden Fabrik zu Seyðisfjörður in Form eines privaten
Aktienunternehmens empfohlen hatte, ermächtigte der Landtag 1901 die
Regierung, einer etwa sich bildenden Aktiengesellschaft aus den Mitteln
der Landeskasse eine Summe zu leihen, die der Hälfte des erforderlichen

Aktienkapitals entspräche, und zwar zu sehr günstigen Bedingungen. Zwar ist diese Fabrik wegen mangelnder Geldmittel noch nicht zustande gekommen, doch hat im Jahre 1903 eine Aktiengesellschaft unter Benutzung des vom Althing bewilligten Darlehns in Reykjavík eine Tuchfabrik mit Dampfbetrieb errichtet. Auch in Akureyri hat sich eine Aktiengesellschaft zur Gründung einer Tuchfabrik gebildet, die mit Wasserkraft betrieben werden soll; ferner findet sich eine

95. Wasserfall der Fjarðará bei Seyðisfjörður.

solche nunmehr auch auf dem Gehöft Álafoss in der Nähe von Reykjavík. Im ganzen ist in der letzten Zeit auf Island der Sinn für gewerbliche Unternehmungen reger geworden, da man einsehen gelernt hat, dass das Land in seinen unzähligen, zum Teil sehr grossen Wasserfällen eine ungeheure Arbeitskraft und ein gewaltiges Vermögen besitzt und zu deren Nutzbarmachung etwas geschehen muss, ehe sie die Beute englischer Geldmänner werden, deren Unterhändler schon am Werke sind jene für sie zu sichern. Es ist zweifellos, dass Island in seiner grossartigen Wasserkraft, mit deren Hülfe eine nahezu unbegrenzte Menge Elektrizität erzeugt werden kann, die Vorbedingungen besitzt, um in Zukunft eine verhältnismässig bedeutende Industrie zu

entwickeln. Wie die Engländer darüber urteilen, geht u. a. daraus
hervor, dass eine Gesellschaft von Londoner Geldmännern vor einigen
Jahren mehrere Wasserfälle auf längere Zeit gepachtet und bereits
allerlei Vorbereitungen zur Gründung einer Fabrik an einem der
Wasserfälle des Südlandes zur Gewinnung von Calciumcarbid gemacht
hat; diese Anlage wird nach den vorgenommenen Berechnungen gegen
18 Millionen Kronen kosten! In einer fachwissenschaftlichen fran-

96. Wasserfall bei Seyðisfjörður.

zösischen Zeitschrift („La Lumière électrique") haben zwei Ingenieure,
die vor mehreren Jahren Island bereisten, die gesamte Wasserkraft
des Landes auf 1000 Millionen Pferdekräfte veranschlagt.

Bergbau wird heutzutage nur an einer einzigen Stelle im Ostlande betrieben, wo sich ein dem Staate gehöriges Doppelspatbergwerk
befindet. Die reichen Schwefelgruben Islands sind gegenwärtig nicht
in Betrieb, während man ehemals etwas Schwefel ausführte. Die Kohlen-
gruben, die man vor mehreren Jahren im Ost- und Nordlande entdeckte
und deren es wahrscheinlich anderswo noch einige gibt, sind bisher
nicht untersucht worden.

Der isländische Handel hat im Laufe des 19. Jahrhunderts

grosse Fortschritte gemacht. Nachdem Island nahezu zweihundert
Jahre unter der Herrschaft eines höchst nachteiligen Alleinhandels
gestanden hatte, wurde im Jahre 1786 allen dänischen Untertanen
der Handel freigegeben. Schon dies hatte die Folge, dass die
Handelsverhältnisse in der ersten Hälfte des 19. Jahrhunderts sich
besserten, obwohl eine wirkliche Änderung zum Besseren erst eintrat,
nachdem der Handel allen Völkern freigegeben worden war (1854).
Trotzdem waren bis 1874 die Fortschritte ziemlich gering; aber seit
Island eine selbständige Verfassung und eigene Geldverwaltung, sowie
— wesentlich infolge davon — eine regelmässige Dampferverbindung
mit dem Auslande und zwischen den einzelnen Küstenorten erhalten
hat, ist im Handel und in der wirtschaftlichen Entwicklung des Landes
ein merklicher Fortschritt eingetreten. So hat sich der Umsatz im Laufe
der letzten fünfzig Jahre nahezu versechsfacht. Im Jahre 1849 betrug
die gesamte Ein- und Ausfuhr nur 3 341 000 Kronen, während sie
1900 auf 18 783 000 Kronen gestiegen war (Einfuhr 9 276 000 Kronen,
Ausfuhr 9 512 000 Kronen). Die wichtigsten Ausfuhrgegenstände auf
dem Gebiete der Fischerei sind: Klipp- und Stockfisch, Hering, Lachs,
Tran usw.; von landwirtschaftlichen Erzeugnissen: lebende Schafe und
Pferde, eingesalzenes Fleisch, Wolle und Wollwaren, Talg, Felle usw.;
von Ergebnissen der Jagd: Walguano, Tran, Fischbein, Eiderdunen,
Federn, Schneehühner, Fuchsfelle usw.; vom Bergbau: Doppelspat.
An der gesamten Ausfuhr war 1900 die Seefischerei (einschliesslich
des Walfisch- und Seehundfanges) mit 73 v. H. beteiligt, die Landwirtschaft mit 19,9, die Süsswasserfischerei, Jagd usw. mit 7,1 v. H.
Die Einfuhr besteht aus den üblichen Gebrauchsgegenständen, von
denen im Jahre 1900 eingeführt wurden: Getreide und Esswaren
für 2 243 000 Kronen, Kaffee für 494 000, Zucker für 691 000, Bier und
andere geistige Getränke für 373 000, Tabak für 367 000, Salz für 450 000,
Kohlen für 748 000, Baustoffe, gewebte und gewirkte Waren, Eisen-
und Schmuckwaren, wie überhaupt alle andern Gegenstände für
4 146 000 Kronen. Als Beispiel für die grosse Zunahme der Einfuhr
lässt sich anführen, dass, während im Jahre 1816 nur 0,17 Pfund
Zucker auf den Kopf der Bevölkerung kamen, es 1840 bereits 1,81 Pfd.
waren, 1866—72 7,46, 1876—85 12,56, 1886—95 20,54, 1896 27,92,
1899 30,88 und 1900 32,66 Pfund. Die Einfuhr dieses wichtigen
Verbrauchsgegenstandes ist also im Laufe des 19. Jahrhunderts um

mehr als das Hundertachtzigfache gestiegen, was ein Beweis für einen
bedeutenden wirtschaftlichen Fortschritt ist. Dass die Kaufkraft im Laufe
der Zeit so sehr gewachsen ist, ist nicht allein eine Folge der grossen
Zunahme der isländischen Gütererzeugung, sondern auch des Umstandes,
dass die Isländer jetzt eine weit grössere Menge fremder Waren für
die gleiche Menge isländischer Waren erhalten, als in der ersten Hälfte
des 19. Jahrhunderts, indem die Preise für Fische und Wolle sich
besser gehalten haben, als die für Korn, Zucker und Kaffee. So kostete
z. B. eine Tonne Roggen im Jahre 1849 9,7 Liespfund [1]) eingesalzene
Fische oder 35,5 Pfund Wolle, in den letzten Jahren dagegen nur
7 Liespfund eingesalzene Fische oder 22 Pfund Wolle. Auch die
starke Zunahme des Schiffsverkehrs kann als Beweis für die
Entwicklung des Handels im letzten Viertel des 19. Jahrhunderts
dienen.   Während in den Jahren 1863—72 jährlich durchschnittlich
158 Schiffe mit insgesamt 15 219 Tonnen aus dem Auslande nach
Island kamen, war deren Anzahl 1896 auf 366 Schiffe mit 71 841 Tonnen
gestiegen (darunter 150 Dampfer mit 50 004 Tonnen und 216 Segelschiffe
mit 21 837 Tonnen). Von diesen stammten 1863—72 60,7 v. H., 1893—96
dagegen nur noch 26,5 v. H. aus Dänemark, während die übrigen fast
alle Engländern und Norwegern gehörten.

Der isländische Handel geht in vier verschiedenen Formen vor
sich: Als Ladenhandel, Wanderhandel, ländlicher Handel und durch
Handelsgenossenschaften (Konsumvereine). Der Ladenhandel überwiegt
bei weitem; er liegt in den Händen von Kaufleuten, die in den Städten
und Handelsplätzen an der Küste stehende Geschäfte besitzen, und
zwar eins oder auch mehrere an einem Punkte. Dieser Handel, den
in der ersten Hälfte des 19. Jahrhunderts fast ausschliesslich Ausländer
innehatten, ist jetzt durch 200 Geschäfte vertreten, von denen 44 Dänen
oder sonstigen Ausländern, 156 Isländern gehören. Der Wanderhandel
wird stets an Bord von Schiffen ohne festen Handelsplatz betrieben, und
zwar teils von fremden Händlern, die auf ihren eigenen Schiffen aus
dem Auslande kommen und einen oder zwei Monate lang an den Orten
verweilen, wo die Verhältnisse für diese Art Handel günstig liegen,
teils von Angestellten der stehenden Handelsgeschäfte. Dieser Handel,
der ehemals nicht geringe Bedeutung hatte, ist in der letzten Zeit stark

---

[1]) 1 Liespfund = $^1/_{20}$ Schiffspfund (dänisch) = 16 Pfd. = 8 Kilogramm.

zurückgegangen, da er infolge der bedeutenden Entwicklung der Verkehrsmittel seine Daseinsberechtigung zum grossen Teile eingebüsst hat. Der ländliche Handel ist erst durch Gesetz vom 7. November 1879 eingeführt worden; nach diesem hat jeder Landwirt, den der Bezirksrat als geeignet ansieht, das Recht, mit Waren jeder Art, mit Ausnahme geistiger Getränke, Handel zu treiben. Indessen bedarf es dazu einer von dem Bezirkshauptmann zu erteilenden Genehmigung, für die ein einmaliger Betrag von 50 Kronen an die Bezirkskasse zu

97. Ankunft einer Wollkarawane am Handelsplatz.
Nach D. Braun.

zahlen ist. Der Bezirksrat kann jedoch, wenn er der Meinung ist, dass kein Bedürfnis vorliegt, oder dass die Genehmigung missbraucht werden könnte, diese verweigern. Der ländliche Handel wird deshalb in den meisten Fällen in Verbindung mit ein wenig Landwirtschaft von Bauern betrieben, die auf ihrem Hofe einen kleinen Laden eröffnet haben. 1896 hatte man 18 solcher Geschäfte, 1899 war ihre Zahl auf 15 gesunken. Der von Handelsgenossenschaften (Konsumvereinen) betriebene Handel ist ebenfalls neueren Ursprungs. Er begann erst in den achtziger Jahren damit, dass die Landwirte in einem Bezirke des Nordlandes sich zusammentaten und für gemeinsame Rechnung eine Ladung Schafe nach England sandten, wo der Verkauf durch Zwischenhändler vor sich ging. Da dieser Versuch glückte, so wurde eine Ver-

einigung gegründet zu dem Zweck, Einkauf und Verkauf für die Mitglieder
zu betreiben, die gemeinsam für die Verpflichtungen hafteten. Diesem
Beispiele folgten später andere, so dass eine nach der andern entstand,
bis das ganze Land mit einem Netz von Handelsgenossenschaften überzogen war, die allmählich sich zu einem Gesamtkörper zusammen-
schlossen. Zugleich begann man mit der Herausgabe einer Zeitschrift,
um für diese Bestrebungen zu werben und sowohl über die isländischen
Handelsgenossenschaften, als auch über ähnliche Vereinigungen in
andern Ländern Aufklärung zu verbreiten. Diese Gesellschaften haben
tatsächlich recht viel Nutzen gestiftet, einerseits dadurch, dass sie die
Preise für die Ausfuhrgegenstände in die Höhe brachten und die für
manche Einfuhrgegenstände drückten, andererseits und vor allem dadurch, dass sie bestrebt waren, die Güte der ausgeführten Waren zu
heben. Da sie in erster Linie Erzeugnisse der Landwirtschaft aus-
führten, besonders lebende Schafe und Pferde nach England (1894
wurden lebende Schafe für 789 000 und Pferde für 70 400 Kr. ausgeführt), so war es für sie ein harter Schlag, als England vor einigen
Jahren aus Gründen der Landwirtschaftspolitik seinen Markt für die
Einfuhr lebender Schafe schloss, die also jetzt nur noch unter Schlacht-
zwang im Bestimmungshafen eingeführt werden können. Dies ist die
Ursache, wenn der Handel der genannten Gesellschaften gegenwärtig
nicht so lebhaft ist wie vor einigen Jahren, obgleich er dauernd auf
dem einmal eingeschlagenen Wege fortgesetzt wird.

Ein wesentliches Kennzeichen des isländischen Handels ist es, dass
er fast durchweg Tauschhandel, also ein einfacher Austausch von
Naturerzeugnissen ohne die Vermittlung von Geld ist, obgleich der
Wert der Waren bei der Buchführung in Kronen berechnet wird.
Der Landwirt erhält vom Kaufmann die Einfuhrgegenstände, deren er
bedarf, und bezahlt sie mit den Erzeugnissen seiner Wirtschaft, sobald
diese verkaufsfähig sind. Ist der Wert der verkauften Waren höher
als der der gekauften, so erhält der Landwirt kein Geld, sondern muss
auf den Empfang seines Guthabens warten, bis er neue Waren vom
Kaufmann braucht. Im umgekehrten Falle darf er freilich, wenn er seine
Schuld nicht zu bezahlen vermag, was sehr häufig geschieht, diese bis
zum nächsten Jahre stehen lassen. Diese Art des Handels hat grosse
Nachteile, und ihre schädlichen Folgen zeigen sich auf sehr verschiedene
Weise. Die leichte Möglichkeit des Borgens beim Kaufmann ruft die

Neigung hervor, mehr Waren von diesem zu entnehmen, als man später bezahlen kann. Dieses Schuldverhältnis hat eine grosse Abhängigkeit vom Kaufmann zur Folge und bewirkt ein höchst ungünstiges Preisverhältnis zwischen den Waren des Kaufmanns und den Erzeugnissen

98. Karawane auf der Rückkehr vom Handelsplatze.
Nach D. Bruun.

des Landmanns. Dies schafft wieder eine Missstimmung gegenüber dem Kaufmannsstande, die sich u. a. darin äussert, dass die Landleute sich nicht bemühen, die Güte ihrer Erzeugnisse zu heben, sondern stets suchen, von ihren Verpflichtungen so leicht wie möglich loszukommen. Der empfindlichste Mangel bei dieser Art Handel dürfte indessen darin bestehen, dass er nicht den geringsten Anreiz oder auch nur die Möglichkeit zum Sparen gibt. Denn selbst wenn man dem Kaufmann an isländischen Waren mehr liefert, als man ausländische Waren von ihm braucht, so kann man trotzdem seinen Überschuss nicht ausbezahlt erhalten, ausser auf die Weise, dass man mehr Waren entnimmt, als man streng genommen braucht. So tritt der Tauschhandel nicht nur dem Streben Werte zu schaffen und zu sparen hindernd in den Weg, sondern er trägt obendrein noch sein Teil dazu bei, Verschwendungssucht da hervorzurufen, wo sie anfangs nicht vorhanden war. So hat der Tauschhandel, der nun schon seit vielen Jahrhunderten auf Island üblich ist, dem Volkscharakter gewisse Züge eingeprägt, die zu tilgen Zeit kosten wird, selbst wenn es einmal gelingt, diese schädliche Einrichtung zu beseitigen. Es war eine der Hauptbestrebungen der Handelsgesellschaften, Barzahlung als Grundlage des Handels durchzuführen, aber dies gelang nur in sehr beschränktem Umfange. Infolge Geldmangels mussten sie bei ihren Zwischenhändlern Waren auf Vorschuss nehmen, wodurch sie in Abhängigkeit gerieten, und die Lage ist daher im wesentlichen die alte geblieben, so dass fast ihr ganzer Umsatz durch Warentausch vor sich geht. Doch können sie, falls Überschüsse vorhanden sind, diese in bar ausbezahlt erhalten, und darin liegt schon eine gewisse Möglichkeit zur Weiterentwicklung. Aber auch von verschiedenen andern Seiten aus hat man in neuerer Zeit eifrig für den Übergang vom Tauschhandel zum Umsatz gegen Barzahlung gekämpft, und die gesetzgebenden Körperschaften haben diese Bewegung durch Gründung einer Bank mit dem Rechte der Ausgabe von Banknoten zu fördern gesucht. Aber da die Mittel dieser Bank (vgl. S. 116) sehr beschränkt sind, so ist sie nicht imstande gewesen, eine Änderung in den Handelsverhältnissen herbeizuführen oder das Anleihebedürfnis der Bevölkerung zur Verbesserung ihres Grundbesitzes und ihrer Baulichkeiten zu befriedigen. Man hat sich deshalb seit einer Reihe von Jahren um die Gründung einer grösseren Aktienbank — teilweise mit Hülfe des ausländischen

Geldes — bemüht, die ihren Hauptsitz in Reykjavík, sowie Neben-
stellen in den drei andern Städten haben und so vermögenskräftig
sein soll, dass sie dem Bedürfnisse der Bevölkerung in jeder Hinsicht
genügt. Schliesslich gelang es auf der Tagung des Althings vom
Jahre 1901, eine darauf bezügliche Vorlage zur Annahme zu
bringen, die auch am 7. Juni 1902 vom Könige bestätigt wurde.
Danach ist die Bank unter dem Namen „Bank von Island" am 25. September 1903 gegründet worden; sie hat im Frühjahr 1904 ihre Tätigkeit aufgenommen. Diese Bank wird, falls ihre Leitung in geschickten
Händen liegt, eine ausserordentliche Bedeutung für den isländischen
Handel und das gesamte isländische Erwerbsleben erlangen.

3. Das Verkehrswesen.

Das isländische Verkehrswesen befindet sich noch auf einem
ziemlich mittelalterlichen Standpunkt, obwohl in neuerer Zeit viel für
seine Entwicklung zu Lande und zu Wasser getan worden ist. In
den 29 Jahren, die seit der Erlangung einer freiheitlichen Verfassung
und selbständiger Verwaltung des Landesvermögens verstrichen sind,
ist in dieser Hinsicht mehr geschehen als in dem ganzen Jahrtausend
seit der Besiedelung des Landes.

Der Wegebau ist durch Gesetz vom 13. April 1894 geregelt
worden. Alle Wege sind danach in fünf Gattungen eingeteilt: Fahrwege, Hauptpostwege, Gebirgspfade, Bezirks- und Gemeindewege. Fahrwege sind solche, auf denen der hauptsächlichste Warenverkehr in den
am dichtesten bevölkerten Landstrichen vor sich geht. Auf den Hauptpostwegen liegen die wichtigsten Postverbindungslinien. Gebirgspfade
sind die Wege über Gebirge und Hochebenen, soweit sie nicht einer der
andern Arten beizuzählen sind. Bezirkswege sind solche, die, ohne Fahr-
oder Hauptpostwege zu sein, Bezirke mit einander verbinden oder durch
einen Bezirk führen, wo der Verkehr am stärksten ist, z. B. nach
Handelsplätzen oder Fischerdörfern. Die Gemeindewege endlich sind
Wege, die Gemeinden mit einander verbinden oder durch eine Gemeinde führen, soweit sie nicht zu den Fahrwegen, Hauptpostwegen
oder Bezirkswegen gehören. Die Anlage- und Erhaltungskosten für die
drei ersten Wegegattungen trägt der Staat, die für die beiden letzten
die Gemeinden. Der jährliche Beitrag der Gemeinden für das Wege-
wesen ist durch obiges Gesetz bestimmt und beträgt für jede

arbeitsfähige männliche Person im Alter von 20—60 Jahren 2,50
Kronen, während der Beitrag des Staates durch das Finanzgesetz festgesetzt wird. Es sind, besonders seit Erlass des Gesetzes vom 13. April
1894, lange Strecken von guten Fahrwegen, vor allem im Südlande,
angelegt worden, die indessen das Volk noch nicht zu benutzen gelernt
hat; auch werden alljährlich mehrere Brücken, teils aus Holz, teils aus
Eisen gebaut (Hängebrücken und feste Brücken). Das staatliche Wege-

99. Der neue Fahrweg bei Reykjavik.
Nach D. Bruun.

wesen leitet ein Wegebauinspektor, der eine gewisse Anzahl von Auf-
sehern (verkstjóri, Werkführer) für die Beaufsichtigung der verschiedenen
Arbeiterabteilungen zu seiner Verfügung hat, die alljährlich mit der
Anlegung von Wegen beschäftigt sind. Aber trotz der grossen Anstrengungen, die für die Entwicklung des Wegebaues gemacht werden,
gibt es noch jetzt in vielen Gegenden keine eigentlichen Wege, sondern
nur Reitpfade, und es wird sicher noch lange dauern, bis es gelungen
ist, das grosse, dünn bevölkerte Land mit regelrechten Landwegen zu
versehen. Da man keine Eisenbahnen hat und — abgesehen von
einzelnen Ausnahmen — auch keine Wagen benutzen kann, so muss
der ganze Warenverkehr von und nach den Hafenorten auch künftig

zu Pferde vor sich gehen, wodurch die Beförderungskosten unverhältnismässig gross werden. Wenn z. B. ein Landwirt, der weit von
der Küste entfernt wohnt, auf seinem Hofe ein neues Gebäude aufzuführen wünscht, so können die Kosten für die Herbeischaffung der
Baustoffe von der Küste nach seinem Gehöft sogar den Kaufpreis über-
steigen. Ebenso ist der Preis, den der Landwirt für seine Erzeugnisse
erzielt, in Wirklichkeit sehr gering, da ein verhältnismässig grosser Teil
des Verkaufspreises für die Beförderungskosten draufgeht.

Weit besser ist in dieser Hinsicht der Küstenbewohner daran,
da er — mit Ausnahme einer längeren Strecke an der Südküste,
wo Häfen fehlen — überall den Seeweg benutzen kann. Eine Ver-

100. Hängebrücke über die Ölfusá (Südland).

grösserung des Dampferverkehrs, die einigermassen dem ganzen Lande
zugute kommt, lässt sich leichter in kurzer Zeit erreichen, als die
Herstellung eines vollständigen Wegenetzes; sie ist denn auch bereits soweit verwirklicht, dass die Seeverbindung, sowohl zwischen Island und
dem Auslande, als auch zwischen den verschiedenen Landesteilen und
Gauen, nunmehr als durchaus befriedigend bezeichnet werden kann. Der
Verkehr mit dem Auslande wird — abgesehen von mehreren Schiffen,
die im Besitz von Kaufleuten sind — durch vier grosse Dampfer der
„Vereinigten Dampfschiffsgesellschaft" („Det Forenede Dampskibsselskab")
in Kopenhagen vermittelt, die zwischen Reykjavík und Kopenhagen
jährlich mindestens 20 Fahrten nach feststehendem Fahrplan machen.
Auf allen diesen Fahrten wird Leith in Schottland angelaufen, in den
meisten Fällen auch ein oder mehrere Häfen der Faeröer. Auf 12 Fahrten
umfahren diese Schiffe auf der Hin- und Rückreise die isländische

10*

Küste ganz oder teilweise; die höchste Zahl von Anlegestellen beträgt 22. Ausserdem gibt es zwei private Dampferlinien zwischen Kopenhagen und Island, von denen die eine (die der Dampfschiffsgesellschaft „Thore“) jährlich mindestens 22 Fahrten macht und ebenso viele oder sogar noch mehr Anlegeplätze auf Island besucht wie jene Gesellschaft, ferner 2 oder mehr auf den Faeröer und abwechelnd 1—3 in Norwegen oder 1 in Schottland, während die andere („Otto Wathnes Arvinger“,

101. Hängebrücke über die Thjórsá (Südland).
Nach D. Bruun.

O. W.'s Erben) nur die Ost- und Nordküste Islands bis Akureyri anläuft, jährlich 12 Fahrten macht und im Höchstfalle 12 Küstenorte auf Island besucht. Der isländische Küstenverkehr wird — ausser zum Teil von den schon genannten Schiffen — von 2 grösseren Küstendampfern der „Vereinigten Dampfschiffsgesellschaft“ in Kopenhagen vermittelt, die während der Monate April—Oktober regelmässig zwischen Reykjavík und Akureyri im Nordlande verkehren, indem das eine, das 7 Fahrten hin und zurück macht und 27 Anlegeplätze hat, Island in östlicher Richtung umfährt, während das andere, das 6 Fahrten macht und 35 Anlegeplätze hat, westwärts fährt. Weiter fahren an der Süd- und Westküste 4 kleinere Dampfer, von denen 2 nach bestimmtem

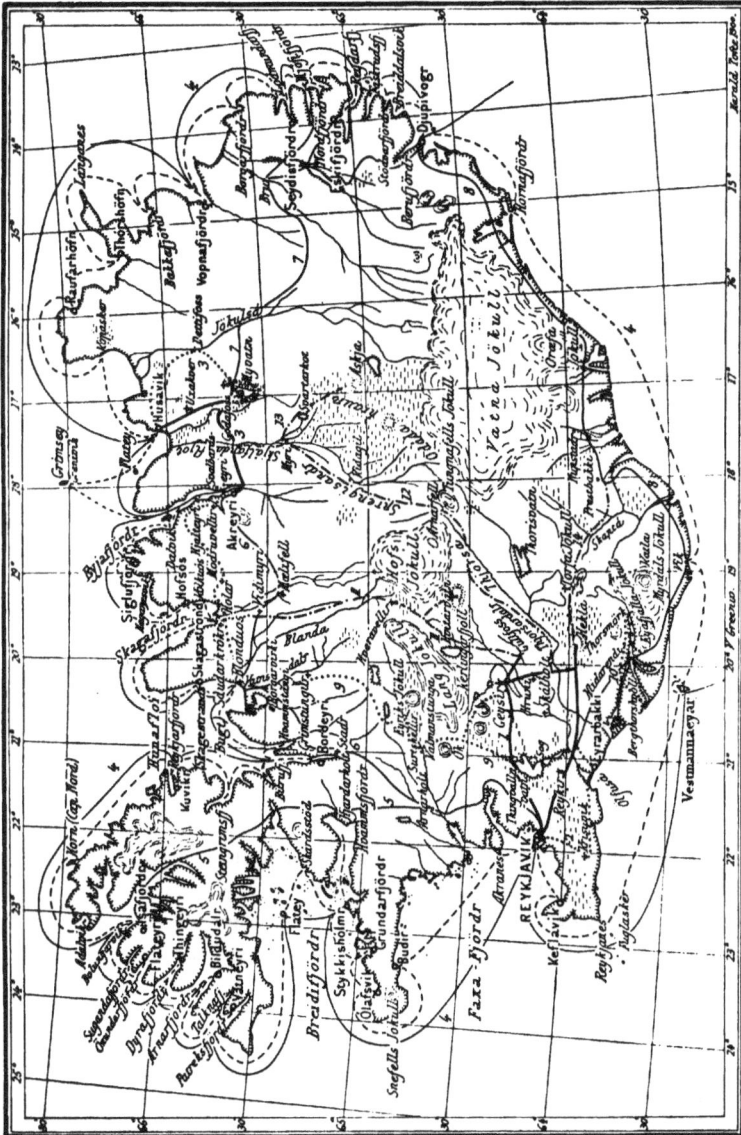

102. Island.

—— Dampferlinien vom Auslande und an die Küste. — — — Linien der Küstendampfer (4). —— Wichtigste Strecken für Vergnügungsreisende (1, 8a). —— Poststrecken (5—8). ·········· Meistbenützte Reisestrecken (2, 3b, 9—10). ·—·— Strecken durch unbewohnte Gegenden, auf denen Zelte mitgenommen werden müssen.

Nach D. Bram.

Harald Torke Bm.

Fahrplan den ganzen Sommer verkehren, während die beiden andern, die im Besitz von Geschäftsleuten sind, keinen festen Fahrplan haben. Wie sehr sich die Dampfschiffahrt neuerdings entwickelt hat, sieht man daraus, dass 1858 das erste Dampfschiff nach Island kam und noch im Jahre 1875 Island nur von einem einzigen Postdampfer besucht wurde, der jährlich 7 Fahrten machte und auf 4 von diesen nur einen, auf den weiteren 3 Fahrten 2 Punkte anlief. Von einer Dampferverbindung der isländischen Häfen unter einander war damals noch keine Rede, und der Verkehr zwischen den verschiedenen Teilen des Landes war äusserst umständlich.

103. Postgebäude in Reykjavík.

Wenn z. B. ein Beamter vom Norden nach dem Süden Islands versetzt wurde, so war er gezwungen, seine Möbel mit einem Segelschiff über Kopenhagen zu senden. Ja, noch vor elf Jahren musste ein Kaufmann zu Borðeyri im Nord-lande, der einem Geschäftsfreunde zu Ísafjörður im Westlande Butter zu liefern pflegte, in Ermangelung einer unmittelbaren Verbindung diese über Kopenhagen oder Reykjavík senden!

Das isländische Postwesen wird von einem in Reykjavík wohnenden, dem Ministerium verantwortlichen „Postmeister" geleitet, dem 26 Postagenten unterstehen, von denen 3 in Reykjavík selbst angestellt sind. Ausserhalb Reykjavíks gibt es 23 Postagenturen und 165 Briefablagestellen [1]). Der Postverkehr mit dem Auslande, sowie zwischen den isländischen Häfen wird natürlich von den oben

---

[1]) Die Postagenten sind Leute, die im Nebenamte eine richtige Poststelle innehaben (meist Bezirkshauptleute, Pfarrer oder Kaufleute), mit Einschreibedienst, Paketannahme, Zeitungsbestellung usw. — Die Inhaber der Briefablagestellen sind Leute, bei denen die Briefe usw. lagern, bis sie von dem Postboten, bezw. umgekehrt die von diesem gebrachten von den Umwohnern abgeholt werden. Der Übers.

erwähnten Dampfern vermittelt und hat sich selbstverständlich nach und nach in demselben Grade gehoben wie die Dampfschiffahrt. Welche grossen Fortschritte in dieser Hinsicht das 19. Jahrhundert gebracht hat, geht daraus hervor, dass, nachdem im letzten Drittel des 18. Jahrhunderts (1776) ein regelmässiger Postverkehr zwischen Dänemark und Island eingerichtet worden war, noch bis zur Mitte des 19. Jahrhunderts das Postschiff nur einmal jährlich verkehrte, während jetzt den grössten Teil des Jahres hindurch vierzehntägige und im Sommerhalbjahr meist achttägige Postverbindung besteht. Mehr Schwierigkeiten machte es dagegen, den Post-verkehr zwischen den verschiedenen Gegen-den im Innern des Landes in gleicher Weise zu heben, da dieser hier von berit-tenen Postboten ver-mittelt und die Post-sachen zu Pferde be-fördert werden müssen, was besonders im Win-ter mit den grössten Schwierigkeiten ver-knüpft ist.

104. Überschreiten eines Flusses.

Doch hat sich auch dieser Postverkehr im Laufe der letzten 27 Jahre sehr vervollkommnet, nicht nur durch die Errichtung einer grösseren Anzahl von Postagenturen und Briefablagestellen, sondern auch die erhöhte Zahl der Postbestellungen. Während die Postboten, die von den grösseren Orten nach verschiedenen Richtungen ausgesandt werden, 1875 jährlich nur 7 Ritte hin und zurück machten, ist diese Zahl jetzt auf 15 gestiegen, also auf mehr als das Doppelte. In neuester Zeit, d. h. nach Vollendung der Fahrwege im Südlande, sind ausserdem die Mittel für wöchentlichen Verkehr von Postwagen vom 5. Juni bis zum 1. Oktober zwischen Reykjavík und Oddi (in der Rangárvallasýsla, am Mündungsgebiet der Thjórsá und der Thverá) bewilligt worden; auf diesen Fahrten können ausser der Post auch Personen und Güter befördert werden. Die Entwicklung des Postwesens in der

létzten Zeit lässt sich am besten daraus ersehen, dass in der Zeit von
1877—1898 die Zahl der Briefe von 37 300 auf 279 600, die der ein-
geschriebenen und der Geldbriefe von 1930 auf 18 090 und die der
Pakete von 4436 auf 10 590 gestiegen ist. Hätte man Zahlennach-
weise über die letzten fünf Jahre, so würden diese sicher einen noch
weit grösseren Fortschritt ergeben. Ein höchst empfindlicher Mangel
des isländischen Postwesens besteht darin, dass Postanweisungen nicht

105. Überschreiten eines Flusses mit dem Fährboot.
Nach D. Bruun.

von einem Orte nach dem andern oder ins Ausland gesandt werden
können, ausser von Reykjavík aus. Alle Geldsendungen müssen deshalb vermittels geschlossener Briefe stattfinden, die, wenn sie auf dem
Landwege befördert werden, leicht verloren gehen können, indem die
Postkisten, wenn die Packpferde mit der Post eine schwierige Furt
zu überschreiten haben, von dem reissenden Strome weggeführt werden
können, was tatsächlich nicht selten vorgekommen ist.

Fernsprecher hat man auf Island nur auf kürzeren Strecken
an 4 Orten, nämlich zwischen den vier Städten und einigen in ihrer

Nähe liegenden Punkten. Von Fernsprechleitungen innerhalb des Ortes gibt es nur eine, nämlich in Reykjavík zwischen dem „Amtmann" und dem Bischof, die als „Stiftsobrigkeit" häufig mit einander über amtliche Angelegenheiten zu verhandeln haben. Eine telegraphische Verbindung besitzt Island noch nicht, doch werden gegenwärtig, namentlich seitens der „Grossen Nordischen Telegraphengesellschaft" (det Store Nordiske Telegrafselskab) in Kopenhagen, grosse Anstrengungen gemacht, um eine solche zustande zu bringen, sowohl zwischen Island und dem Auslande, als auch zwischen den verschiedenen Teilen Islands selbst, und die dänischen und isländischen Volksvertretungen haben zu diesem Zwecke bereits 1 855 000 Kronen — auf 20 Jahre verteilt — bewilligt; davon kommen 1 080 000 Kr. auf Dänemark und 775 000 Kr. auf Island. Da das grosse Unternehmen indessen undurchführbar bleibt, wenn nicht von fremden Staaten ein mindestens ebenso grosser Beitrag geleistet wird, so ist es vorläufig noch ungewiss, ob der Plan zur Ausführung gelangt. Immerhin darf man wohl hoffen, dass die grosse wissenschaftliche Bedeutung der Sache, insbesondere für die Wetterkunde, die grösseren Kulturstaaten veranlassen wird, die verhältnismässig geringen Geldopfer zu bringen, die ihre Verwirklichung erfordert. Bisher hat, soweit bekannt, ausser den gesetzgebenden Körperschaften Dänemarks und Islands nur der schwedische Reichstag sich bereit erklärt, das Unternehmen durch einen 20 Jahre hindurch zu zahlenden Beitrag von 10 000 Franken zu fördern.[1]

Im isländischen Finanzgesetz werden alljährlich ziemlich grosse Summen für das Verkehrswesen bewilligt. Für den Finanzzeitraum 1904—05 sind z. B. hierfür insgesamt 791 937 Kronen ausgeworfen, und zwar für Wege- und Brückenbauten 271 200 Kr., für Dampfschiffsverbindungen und Leuchtfeuer 218 837 Kr., für die Postverwaltung 141 900 Kr. (abgesehen von dem jährlichen Zuschuss von 130 000 Kr. aus der dänischen Reichskasse für die Postverbindung zwischen Dänemark, den Faeröer und Island) und als erste Teilzahlung für die geplante telegraphische Verbindung 70 000 Kr.

[1] Wegen Einrichtung drahtloser Telegraphie nach Island haben kürzlich Verhandlungen zwischen der Regierung und der Marconi-Gesellschaft stattgefunden, doch haben diese zu keinem Ergebnis geführt.   Der Verf.

VII. Gesundheitswesen und Werke der Nächstenliebe.

1. Gesundheitswesen.

Das isländische Gesundheitswesen hat im Laufe des 19. Jahrhunderts grosse Veränderungen durchgemacht. Vor hundert Jahren gab es in ganz Island nur 6 Ärzte, und zwar einen Landesarzt und 5 Bezirksärzte, und noch 1850 waren es nur 7; später stieg diese Zahl dann allmählich auf 10. Aber erst als das Land in bezug auf die Gesetzgebung Selbständigkeit erlangt hatte, wurde die dringend notwendige Neuordnung des Ärztewesens in Angriff genommen. Es wurde jetzt (1875) eine „Ärzteschule" in Island gegründet und das ganze Land in 20 ärztliche Bezirke eingeteilt. Nachdem alle Bezirksarztstellen besetzt worden waren, wurden seit dem Jahre 1883 im Finanzgesetz Gehälter für mehrere Nebenärzte bewilligt, deren Zahl allmählich auf 16 gestiegen ist. Schliesslich ist das Ärztewesen durch

106. Krankenhaus in Seyðisfjörður.

das Gesetz vom 13. Oktober 1899 völlig umgestaltet und die Zahl der Bezirksärzte bedeutend vermehrt worden.

Nach der nunmehr geltenden Ordnung steht an der Spitze des isländischen Gesundheitswesens ein Landesarzt, der in Reykjavík wohnt und dem ausser der Aufsicht über Ärzte und Apotheken auch die Leitung der Ärzteschule obliegt (vgl. S. 55). Ihm sind 42 Bezirksärzte unterstellt, die nach ihrem Gehalt in 5 Klassen eingeteilt werden, von denen die drei ersten vom Könige, die beiden letzten — ohne Anspruch auf Ruhegehalt — vom Ministerium ernannt werden. Ferner gibt es in Reykjavík ausser einem fest angestellten Dozenten an der Ärzteschule und einem Anstaltsarzt für das nahe bei der Stadt gelegene Krankenhaus für Aussätzige je einen vom Staate unterstützten Augen- und Zahnarzt, so dass die Gesamtzahl der Ärzte jetzt 47 beträgt und damit ein Arzt auf je 1600 Einwohner kommt. Hebammen sind in grosser Anzahl angestellt; die meisten haben ihre Ausbildung an der Ärzteschule zu Reykjavík erhalten, einzelne in der geburtshülflichen Klinik zu Kopenhagen. Krankenhäuser gibt es nur 6, nämlich je eins in den vier Städten, eins in Patreksfjörður im Westlande und endlich das schon genannte Krankenhaus für Aussätzige auf Laugarnes bei Reykjavík, dessen Gebäude ein Geschenk des dänischen Oddfellow-Ordens ist, während alle sonstigen Kosten von der Landeskasse bestritten werden. Von diesen Krankenhäusern sind vier erst in neuester Zeit errichtet und das fünfte umgebaut worden. Apotheken hat Island 4, eine in jedem Landesviertel; drei von ihnen liegen in den Städten Reykjavík, Seyðisfjörður und Akureyri, die vierte in dem Handelsplatze Stykkishólmur im Westlande. Ausserdem hat jeder Arzt eine kleine Hausapotheke. Vor einigen Jahren wurden auch zwei Stellen für Tierärzte geschaffen, von denen jedoch bisher nur eine hat besetzt werden

107. Krankenhaus für Aussätzige auf Laugarnes bei Reykjavík.

können, obgleich der Landtag eine Reihe von Jahren hindurch eine reichliche Beihülfe für isländische Studierende der Tierheilkunde an der Königl. Tierarznei- und Landwirtschafts-Hochschule in Kopenhagen ausgesetzt hat. Neben den Ärzten übt eine grosse Anzahl von Kurpfuschern, besonders Homöopathen, ärztliche Tätigkeit aus, von denen einzelne sogar grösseres Vertrauen geniessen als die wissenschaftlich gebildeten Ärzte, da mancher der Meinung ist, ihnen sei die Gabe Krankheiten zu erkennen und zu heilen angeboren.

Die Folge aller der genannten gesundheitlichen Massnahmen ist, dass der allgemeine Gesundheitszustand sich gegen früher sehr gebessert hat. So ist es zahlenmässig erwiesen, dass die durchschnittliche Lebensdauer im letzten Viertel des 19. Jahrhunderts um mindestens $10^{1}/_{2}$ Jahre zugenommen hat; betrachtet man aber die letzten zehn Jahre, für die Nachweise vorhanden sind, für sich allein, so

beträgt die Zunahme sogar fast 20½ Jahre! Während der Jahre
1835—74 war die durchschnittliche Lebensdauer auf Island nur
32 Jahre 2 Monate, 1875—95 dagegen 42 Jahre 8 Monate, und
1891—1900 52 Jahre 8 Monate. Ebenso deutlich ergibt sich der
Fortschritt aus der auffallenden Abnahme der Kindersterblichkeit.
Von 1000 lebend geborenen Kindern starben vor Vollendung des ersten
Lebensjahres 1893—97: 118; 1888—92: 138,4; 1883—87: 165,4;
1867—71: 224.   In der Zeit von 1838—55 waren die Zahlen für
Knaben 313,4, für Mädchen 276,9.   Natürlich sind die Ursachen des
grossen Fortschritts sehr verschiedener Art.   Zum grossen Teile verdankt
man ihn sicher der grösseren Möglichkeit ärztliche Hülfe in Anspruch
zu nehmen und dem Beistande erfahrener Hebammen, aber ebenso sehr
doch auch — besonders in Verbindung damit — dem allgemeinen
wirtschaftlichen Fortschritte und der daraus sich ergebenden gesunderen
Lebensweise: der besseren und zuträglicheren Kost, den besseren
Wohnungsverhältnissen, der grösseren Reinlichkeit usw.

Eine der gefährlichsten Krankheiten auf Island ist die Erkran-
kung an Hundebandwürmern (Echinokokken), die einst sehr verbreitet
war, jetzt aber sehr abnimmt.   Der Aussatz, der in früheren Jahrhunderten im ganzen Lande zu finden war, schien um die Mitte
des 19. Jahrhunderts beinahe verschwunden zu sein, hat jedoch in
der zweiten Hälfte, da es an gesundheitlichen Massnahmen fehlte,
wieder zugenommen, obgleich man ihn nicht als weit verbreitet
bezeichnen kann (1894: 146, 1901: 94 Aussätzige). Jetzt sind indessen
im Wege der Gesetzgebung durchgreifende Schritte zur Bekämpfung
dieser Krankheiten getan worden, und es wird hoffentlich mit der Zeit
gelingen, sie auszurotten.   Die Schwindsucht, die früher auf Island
unbekannt gewesen zu sein scheint, hat in neuerer Zeit in unheimlicher
Weise zugenommen.   Geschlechtskrankheiten gibt es im Lande nicht,
nur in den Hafenstädten treten sie bisweilen, von Fremden eingeschleppt,
vereinzelt auf.

2. Werke der Nächstenliebe.

Von Anstalten für Leute mit körperlichen Gebrechen
gibt es nur eine solche für Taubstumme, wo diese während ihrer
Ausbildungszeit unentgeltlich Unterricht, Wohnung und Beköstigung
erhalten.

Die Frage der Altersversorgung ist auf Island durch Gesetz vom 11. Juli 1890 in eigenartiger Weise gelöst worden. Danach hat jede Stadt- und Landgemeinde eine Unterstützungskasse für Altersschwache und Sieche zu gründen. An diese hat jede männliche und weibliche Person in dienender Stellung vom 20. bis zum 60. Lebensjahre, sowie Kinder, die sich noch im Elternhause aufhalten, jährlich einen Beitrag zu entrichten, und zwar die männliche Person eine Krone, die weibliche 30 Öre. Ausgenommen sind unbemittelte Personen, die für einen oder mehrere Bedürftige zu sorgen haben, ferner solche, die infolge von Krankheiten oder aus anderen Gründen nichts verdienen können, und endlich solche, die auf eine oder die andere Weise selbst für die Zeit nach Vollendung ihres 65. Lebensjahres gesorgt haben. Diese Abgabe wird am Ende jedes Dienstjahres von dem Familienhaupte für alle Beitragspflichtigen eingezahlt, die während des abgelaufenen Jahres bei ihm ihren Wohnsitz gehabt haben; doch ist er berechtigt, bei dem Gesinde diese Summe von ihrem Lohn in Abzug zu bringen. Die Abgabe einzuziehen ist Sache der Gemeindebehörden, die sie auf einer Sparkasse in Reykjavík zinsbar anlegen. Während der ersten zehn Jahre nach Gründung der Kasse werden die eingezahlten Beträge nebst den Zinsen angesammelt, von da ab jedoch nur die eine Hälfte von beiden, während die andere von der Ortsbehörde unter den Altersschwachen und Siechen verteilt wird, die in der Gemeinde ihren Wohnsitz haben und keine Armenunterstützung beziehen. Dabei ist es gleichgültig, wo sie versorgungsberechtigt sind, sofern sie nur den beitragspflichtigen Klassen angehören oder einmal angehört haben.

Die Armenpflege ist auf Island in der Weise geordnet, dass die Ortsarmen gegen ein gewisses Entgelt auf die Bauern ihrer Gemeinde verteilt werden. Indessen können mittellose Familienväter die Armenunterstützung auch im eigenen Heim ausbezahlt erhalten, wenn die Gemeindebehörden dies für zweckmässig erachten. Dagegen gibt es keine Armenhäuser. Die Ortsarmen werden sehr wohlwollend behandelt, in der Regel sogar nicht schlechter als das Gesinde. Infolgedessen hat der Gedanke, der Armenpflege zu verfallen, auf Island nicht etwas so Abschreckendes wie in andern Ländern, und das ist vielleicht eine der Hauptursachen, weshalb die Zahl der Ortsarmen so unverhältnismässig gross ist und die Armenlasten die empfindlichsten von allen Lasten sind. 1871—75 bezog jede 15. Person (6,6 v. H.) auf

Island Armenunterstützung, 1891—95 jede 28. (3,8 v. H.), 1899 jede 30. Person (3,3 v. H.). Die Armenlasten betrugen durchnittlich für jeden Steuerzahler 1871—75: 21,20 Kr., 1891—95: 11,70 Kr., 1899: 10 Kr. 1871—75 kamen auf jeden Ortsarmen durchschnittlich 46,40 Kr., 1891—95: 62,10 Kr., 1899: 68,10 Kronen. Wie hieraus erhellt, hat die Zahl der Ortsarmen in diesem Zeitabschnitt stark abgenommen, was wie vieles andere von dem allgemeinen wirtschaftlichen Fortschritt Zeugnis ablegt. Infolgedessen haben die Armenlasten für jeden Steuerzahler um 11,20 Kr. abgenommen, was um so auffälliger ist, als 1899 jeder Ortsarme im Durchschnitt 21,70 Kr. mehr erhielt, als von 1871—75. Gleichwohl ist die Armenabgabe noch eine äusserst fühlbare Last, zumal die Ausgaben für die Armenpflege tatsächlich weit grösser sind, als es nach den angeführten Zahlen scheinen möchte. Denn in diese sind verschiedene Posten nicht mit einbegriffen, z. B. Begräbniskosten, ferner Beförderungskosten, falls nämlich Ortsarme von einer Gemeinde nach der andern geschickt werden, Darlehne an Notleidende, die häufig nie zurückerstattet werden, sowie verschiedene kleinere vorläufige Unterstützungen. Dazu kommt, dass das Entgelt, das für den Unterhalt eines Armen bezahlt wird, im Grunde geringer ist, als dieser in Wirklichkeit kostet. Unter Berücksichtigung aller dieser Umstände wird man nicht bestreiten können, dass die Ausgaben für die Armenpflege ausserordentlich gross sind, und es bleibt deshalb eine der ersten Aufgaben für die Zukunft, zu ihrer Verminderung eine zweckmässigere Ordnung herbeizuführen. Übrigens könnten die Ortsbehörden, wenn sie mit grösserer Strenge gegenüber derartigen Elementen aufträten, dadurch sicher etwas zur Verringerung ihrer Zahl beitragen. Denn es ist kaum zu leugnen, dass manche von den Leuten, die jetzt als Ortsarme ein sehr bequemes Leben führen, sehr wohl imstande wären, sich selbst zu ernähren. Wenn sie dagegen ohne Schwierigkeit auf anderer Leute Kosten gut oder sogar besser leben können als solche, die sich selbst ihren Unterhalt verdienen, so werden sie es nicht der Mühe für wert halten, sich irgendwie anzustrengen. Solche Personen auf allgemeine Kosten zu unterhalten, ist geradezu eine Verdrehung des Begriffes Menschlichkeit und ein Unrecht gegenüber den nützlicheren Gliedern der Gesellschaft.

Die Enthaltsamkeitsbewegung hat in der letzten Zeit auf Island viele Anhänger gewonnen, und man arbeitet mit Nachdruck dem

Genusse berauschender Getränke entgegen. Zu diesem Zwecke sind zahlreiche Enthaltsamkeitsvereine gegründet worden, von denen der Guttempler-Orden mit dem Hauptsitze in Reykjavík und etwa 4000 Mitgliedern der grösste und tätigste ist. Der Erfolg der eifrigen Arbeit dieser Vereine zeigt sich darin, dass, während im übrigen die Einfuhr stark im Steigen begriffen ist, die Einfuhr von geistigen Getränken abnimmt (im Lande selbst werden keine alkoholhaltigen Getränke hergestellt). Im Jahre 1900 betrug die Einfuhr von Branntwein 3,16 „Pott"[1]) auf den Kopf der Bevölkerung, von andern berauschenden Getränken (Wein) 0,68 und von Bier 2,31 Pott, während sie 1865 von Branntwein 8,94 und von sonstigen berauschenden Getränken 1,81 Pott betrug (Bier wurde zu jener Zeit noch nicht eingeführt). Die Enthaltsamkeitsbewegung ist neuerdings auch von den gesetzgebenden Körperschaften kräftig unterstützt worden, einerseits durch einen jährlichen Zuschuss an die Guttempler, andererseits durch allerlei erschwerende gesetzliche Bestimmungen. So liegt ein ziemlich hoher Eingangszoll auf allen alkoholhaltigen Getränken, und nach einem Gesetze vom 11. November 1899 hat jeder, der mit geistigen Getränken Handel treibt, an die Landeskasse eine jährliche Abgabe von 500 Kronen für jede Verkaufsstelle zu entrichten, sowie weitere 500 Kronen für die behördliche Genehmigung, die fünfjährige Gültigkeit besitzt, nach Ablauf dieser Zeit aber von neuem nachgesucht werden muss. Diese Genehmigung wird vom „Amtmann" erteilt, nachdem der Magistrat oder Gemeinderat Gelegenheit erhalten hat, sein Gutachten abzugeben, ob dem Antrage stattgegeben werden soll oder nicht. Nach demselben Gesetze hat jeder, der die Schankgerechtigkeit besitzt, an die Landeskasse eine jährliche Abgabe zu zahlen, und zwar von 300 Kronen, wenn er in der Stadt, von 200 Kronen, wenn er auf dem Lande wohnt, dazu ferner die gleiche Summe für jene Schankgerechtigkeit, die jedoch jedesmal nur auf 5 Jahre und für die einzelne Schankstätte gilt. Wer eine solche Genehmigung zu erhalten wünscht, hat einen entsprechenden Antrag an den betreffenden Magistrat oder Gemeinderat zu richten. Steht dieser dem Antrage wohlwollend gegenüber, so hat er die Sache in einer Versammlung zur Abstimmung zu bringen, zu der allen, die in Gemeindeangelegenheiten Stimmrecht besitzen (also auch den Frauen), der Zutritt freisteht. Für die Erteilung der Genehmigung ist

[1]) 1 Pott (dänisch) nahezu = 1 Liter (genauer 0,9661 l).

es erforderlich, dass der Antrag in jener Versammlung, wie auch im Gemeinderat und Bezirksrat eine Mehrheit findet und von dem Amtmann gebilligt wird. Ferner ordnet das Gesetz an, dass niemand verpflichtet ist, geistige Getränke zu bezahlen, die er in Wirtshäusern auf Borg erhält, die Zöglinge öffentlicher Schulen auch dann nicht, wenn dies an andern Orten als in Gastwirtschaften geschieht. Wer berauschende Getränke an Personen unter sechzehn Jahren verabreicht, oder an solche, die mit seinem Wissen im Laufe der letzten fünf Jahre wegen Trunksucht entmündigt worden sind oder an Säuferwahnsinn gelitten haben, oder die nicht im Vollbesitze ihrer geistigen Kräfte sind, wird das erste Mal mit einer Geldstrafe von 50—500 Kronen, im Wiederholungsfalle mit dem Verluste der Schankgerechtigkeit bestraft. Durch ein weiteres Gesetz ist die Erzeugung berauschender Getränke auf Island streng verboten.

Diese Massregeln haben dahin geführt, dass eine Menge von Geschäften mit der Einfuhr und dem Verkaufe berauschender Getränke vollständig aufgehört und einzelne Gastwirte ihren Ausschank eingestellt haben.

Beilagen.

I. Ausgewählte neuisländische Gedichte.[1]

1. árni Böövarsson.

Schiffsneuigkeiten.

Übersetzt von Baumgartner.

Ach Gott, was wird das Frühjahr lang
Den Leuten drinnen im Lande!
Noch immer kein Schiff! Und sie warten so bang,
Sie sitzen mit allem im Sande.
Kein Mehl ist in den Truhen mehr,
Kein Branntwein mehr im Glase,
Die Schreine sind leer, die Taschen sind leer,
Und kein Tabak in der Nase!
Mit ödem Kopf, mit langem Gesicht
Begegnen sie sich auf der Wiese:
„Heil sei dir, Freund! Hast du mir nicht
Noch eine letzte Prise?" —
„Ach, hätt' ich das, wie wär' ich froh,
Da könnt' der Sturm nur wettern!
Doch, ach, ich schnupf' seit langem Stroh
Und Staub von dürren Blättern." —

---

[1] Diese Übersetzungen sind bis auf drei, die hier zum ersten Male gedruckt werden, folgenden Werken entnommen: Poestion: Isländische Dichter der Neuzeit. Lehmann-Filhés: Proben isländischer Lyrik. Baumgartner: Island und die Faröer. Schweitzer: Island. Land und Leute, Geschichte, Literatur und Sprache. — Zwei Übersetzungen von Küchler sind gleichfalls obigem Werke von Poestion entnommen und anderweitig nicht gedruckt. Mehrere von den Gedichten sind zugleich von verschiedenen Übersetzern verdeutscht worden. **Palleske.**

11

„So steht's mit dir, du armer Mann?
Mir wird's auch unerträglich;
Statt Tabak kau' ich Thymian,
Wir leben ganz unsäglich." —
„Ach, Thord, hast du von Branntewein
Nicht einen Rest noch über?" —
„Ach, hätt' ich den, ich teilt' ihn fein
Sofort mit dir, mein Lieber!
Allein, allein — zum Kuckuck nur,
Ich sah seit sieben Wochen
Von Branntewein nicht eine Spur,
Hab' nichts davon gerochen." —
„Doch, sag', wer reitet dort daher,
Den Kittel schief und offen?
Der Bjarni ist's, der alte Bär —
Er ist ja knallbesoffen." —
„He, Bjarni! halt ein wenig still —
Sag', ist ein Schiff gekommen?" —
„Jau! Das ist's, was ich melden will,
Hab' meinen Schnaps bekommen." —
„Und was gibt's Neues in der Welt?" —
„Kann noch nicht viel euch sagen,
Man zankt um Glauben und um Geld
Und will sich nicht vertragen,
Und London ist mit Mann und Maus
In einer Nacht versunken;
Der Kaufmann sagt's, ein wackres Haus,
Bei dem ich eins getrunken!" —
Da lebt der alte Adam auf,
Verjüngt strahlt nun die Erde,
Sie springen nach Haus in fröhlichem Lauf
Und setzen sich hurtig zu Pferde.
„Das Schiff! Das Schiff! Wir müssen es sehen!
Den Kaufmann sehen, den Dänen,
Nun werden vom Jammer wir auferstehn
Und trocknen unsre Tränen!" —
„Auf! Auf! Mein Rösslein, spute dich,
Flieg hin über Mooren und Steinen!"
Sie reden kaum, schauen nicht um sich,
Sie zappeln mit Armen und Beinen.

Sie sausen dahin wie das wilde Heer,
Zur Peitsche dient nur der Zügel,
Bis die Kaufstadt winkt am blauen Meer,
Am dunkeln, felsigen Hügel.
Hurrah! Da steht das Schiff im Sund,
Mit Schätzen reich befrachtet,
Da stehn die Händler mit lächelndem Mund,
Den Göttern gleich geachtet.
Die Bauern grüssen mit schüchterner Hand
Und biegen tief den Rücken:
„Willkommen, Herr Kaufmann, hier zu Land"
Sie stammeln voll Entzücken. —
„Gud velsigne jer"[1]), so spricht er froh
Und zeigt sein Warenlager;
„Alt i buden I skal faa,
Hvad Eder behager".[2])
„Prächtige Waren bringen wir,
Lammfell fest und trocken,
Dichtgesponnene Wolle hier
Und hellgraue Socken." —
Pfiffig guckt der Kaufmann drein:
„Hvad er det I vil begjaere?"[3])
„Tabak, Tabak und Branntewein,
Branntwein und ikke mere."[4])
Und es perlt im Gläschen das köstliche Nass,
Es rieselt durch Mark und Beine,
Ein zweites — ein drittes — „Ach hätt ich ein Fass!"
Kein Gläschen bleibt alleine.
„Was sind wir schuldig, edler Mann?"
„Nichts weiter, ihr habt noch zugute."
Ach, keiner mehr recht rechnen kann,
Es flimmert der Schnaps im Blute.
„Sechs Fische liegen ja auf dem Tisch,
Lasst euch den Trunk nur schmecken!" —
„Was?" munkeln die Bauern, „ein Zentner Fisch?
Wir bleiben in Schulden stecken."

---

[1]) Der Kaufmann spricht dänisch: „Gott segne euch!" — [2]) „Alles in der Bude sollt ihr bekommen, was jedem gefällt." — [3]) „Was ist's, das ihr verlangt?" — [4]) „Und nichts mehr."

11*

Ein jeder legt noch sechs Fische zu,
Ein jeder drei Paar Socken,
Sie trinken weiter in seliger Ruh',
Die Gurgel wird nicht trocken.
Zum Abschied lässt ein jeder sich
Noch eine Flasche füllen.
„Topp", sagt der Kaufmann, „die geb' ich
Umsonst der Freundschaft willen!"
Da fallen die Bauern ihm um den Hals,
Bedecken ihn mit Küssen,
Das Haus ist voll des Freudenschalls:
„Ihr habt noch ein Gewissen!
Euch segne der Herr auf dem salzigen Meer,
Zu Land' mög' der Herr euch beschenken.
Ach, kommet das nächste Jahr wieder her
Und bringt uns von diesen Getränken!"
Sie steigen zu Pferd, sie sprengen davon,
Doch nicht mehr stumm und stille,
Es saust der Peitsche schriller Ton
In der Lachenden Gebrülle.
Sie lachen und jauchzen und schimpfen und schrein,
Sie hauen auf die Pferde,
Sie peitschen auf einander drein,
Sie peitschen daneben die Erde.
Der eine taumelt, der andre fällt,
Der dritte liegt schon im Grase,
Im Kopfe tanzet die ganze Welt,
Es bluten Mund und Nase.
Zum Glück ist's nicht mehr weit vom Haus,
Man schleppet sie zu Bette,
Man schirrt die armen Gäule aus
Und jammert um die Wette.
Die Waren alle sind verkauft,
Doch kam kein Geld zurücke,
Geschirr und Kleider sind zerrauft,
O arge Schicksalstücke!
Das Priemchen und der Schnupftabak
Ging unterwegs verloren,
Zerrissen ist der Mantelsack,
Zerschlagen Kopf und Ohren.

Das Fässchen mit dem Branntewein,
Die Quelle aller Wonnen —
Es steckt kein Zapfen mehr darein,
Es ist ganz ausgeronnen.
Kein Mann ist heil, kein Gaul bereit,
Ihn auf den Markt zu tragen.
Das ist die neuste Neuigkeit
Vom Schiff aus Kopenhagen. [1]

2. Bjarni Thorarensen.

Island.

Übersetzt von M. Lehmann-Filhés (bisher ungedruckt).

Ruhmvolles Land, unsrer irdischen Tage
Wiege und Hüt'rin, die treu uns erhält,
Bleibe im Schutz deiner einsamen Lage
Unbefleckt von der Verderbnis der Welt.

Seltsame Mischung von Frösten und Gluten,
Felsen und Eb'nen und Lava und Meer,
Prachtvoll und schrecklich, wenn feurige Fluten
Strömen aus ewigem Eise daher. [2]

Frost leih' uns Härte, die Glut feurig Regen,
Felsen das Streben nach höherem Glück,
See tret' uns dräuend als Cherub entgegen,
Scheuch' uns von träger Genusssucht zurück.

Mögen die Schiffe, die welschen, auch tragen
Wollust ins Land uns, so hat's keine Not;
Lasst sie in isländisch Wetter sich wagen
Jenseits des Hafens, so friert sie zu Tod.

---

[1] Wie falsch es wäre, wenn man nach diesem an sich ja humorvollen, aber doch recht unerfreulichen Bilde aus dem 18. Jahrhundert seine Vorstellung von dem heutigen Isländer gestalten wollte und diesem die Rolle des „trinkfrohen Germanen" zuwiese, das lehren ja die Angaben des Verfassers auf S. 158—160 über die gegenwärtige Enthaltsamkeitsbewegung zur Genüge. Wohl dem Volke, das mit solcher Tatkraft den Kampf gegen einen seiner ärgsten Feinde aufzunehmen versteht!
Palleske.

[2] Keine dichterische Übertreibung! Vgl. S. 5 dieses Buches.

Und wenn Verbrechen und Tücke sich schleichen
Über die Wogen bis zu dir heraus,
Magst du mit Fackeln der Hekla sie scheuchen,
Drohend geschwung'nen, so fliehn sie nach Haus.

Kannst du dein Volk aber nicht davor wahren,
Dass bei ihm Laster und Elend sich mehr' —
Dann in dein uraltes Grab magst du fahren
Wieder, o Heimat, und sinken ins Meer.

Der Winter.

Übersetzt von Poestion.

Wer sprengt da über
Die goldne Brücke
Des hohen Himmels
Auf schneeweissem Hengste,
Der wild die bereifte
Mähne wirft
Und Funken schlägt
Mit scharfen Eisen?

Es glänzt des Kämpen
Graue Brünne,
Ein Eisschild hängt
An des Helden Schultern;
Kalt vom geschwungnen
Schwerte weht es,
Als Helmbusch flattert
Ein Büschel Nordlicht.

Von der Mitternacht Reich
Kommt er geritten,
Vom Kraftborn der Welt,
Der Weichlichkeit Schrecken;
Nicht Frühling noch Wollust
Freut sich des Lebens
Dort im Magnetheim,
Auf Magnetbergen. —

Er kennt nicht das Alter,
Der älter als die Welt doch
Und gleichen Alters mit Gott selbst.
Er wird überleben
Alle Welten,
Wird sie als Leichen liegen sehn.

Es wächst des Kräftigen
Kraft, der ihm naht;
Die Erde erstarrt
In seiner Umarmung;
Ihr Blut wird zu Demant,
Und ihres Mantels
Grünes Wollhaar
Ergraut und verliert sich.

Doch lässt er der Scholle
Schwächliche, grüne
Kinder nicht fühlen
Die Kraft — der Gewaltige;
Er schläfert sie ein,
Auf dass sie nicht spüren
All das Elend
Des Alter-Todes.

Ganz dann kommt er,
Umklammert mit seinen
Eisenarmen
Die Erde und küsst sie.
Mutter wird sie,
Und die Maiensonne
Wählt sie dann
Zur Wehfrau sich aus.

Man sagt, vor dem Frühling
Fliehe der Winter;
Er flieht nicht, er hebt nur
Höher empor sich.
Unten ist Frühling,
Oben ragt hoch
Die breite Brust
Des Winters ins Blaue.

Nie doch entfernt
Der Ruhmvolle so weit sich,
Dass er die Enden
Der Erdachse loslässt,
Oder auch etwas
Aufgibt von dem,
Was hier auf Erden
Dem Himmel zunächst ist.

Drum sieht man mitten
Im Sommer des Winters
Schmuck auf der Berge
Prächtigen Kuppen;
Drum will ja auch
Im Lenz nicht tauen
Der Himmelsreif
Auf dem Haupte des Greises.

Die Nacht.

Übersetzt von M. Lehmann-Filhés (bisher ungedruckt).

Die Sonne sah ich
Sinken ins Meer,
Nun kann ich erkennen
Kein Ding auf Erden;
Dem Aug' entweicht
Alles Vorhand'ne,
Ich schau' in das Öde,
Mit Entschwund'nem Erfüllte.

Unbestimmt, unbestimmbar
Ist dort alles,
Lieblich leuchten
Lichte Fünkchen.
Fahnenträger sind's,
Gefallen im Streit,
Auf ihre Söhne
Sehn sie herab.

Wer ist das milde
Mädchenantlitz,
Das sehnend, träumend
Sieht nach den Sternen?
Das ist die Saga[1]),
Dem Gedächtnis der Menschen
Spendet sie Nahrung
Und nährt sich von ihm.

Vielfarbige Streifen
Fahren prächtig
Am Himmel dahin
Mit hellen Flammen;
Nord'scher Könige Ruhm
Rauscht dort einher;
Die Nordlichter haben
Den Namen davon.

---

[1]) Die Göttin der Geschichte.

Der Westwind.

Übersetzt von M. Lehmann-Filhés.

Du, des warmes Wehen,
Wenn der Frühling anbricht,
Steingestützter Berge
Starres Eisdach stürzet
Und die Hügelhänge
Hüllt in grüne Mäntel —
Warst du, weicher Westwind,
Eingedenk deines Wortes?

Bringst übers Span'sche Meer[1]) du,
Wie du versprachst, den Kuss mir
Von meiner rosigen Liebsten,
Noch heiss von ihren Lippen?

Von deiner Liebsten holt' ich
Den Kuss, wie ich gelobet,
Trug hoch durch helle Luft ihn
Hin über blaue Wogen,

Doch bitt' ich, sei nicht böse,
Dass ich ihn dir nicht bringe.
Denn heute früh im Haine
Sah eine holde Lilie
Schwer das Haupt ich senken,
Sich zum Tode neigend.
Die Blattgeschmückte bat mich
Um Bergung ihres Lebens;
Da gab, gegeb'nen Wortes
Vergessend, ich den Kuss ihr.

Und sieh, es hob die Holde
Das Haupt empor mit Lächeln,
Neues Leben lieh ihr
Der Liebe warme Sendung.
Nun danket sie ihr Dasein
Dem Kusse deines Mädchens.

Lied an Sigrun.

Übersetzt von M. Lehmann-Filhés.

Jüngst ward mir weh ums Herze
Bei deinen Worten, Sigrun;
Im Fall du vor mir stürbest,
Fleht' ich um deine Rückkehr.
Da wolltest du nicht glauben,
Dass ich die Kalte küssen,
Im weissen Grabgewande
Dich noch umarmen würde.

Mein Mädchen, ganz und gar nicht
Glaubst du an meine Liebe,
Vertraust du nicht, dass treu ich
Dich blass und tot noch liebte.

Sind diese Lippen deine
Ja doch, wenn auch erkaltet,
Die Wangen sind dieselben,
Seh' ich sie auch erblichen.

Küsst nicht im kalten Winter
Den kühlen Schnee die Sonne,
Wie sie den roten Rosen
Im Sommer Küsse reichet?
Weissschimmernd steht die Lilie,
Weiss bist wie Schnee du selber,
Wärst minder hold du, Mädchen,
Wenn Mund und Wang' erblichen?

---

[1]) Der Atlantische Ozean.

Entweicht aus Wang' und Lippen
Das Blut des Erdenwallers,
Wird schön und mild sie schmücken
Der ew'gen Welten Schimmer.
Die engelweisse Wange,
Sie ist nicht wen'ger lieblich,
Ihr Rund nicht minder reizvoll,
Wenn Erdenröt' erloschen.

Mein lichtes Lieb, nicht einsam
Darfst du darum mich lassen,
Ob du auch von mir fährst zu
Des Himmels Friedenssälen.
Komm du, wenn kalte Stürme
Im kahlen Herbste blasen,
Um Mitternacht der Mond sich
In Wolkenmäntel hüllet.

Der Mond, der bleiche, milde,
Wird mitleidsvoll zerreissen
Sein Nebelkleid, dass klar ich
Dein Lächeln kann gewahren.
Dann husche leis, mein Liebchen,
Heran zu meinem Lager,
Rühr' sacht an meine Stirne
Mit sanften weissen Händen.

Und wenn ich dann erwachend
Dir öffne weit die Arme,
So birg an meiner Brust du
Den schneeig kalten Busen.
Schmieg an mein Herz dein Herze
Und harre, bis ich los bin
Und frei von Leibesfesseln,
Dass ich dir folgen möge.

Lass dann, mein Lieb, uns auf güldenem Wagen
Des Nordlichts die kalten Lüfte durchjagen
In heisser Umarmung mit seligem Sinn.
Wenn holde Lichter in Windheim erglänzen,
Woll'n wir im Mondschein uns wiegen in Tänzen
Und sinken entschlummernd auf Schneewolken hin.

Stürzt im Sturm . . . . [1]

Übersetzt von Poestion.

Stürzt im Sturm die hohe Eiche,
Wird's von Berg zu Berg erzählt;
Sinkt Blauveilchen hin, das bleiche,
Niemand Kunde wohl erhält.
Erst, wer seinen Duft vermisst,
Merkt, dass es verschwunden ist.

---

[1] Erste Strophe eines Liedes zum Gedächtnis der verstorbenen Gemahlin von Magnús Stephensen (vgl. S. 67).

3. Jónas Hallgrímsson.

Island.[1]

Übersetzt von Poestion.

Island, glückliches Land, und gute, reifweisse Mutter!
Wo ist dein früherer Ruhm, Freiheit und männliche Tat?
Alles wechselt auf Erden, und deine glorreiche Glanzzeit
Leuchtet wie nächtlicher Blitz fern aus entlegener Zeit.
Lieblich und schön war das Land, schneeweiss die Spitzen der Gletscher,
Heiter der Himmel und blau, hell auch und blinkend das Meer.
Damals kamen die Väter, der Freiheit ruhmreiche Helden,[2]
Über das östliche Meer in der Glückseligkeit Land,
Bauten sich Haus und Hof im Schosse blumiger Täler,
Lebten hier glücklich dahin, glänzend durch mancherlei Kunst.
Dort auf der Lava, hoch oben, wo noch wie damals der Beilfluss
Aus der Allmännerkluft strömt, tagte das Althingi einst.
Dort stand Thorgeir, als christlich das Volk am Thinge geworden,[3]
Dort waren Gissur und Geir, Gunnar und Hjeðin und Njáll.
Helden durchschritten die Gaue, und herrlich gerüstete Schiffe
Brachten, aufs beste bemannt, Waren in Fülle stets heim.
Schwer jedoch ist es, stille zu stehn, und es streben die Menschen
Immer entweder zurück oder nach vorwärts die Bahn.
Was ist in sechshundert Jahren aus unserer Arbeit geworden?
Gingen den richtigen Weg wir wohl zum Guten empor?

---

[1] „Seine Phantasie weilt gern bei den farbigen Bildern des politischen Lebens in der Periode des Freistaates und hier wieder bei dem Zentrum desselben, dem Althing (Landtag), das auf einer auch durch ihre grossartige landschaftliche Szenerie erhaben scheinenden Stätte tagte, auf dem hochgelegenen Lavafelde an der Öxará (dem „Beilflusse“) zwischen der imposanten, von dem eben genannten Flusse durchbrausten Almannagjá („aller Leute Schlucht“) und der kaum minder grossartigen Hrafnagjá („Rabenschlucht“), mit dem Lögberg („Gesetzesfelsen“), dem Mittelpunkt des Althing, von dem aus die neuen Gesetze, die stattgefundenen Begnadigungen, der Kalender fürs nächste Jahr usw. verkündet wurden . . . . Jetzt aber, zur Zeit des dänischen Absolutismus, gab es überhaupt kein Althing mehr, keine Freiheit, keinen Wohlstand; das Volk ist längst in seiner Tatkraft gelähmt, ist für höhere Ziele, für ein kräftiges politisches Streben, für wirtschaftliche Energie abgestumpft und untauglich geworden.“ (Poestion: Isländische Dichter der Neuzeit.)

[2] Besiedelung des Landes durch norwegische Einwanderer seit 874. Annahme des Christentums durch den Landtag im Jahre 1000. Nach Poestion: Island, das Land und seine Bewohner. — Ein Buch, das längst eine zweite Auflage verdient hätte!

Palleske.

Lieblich und schön ist das Land noch, schneeweiss die Spitzen der Gletscher,
Heiter der Himmel und blau, hell auch und blinkend das Meer;
Doch auf der Lava, hoch oben, wo noch wie damals der Beilfluss
Aus der Allmännerkluft strömt, tagt das Althingi nicht mehr.
Snorris Zelt ist ein — Stall, und es steht der heilige Lögberg
Jährlich von Beeren ganz blau, Kindern und Krähen zur Lust! —
O, ihr Jünglinge all' und Islands erwachsene Söhne,
So ist der Vorfahren Ruhm völlig vergessen — dahin!

Gunnarshólmi.[1]

Übersetzt von Poestion.

Die Sommersonne will schon niedersinken;
Mit goldig-roter Glut sie noch bestrahlt
Des Eyja-Gletschers silberblauen Zinken.

------

[1] An der Südküste Islands, oberhalb Landeyjar, zwischen dem Eyjafjalla-Gletscher und der Landschaft Fljótshlíð, erstreckt sich eine grössere Ebene, die in älteren Zeiten mit Gras bewachsen war, jetzt aber durch die Überschwemmungen der Thverá in eine Sandwüste verwandelt ist. Nur an einer Stelle dieser Ebene, etwa auf der Mitte des Weges zwischen dem Hofe Hlíðarendi und dem Meere, befindet sich noch, einer Insel im Sandmeere gleich, ein grüner Rasenplatz, der sich nur wenig über seine nächste, ganz flache Umgebung erhebt. Auf diesem Platze hat der Sage nach der edle Kämpe und „ritterlichste Held auf Island", Gunnar von Hlíðarendi, der mit seinem Bruder Kolskeggr wegen mehrerer Totschläge auf drei Jahre ins Ausland in die Verbannung gehen sollte, als er schon zum Schiffe hinabritt, sich noch einmal umgesehen, und er war dabei von der Schönheit seiner Heimat so ergriffen worden, dass er lieber wieder umkehrte und dadurch sein Leben verwirkte, indem er es in die Hände seiner Feinde gab (vgl. die Njálssaga). Aus diesem Grunde hat der Ort den Namen Gunnarshólmi (d. h. Inselchen des Gunnar) erhalten. Wenn man von diesem Platze aus sich umsieht, hat man ganz in der Nähe im Osten den stumpfen Kegel des 1705 Meter hohen Eyjafjalla-Gletschers vor sich, dessen Fuss von einer steilen Felsenwand gebildet wird, über die sich ein sehr imposanter Wasserfall, der Seljalandsfoss herabstürzt; gegen Nordost sieht man ins Tal des Markarfljót hinein; über seiner Mündung und den nördlichen Abhängen erhebt sich die spitzzackige Gebirgsmasse des Tindafjalla-Gletschers, dessen 25 Quadratkilometer grosse Firnmulde mit den dazwischen liegenden, aufragenden Felsenrücken und spitzen Gipfeln ihm eine grosse Ähnlichkeit mit den Gletschern der Alpen verleiht. Von den Tindafjöll ausgehend, erstreckt sich gegen Westen in die Ebene des Rangá-Flusses hinaus ein langer Bergrücken, dessen südlicher Abhang die Landschaft Fljótshlíð (d. h. Halde am Flusse) bildet. Am Ende dieses Bergrückens liegt der Hof Hlíðarendi, d. h. Ende des Berghangs (hlíð = Bergabhang, Halde). In der Ferne, gegen Norden zu, erblickt man den Gipfel der Hekla, auf dem an vielen Stellen blanker, schwarzer Achat frei zutage tritt, so dass man ihn schon in weiter Entfernung glänzen sieht. Die ganze Landschaft bietet heute noch einen grossartigen

Im Osten steht sie dort, die Berggestalt,
Und kühlt ihr Haupt, so licht und hoheitsvoll,
Im Quell des Äthers, herrlich-klar und kalt.

Der Wasserfall hält mit dem Felsentroll
Laut Zwiesprach, wo die beiden Zwerge sitzen,
Das Gold bewachend, das dort liegen soll.

Hier stehn die Tindafjöll mit ihren Spitzen,
Den grünen Gürteln und den dunkelblauen
Prachtmänteln; ihre Firnschneehelme blitzen.

Von ihrer lichten Höhe überschauen
Die Hochlandwässer sie, die tief gebläut
Herniederfliessen durch die grünen Auen,

Wo kleine Bauernhöfe, rings zerstreut,
Traulich in Fluren liegen, bunt an Blüten,
Vom Norden her der Hekla Gipfel dräut.

Eis lagert oben, unten Flammen wüten,
In graus'ger Tiefe, wo in Fesseln, bleich,
Nun lang' schon Tod und Schrecken lauernd brüten.

Hoch in den Lüften blinken, Spiegeln gleich,
Die Achatdächer überm schwarzen Saal;
Von hier siehst du ein Bild, gar anmutreich:

Vom Markarfljót durchbraust ein waldig Tal
Mit Ackerfeld; den Fluss entlang erstrecken
Herrliche Wiesen sich in grosser Zahl;

Gleich buntgestickten Teppichen bedecken
Die Ufer sie. Die gelben Klauen krallt
Schon beutefroh der Aar, der Fische Schrecken;

Denn fischreich ist der Fluss, so klar und kalt;
Ein Drosselschwarm sich in die Lüfte schwingt,
Und aus dem Wald es fröhlich widerhallt. —

---

und zugleich angenehmen Anblick dar, muss aber in der alten Zeit, wo mehr oder
minder üppiger Wald die Abhänge bedeckte und die Ebene ein fruchtbares Grasfeld
war, viel prächtiger gewesen sein.   Poestion.

Zwei Rosse, aufgezäumt zur Reise, bringt
Geführt man von dem Herrensitze droben,
Wohin der Brandung fernes Brausen dringt.

Denn mildes Wetter selbst kann nicht das Toben
Der See versöhnen, das auf Eyjasand
Mit Ráns[1]) beständigem Weltkrieg angehoben.

Ein Schiff mit schönen Borden liegt am Strand —
Ein offner Rachen dräut vom Schnabel nieder —
Die Segel an der Rah', vertaut ans Land.

Entführen soll's zwei edle Kämpen, Brüder,
Auf dass sie lange nicht mehr oder nie
Das schöne Vaterland erschauen wieder.

Dass fort das Paar in fremde Lande zieh',
Verbannt und freudlos leb' in künft'gen Tagen:
Dies Urteil sprach das Schicksal über sie.

Das herrliche Gewaffen[2]) wird getragen
Vom Hofe jetzt; man sieht im Abendschein
Fort Gunnar mit der Hellebarde jagen.

Auf rotem Zelter sprengt dicht hinterdrein
Ein Mann mit blauem Schwerte an der Seite;
Man kennt ihn gleich, Kolskegg, den Bruder sein.

So reiten sie hinab die grüne Leite:
Schon sind beim Flusse sie; mit starrem Blick
Sieht Kolskegg nach dem Sund hinaus ins Weite.

Doch Gunnar schaut noch einmal jetzt zurück.
Da gilt's ihm gleich, ob auch der Tod ihm werde
Von Feindeshand zum baldigen Geschick.

---

¹) Rán, die Meergöttin.   Poestion.
²) Eine Hellebarde, Gunnars Lieblingswaffe, die er im Kampfe einem Wikinger
abgenommen und welche der Sage zufolge die Eigenschaft besessen haben soll, dass
sie es durch weithin vernehmbares Klingen anzeigte, bevor sie eine Todeswunde schlug.
                                                          Poestion.

„Nie", ruft er, „sah ich schöner dies Stück Erde;
Die rote Blume blinkt im gelben Hage,
Zerstreut auf breiten Weiden geht die Herde.

Hier will beschliessen ich die Lebenstage,
Die noch beschieden mir. — Ich bleib' im Land!
Leb wohl, mein Bruder!" — Dies ist Gunnars Sage.

*   *   *

Gunnar verschmähte Heil an fremdem Strand,
Den Tod im Lande hat er vorgezogen.
Es liess der Held in grimmer Feinde Hand
Sein Leben bald, durch schlaue List betrogen.
Lieb dünkt mir Gunnars Sage, wenn im Sand
Ich stehend staune, wie der Macht der Wogen
Der Gunnarsholm, so niedrig er auch liegt,
In seinem grünen Schmucke noch obsiegt.
Durch Sand rollt jetzt die Thverá, wo einmal
Es Äcker gab, umsäumt von grünen Auen;
Des Stroms Verheerung in dem schönen Tal
Im Sonnenrot die alten Berge schauen.
Die Zwerge flohn, der Felstroll starb, und Qual
Der Not herrscht drückend in den öden Gauen;
Doch schirmt den Ort geheimnisvolle Macht,
Wo Gunnar umgekehrt trotz seiner Acht.

Erinnerung an Island.
Übersetzt von M. Lehmann-Filhés.

Es lieget fern ein lichter Gau
Mit Schwanenliederschalle,
Forellenbächen, blum'ger Au
Und blankem Wogenschwalle,

Mit Gletscherfirnen, Felsen blau
Und steilem Wasserfalle —
Beträufl' ihn, Herr, mit Segenstau
Heut und die Tage alle!

Sehnsucht nach der Geliebten.[1]
Übersetzt von Poestion.

Dein gedenk' ich,
Wenn die Sonne
Hoch am Himmel leuchtet,

Wenn der Mond
Zum Meeresschosse
Silbern niedersinkt.

---

[1] Vgl. über die interessanten Beziehungen dieses Gedichtes zu Goethes „Nähe des Geliebten" und dadurch wieder zu einem lappischen Liede „Isländische Dichter der Neuzeit", S. 364.   Poestion.

Himmelslüfte
Hauchen deinen
Namen in Lauten der Liebe;
Ihn auch plätschert
Plaudernd der Bergstrom
Heiter auf grüner Halde.

Manches, merk' ich,
Möchte dir gleichen
Auf Gottes guter Erde.
Das Frührot deiner Anmut,
Die blauen Sterne deinen Augen,
Die Lilien deinen lichten Händen.

Warum bestimmte
Das Schicksal wohl
Uns beiden getrennte Bahnen?
Warum doch liess es
Mein ganzes Leben
Mich nicht mit dir geniessen?

Lang' werd' ich den Weg,
Den du wandeln musst,
Mit traurigen Augen betrachten,
Bis dein lichtes,
Liebes Bild
Mir aus der Erinnerung schwindet.

Die sonnigen Mädchen,
Die seither ich sah,
Erinnern alle an dich mich.
Drum geh' ich einsam
Und ohne Stütze
Zu den dunklen Türen.

Ich stütz' auf den Stein mich,
Die Zunge erstarrt mir,
Die Lebensflamme flackert. —
Das Weltlicht ist gesunken,
Die Silbersterne flimmern,
Nach dir allein verlang' ich.

Am Ende der Reise.

Übersetzt von M. Lehmann-Filhés.

Den Liebesstern
Überm Lavagipfel
Verdecket düstres Gewölk;
Hell stand er am Himmel,
Nun härmt und sehnt sich
Der Jüngling im tiefen Tal.

Dort weiss ich mein Wünschen
Und meine Welt
Entfacht von göttlicher Flamme;
Mein Geist bricht die Fesseln,
Und ganz und gar
Eil' ich in deine Arme.

Ich versenke mich und sehe
In die Seele dir
Und lebe mit dir dein Leben;
Jedes Atemzugs Glück,
Das Gott dir gönnt,
Fühl' ich im heissen Herzen

Wir brachen Blumen
Auf hohem Berge,
Du und ich mit einander;
Sträusse draus band ich,
Und dir in den Schoss
Legt' ich liebliche Gaben.

Du kröntest das Haupt mir
Mit duftigen Kränzen
Von rötlichblauen Geranien
Und schautest und stauntest,
Wie schön das sei,
Und nahmst sie wieder hinweg.

Wir lachten auf der Höhe,
Der Himmel lag heiter
Und blau überm Bergeskamm;
Nächst diesem Dasein —
So dünkte mich — hatte
Die Welt keine Wonne zu bieten.

Doch bitterlich weinten
Gute Blumenelfen,
Vorschauend unser Scheiden:
Wir nahmen's für Tau,
Und die kalten Tropfen
Küssten wir von den Kräutern.

Auf dem Ross hielt ich ruhig
Dich im reissenden Strome,
Ward wonnig mir dessen bewusst:

Hüten möcht' ich und hegen
Die holde Blüte
Den langen Weg des Lebens.

Am Galtarfluss glättet'
Ich dir die glänzenden
Locken mit liebender Sorgfalt;
Da lächeln die Lippen,
Da leuchten die Augen,
Die warme Wange errötet.

Weit entrückt ist nun
Deiner wonnigen Nähe
Der Jüngling im tiefen Tal;
Der Liebesstern
Überm Lavagipfel
Weilt hinter bergender Wolke.

Wohl trennet Welten
Der weite Raum,
Schneid' und Rücken scheidet die
Doch liebender Seelen   [Klinge;
Lose lassen
Ewig einander nicht trennen.

Die Augen des Mädchens.
Übersetzt von Poestion.

Lichtaufblickend Mägdelein,
Traun, ich muss die Augen dein
Zwei Brenngläser nennen:
Sonnenstrahlen sammeln sie,
Doch von innen — nur zu gut
Weiss ich, dass an dieser Glut
Deine Freunde sich verbrennen.

Ich lasse grüssen.[1])
Übersetzt von M. Lehmann-Filhés.

Vom holden Süd ist linder Hauch ergangen,
Der weckt im Meer die kleinen Wellen alle,

---

[1]) In Dänemark verfasst.

Gen Norden wandern sie in frohem Schwalle,
Wo meiner Heimat Strand und Höhen prangen.

O lasst süss tönend meinen Gruss gelangen
An meine Lieben all' im Vaterlande,
Ihr Wellen, küsst das Fischerboot am Strande,
Ihr Winde, wehet warm um schöne Wangen.

Lenzbote, lieber Vogel, der du schiffst
Durchs Lüftemeer mit funkelndem Gefieder,
Zu singen sonn'gem Tal die Lieder dein,

Vor allen grüss', wenn du ein Englein triffst
Mit roter Quast' am Mützchen, und im Mieder —
Das, liebe Drossel, ist mein Mägdelein.

4. Jón Thórðarson Thóroddsen.

Island.

Übersetzt von Poestion.

Wie herrlich ist doch unser Land
Am schönen Sommertage!
Da prangt der Busch im Laub-
        gewand,
Die Herde springt im Hage;
Das Tal schlägt auf sein Auge blau
Zum Sonnenlicht, dem holden;
Das Grasfeld glänzt, es grünt die Au,
Die Wellen blinken golden.

Und schön ist auch im Winterkleid
Dies Land der weissen Firne,
Wenn abends hell das Goldge-
        schmeid

Erglänzt um seine Stirne; [1)]
Wenn auf das Eis herniederblinkt
Das Flimmerlicht der Sterne
Und Alben tanzen, dass es klingt
In weiter Bergesferne.

Land, das du unseren Vätern Ruh'
In deinem Schoss gegeben,
Das an den Bautasteinen [2)] du
Erweckst ein neues Leben:
Schön Vaterland, für das wir glühn,
Gott schütz' dich und die Deinen,
So lang auf Erden Blumen blühn,
Am Himmel Sterne scheinen!

[1)] Anspielung auf das Nordlicht, das sich auf Island oft besonders prächtig zeigt.
[2)] Poetische Lizenz, da es auf Island niemals Bautasteine (Steine zum Gedächtnis Verstorbener) gegeben hat.

Gib mir einen Kuss!

Übersetzt von Poestion.

Maid, du hast auf deinen süssen
Lippen einen Schatz von Küssen.
Von ihm geben kannst du immer,
Ihn erschöpfen aber nimmer.
Darum kannst auch ohn' Bedenken
Mir davon ein wenig schenken.

Rote Flämmchen glühn auf deinen
Lippen, während, ach, die meinen
Mir vor Kälte schier erfrieren.
Lass sie mich, o fühl' ein Rühren,
Auftaun drum an diesen Feuern
Und zum Leben sie erneuern!

Nein, du wirst's auch gar nicht wagen,
Mir ein Küsschen zu versagen.
Wenn die Schrift befiehlt der Armen
Sich in Mitleid zu erbarmen,
Darfst, Schön-Freyja, du auch deinen
Bruder wärmen, will ich meinen.

Frühlingslied am Grabe eines Kindes.

Übersetzt von M. Lehmann-Filhés.

Die Welt erwacht im Frühlingsschein,
Vom warmen Süd kehrt's Vögelein,
Setzt auf denselben Zweig sich wieder
Und singt dem Schöpfer Dankeslieder;
Da bricht die Blum' des Frostes Bann
Und blüht am Hügel neu heran.

Der Vogel sucht die Blume sein,
Ich suche auch mein Blümelein,
Das hinsank wider all Erwarten
Verwelkt und blass in Christi Garten;
Mein kleines Hüglein kenn' ich gut,
Ach, kalt und tot ist, was da ruht.

Ich hegte diesen Hügel treu
Und habe jeden Tag aufs neu'
Ihn mit den Tränen mein begossen,
Die heiss aus Mutteraugen flossen;
Doch ach, umsonst, ich ahnt' es bald,
Die Erde blieb so tot und kalt.

Du, der mit süssem Sange grüsst
Die Blum', die ihm entgegenspriesst,
Du, Vogel, weckest Lust und Leben,
Doch machst mein Herz vor Leid erbeben,
Denn wo hat Muttertrān' Gewalt,
Zu wecken, was da tot und kalt!

Doch wisse, Vögelein, es lacht
Auch mir dereinst des Lenzes Pracht,
Dann seh' die süsse Blum' ich wieder,
Dann sing' wie du ich Dankeslieder,
Schon winkt ein Tag durch Winters Not,
Da überwunden Frost und Tod.

Es lieget unversehrt die Saat,
Die sich der Herr gesäet hat,
Sie muss des Wachstums lange warten,
Doch Jesus weint auf seinen Garten,
Und sie erblüht auf sein Gebot
Lebendig einst aus Frost und Tod.

5. Gísli Brynjúlfsson.

Bismarck. [1]

Übersetzt von Poestion.

Schwer nun ist es,	Des Unvergleichlichen,
Worte zu finden,	Der den Tyrfing
Würdig genug	Geholt aus dem Grab
Der gewaltigen Kraft	Und Angantyrs
Unsres Jahrhunderts —	Geschlecht erhob. [2]

[1] Von diesem Gedicht finden sich nur die drei ersten Strophen in dem auf S. 161 genannten Buche; die übrigen hat Herr Poestion in dankenswerter Weise für den vorliegenden Zweck übersetzt. — Die Anmerkungen sind, soweit sie nicht eine andere Unterschrift tragen, vom Übersetzer des Liedes. — Demnächst erscheint bei Georg Müller in München unter dem Titel „Eislandblüten" eine Auswahl weiterer Übersetzungen des bekannten Verfassers, auf die ich die Freunde der isländischen Lyrik schon jetzt aufmerksam machen möchte.   Palleske.

[2] Zur Erklärung dieser sagengeschichtlichen Anspielungen diene folgende Notiz: Angantýr (der Ältere), der tüchtigste von zwölf Söhnen des Berserkers Arngrímr, erbte von seinem Vater das Schwert Tyrfingr, welches nicht aus der Scheide gezogen werden konnte, ohne einen Menschen zu töten. Angantýr liess sich die gefährliche Waffe in den Grabhügel mitgeben. Seine Tochter Hervör, eine

Wo gibt es auf Erden
Einen, der solches
Allein vollbracht . . .
Fürs ganze Geschlecht?
Fürwahr, ich kenne
Keinen, es wär' denn
Asathor selbst,
Wenn nach Osten er zog.[1]

Arg war's in der Welt;
Viel Unzucht gab es,[2]
Und weithin erschallte
Waffenlärm.
Doch ostwärts sass
Im Eisenwalde[3]
Die Unheilsnorne
Für alle Völker.[4]

Sie hält in der Hand
Die Todesgeissel,
Mit Knoten geknüpft,
Die Völker zu quälen.
Furcht und Schrecken
Erfasste sie alle,
Als solch einen Feind sie
Bekämpfen sollten.

Dies Ungeheuer[4]
War schlimmer als andre,
Da List es gebrauchte
Und Lokis[5] Trug,
Und Völker wie Fürsten,
Loki gleich,
Mit todbringenden
Ränken umgarnte.

Schildmaid und Anführerin einer Wikingerschar, verschaffte sich jedoch den Tyrfingr durch Beschwörung des Vaters aus dem Grabe. Sie vermählte sich später und hinterliess das Schwert ihrem Sohne Heiðrekr, der sich zum Gotenkönig emporschwang und als weiser Fürst regierte. Nach Heiðrekrs Tode kam es zwischen dessen Söhnen, dem vollbürtigen Angantýr, der Reich und Schwert erbte, und Hlöðr, der bei seinem Grossvater, dem Hunnenfürsten Humli, aufgewachsen ist, zum Kampfe um die Herrschaft im Gotenreiche. Die Entscheidungsschlacht fand auf der Dúnheide, im alten Hunnenreiche an der unteren Donau, statt. Die Goten siegten; Angantýr selbst tötete mit dem Tyrfingr seinen Bruder; auch Humli kam um, und das doppelt so starke Hunnenheer floh. — Über diesen Kampf, der auf die Niederlage der Hunnen auf den katalaunischen Gefilden (451) zurückgeht, gab es ein südgermanisches Lied, von dem noch Bruchstücke einer nordischen Nachdichtung erhalten sind. Diese sowie die Geschichte von den Söhnen Arngríms, von Hervör und ihrem Sohne Heiðrekr finden sich in der „Hervararsaga ok Heiðreks konunga" (in deutscher Übersetzung von Poestion unter dem Titel „Das Tyrfingschwert. Eine altnordische Waffensage" Hagen 1883), das Lied von der Hunnenschlacht jetzt auch in „Eddica minora. Dichtungen eddischer Art . . . zusammengestellt und eingeleitet von A. Heusler und W. Ranisch", Dortmund 1903, S. 1—12; vgl. auch S. VII—XVII.

[1] Wenn Thor zur Bekämpfung der Riesen auszog, ging es nach Osten; denn das „Riesenheim" war im hohen Nordosten gelegen.

[2] Vgl. das Eddalied „Der Seherin Weissagung", Strophe 45 (Gering: Die Edda, S. 11).

[3] Vgl. dasselbe Eddalied, Strophe 40 (Gering, S. 10).

[4] Selbstverständlich nicht Bismarck, wie mancher bei oberflächlichem Lesen wegen des Anklingens von „Eisenwald" an den „eisernen Kanzler" und den „Sachsenwald" denken möchte.   Palleske.

[5] Loki ist der listige und heimtückische unter den Göttern der norwegischen Mythologie; vgl. Mogk: Germanische Mythologie. Strassburg 1898, S. 119.

Es hatte unterjocht —
Wie einst der falsche
Ögmund Filzhaar[1])
Mit seinen Mannen —
Alle Fürsten
Östlich vom Meere.
Stets waren in Gefahr
Vandils Gaue[2])
Und all' die vornehmsten
Reiche der Deutschen.

Mächtig war der Knoten,
Den Ögmund geknüpft
Gegen die Freiheit
Der ganzen Welt.
Es war nicht leicht,
Zu entwirren
Das in Frankfurt
Verfilzte Gewebe.[3])

Das Heil war gewichen
Vom Harzgebirge,
Der Mut entflohn
Aus der Menge der Fürsten.
Fahl ward die Erde,

Als Fafnir wieder
Grimmig sich legte
Auf Gnitaheide.[4])

So war's bestellt,
Als der Eine erstand
Und allein es wagte,
Den Wurm zu bekämpfen.
Er bannte den Zauber
Und zornig zerriss er
Das in Frankfurt
Verfilzte Gewebe.

„Mit kräftiger Hand
Zog der kühne Thor
Den bösen Giftwurm
Zum Bord hinauf" — [5])
So war Bismarck,
Als er nun kämpfte
Und die erbärmlichen
Würmlinge schlug.

Doch Grössres vollbrachte
Der grimme Kämpe:

---

[1]) Der aus der Örvar-Oddssaga bekannte, mit übernatürlichen Kräften begabte, dabei verräterische und tückische Ögmundr Eythjófsbarn ist gemeint; er hatte auch den Beinamen „Flóki", weil ihm ein verfilztes Haarbüschel ins Gesicht hing (vgl. Örvar-Oddssaga, herausgegeben von Boer, Leiden 1888, S. 126, und Halle 1892, S. 46).

[2]) Gemeint ist wohl der skandinavische Norden. Dänemark oder Skagen hiess in der alten Zeit Vandilskagi oder Vandilskagi (vgl. die heutige Bezeichnung „Vendsyssel" für die nördliche Halbinsel Jütlands).

[3]) Wortspiel mit dem Beinamen Ögmunds.

[4]) Nach der norwegisch - isländischen Version der Nibelungensage bewachte Fafnir als Lindwurm den Goldschatz auf der Gnitaheide (d. i. der Knetterheide in der Nähe von Detmold).

[5]) Wörtliches Zitat aus dem Eddaliede von Hymir, Nr. 23. — Unter dem Giftwurm ist dort die Midgardsschlange verstanden, d. i. die Weltschlange, die nach der nordischen Mythologie im Meer versenkt ist und sich um die ganze Erde schlingt.

Nicht zagend noch zaudernd
Zog er mit aller
Kraft den Tyrfing
Aus der Scheide.
Da sollten Brüder
Einander morden.
Solch ein Mann nur
Darf so sich gebärden.

Da gab's einen Kampf!
Das Feld ward gerötet,
Wie einst auf Dyngja
Und Dúnheide. [1]
Hart zwar kämpften
Der Hunnen Scharen,
Den Sieg aber holte sich
Heiðreks Geschlecht.

6. Grímur Thomsen.

In der „Sprengisand-Wüste“. [2]

Übersetzt von Schweitzer.

Renn', o renn', mein Rösslein, durch die Weiten!
Rot am Arnarberg die Sonne sinkt.
Finstre Schatten flatternd uns begleiten,
Fahl die Gletscherwelt herniederblinkt.
Rösslein! Gott beschirme deinen Schritt:
Schwierig wird des Tages letzter Ritt.

Renn', o renne! Füchse keifend kläffen,
Kühlen wohl im Blute ihren Grimm.
Horch! Will mich ein trügend Echo äffen,
Oder hört' ich ferne Männerstimm'!?
Räuber treiben in der Lava leicht
Lichtscheu Wesen, wenn der Tag verbleicht.

Renn', o renn', mein Rösslein, durch die Weiten!
Rauchgebilde schloss die Fernsicht schon.
Durch die Wüste sich Gespenster spreiten;

---

[1] Vgl. Anm. 2 auf S. 179. Dyngja, Variante der Saga neben Dylgja, ist wohl wie Dúnheide der Name für eine Ebene.

[2] Sandwüste, durch die der Weg vom oberen Laufe der Thjórsá (vom Südlande her) nach Akureyri im Nordlande führt. Der Name („Sprengsand“) deutet treffend die in ihr lauernden Gefahren an: Der Weg durch sie muss wegen des gänzlichen Mangels an Graswuchs in einem Tage zurückgelegt werden, wodurch leicht die Pferde „gesprengt“, d. h. zu Tode gehetzt werden. Der Ritt dauert gegen 20 volle Stunden! — Im Westen der Wüste erhebt sich der Gletscher des Arnarfell (Hofsjökull), im Osten ist das 62 Geviertmeilen grosse Óðáðahraun (Lavafeld der Untaten), in dem der Volkssage nach die Geächteten ihr Wesen treiben. Nach Poestion und M. Lehmann-Filhés.

Spukgestalten greulich uns bedrohn:
Kost' es auch mein allerbestes Tier,
Die Öde, wollt' ich, läge hinter mir!

7. Benedikt Gröndal d. J.

Nacht.

Übersetzt von Baumgartner.

Über die Wiesen ich ging, und grün war das Laub an den Bäumen,
Tau am Sonnenaug' schlief, dunkel es hüllend in Flor.
Tief in die Wogen getaucht war die Sonne, und rings war es stille,
Nicht das leiseste Blatt lispelte mehr im Gebüsch.
Friedlich setzt' ich mich da am Eichbaum nieder und schweifte
Träumend zum Hades hinab bis an die Brücke der Gjöll.[1])
Sieh! da schwebten vor mir in Scharen die Männer der Vorzeit
Von dem Beginne der Welt alle der Reihe nach her.
So kam ich glücklich bis Rom, wo Cäsar und Crassus erregten
Aufruhr im Volke, sich dann teilten in dessen Besitz.
Plötzlich ertönte ein Klang, wie wenn ein spielender Finger
Über die Laute dahin goldene Saiten berührt.
Eine Nachtigall war's, erwacht vom ruhigen Schlummer;
O wie lieblich sie sang, holdeste Stimme der Nacht!
Hellen, kräftigen Schlags entfloss das Lied ihrer Kehle,
Unter dem Eichenzweig, wundervoll klagend und süss.
Alles vergass ich. Es flohen die Helden aus meiner Erinn'rung:
Was sie alle vertrieb, war eines Vögelchens Lied.

Rückkehr aus dem Süden.

Übersetzt von Baumgartner.

Nordwärts zieh' ich breite Pfade
Mit des Dampfes Flammendrang,
Schneller als nach Flut und Regen
Fliegt ein Schiff den Fluss entlang.

Städte, Burgen fliehn vorüber
Zahllos: ohne Ruh' und Rast
Dreht sich, gleich des Erdballs
Der Maschine Eisenlast. [Kreisel,

---

[1]) Grenzfluss gegen Niflheimr (Nebelwelt), dem griechischen Styx entsprechend. Darüber führt eine goldene Brücke, die von einer Jungfrau bewacht wird (vgl. Kauffmann: Deutsche Mythologie, Sammlung Göschen).   Palleske.

In des Südens stolzen Sälen
Sah ich Ros' und Lilie blühn,
Stolze Männer, holde Frauen,
Lieblich war ihr Wort und kühn;
Von den himmelhohen Türmen
Scholl der frohe Stundentanz,
Von den goldgeschmückten Wänden
Strahlte heller Lichterglanz.

Doch indes die Pracht ich schaute,
Standest du im Silberkleid
Vor mir, schimmernd, schnee-
Eisgekrönte Heldenmaid. [gegürtet,
Lieber will bei dir ich wohnen,
Heimat, als in fremdem Glanz,
Lieber bei dir einsam träumen,
Als mich drehn im leichten Tanz.

Niemals wird die Sonne tagen,
Da ich nicht gedenke dein,
Hehre, schöne Asentochter,[1]
Mit dem Brauthelm licht und rein,[1]
Mit dem Schleier, zart gewoben
Aus Krystall und weissem Schnee,
Feuerglut im tiefen Busen
Trotz der eisumwogten See.

Herrlich taucht die Morgensonne
Deine Bergeswelt in Glut,
Ihre Runenschrift, die goldne,
Abends auf dem Meere ruht.
Magst du auch zum Meere eilen
Jeden Abend, schöner Strahl,
Lebst am Himmel meiner Seele
Du bei Tag und Nacht zumal.

Ruf vom Grabe deinen Söhnen,
Saga, die Vergangenheit,
Ihren Zauber, ihre Schätze,
Ihrer Helden Herrlichkeit,
Dass sie stehn und kämpfen mögen,
Nie ermattend halten stand,
Nimmer dulden, dass der Fremde
Heil'ge sich das gute Land.

Wann wird uns die Stunde schlagen,
Wo der Knechtschaft Nacht zerfliesst
Wo der Blumen schönste Fülle
Aus dem freien Boden spriesst?
Ja, der Tag, er wird erwachen,
Wo das Recht zum Zepter greift,
Und der Tag wird dann erst enden,
Wenn mein Volk zum Grabe reift.

8. Steingrímur Thorsteinsson.

Der Snaefellsjökull.[2]

Frei übersetzt von Baumgartner.

Über dunkeln Lavasteppen,
Riffen, Klippen, Berg und Kluft,
Wo gleich wie am Strom der Toten
Braust des Nordsturms rauhe Luft,

Ragt an eisigkaltem Strande
Stolz des Snaefell Felsenhaus,
Starrt in ew'gem Schneegewande
Himmelhoch ins Meer hinaus.

---

[1] Asen, die altnordischen Götter. — Wegen des „Brauthelms" vgl. S. 29.
[2] Ein grossartiger Gletscher und ehemaliger Vulkan am Ende der Halbinsel Snaefellsnes, von Reykjavík aus bei gutem Wetter sichtbar. In Stapi, nicht weit vom Fusse dieses Berges, wurde der Dichter 1831 geboren.

In den nächtlich schwarzen Lüften
Klagend schwebt der Möwen Heer,
Höllenglut dräut in den Klüften,
Mit dem Berge ringt das Meer.
Jüten gleich, zu Stein geworden
Mitten in dem Siegeslauf,
Ragen düstre Felsenklippen
Starr und tot zum Himmel auf.

Hei, wie an dem Felspalaste
Grollend wühlt die grimme See,
Schaum emporzischt zu den Mauern,
Reiner als der reinste Schnee!
Schimmernd in des Mondes Silber,
Zischt ihn weg des Berges Wut.
Unbesieglich kämpfst du weiter,
Schreckensvolle Meeresflut.

Keine Schwäne hört man singen,
Einsam nur der Rabe krächzt,
Traurig schreit der See Gevögel,
Und nach Raub die Füchsin lechzt.
Doch an schönem Sommerabend
Klingt am buschumsäumten Moor
Wohl auch froher Lerchentriller
In der Einsamkeit ans Ohr.

Schön ist's dann, emporzuschauen
In des Himmels Blau hinein,
Zu des Snaefell Eisgefilden,
Silberschimmernd, licht und rein,
Immer heller, immer klarer,
Bis empor zum höchsten Grat.
Alles wächst an Licht und Reinheit,
Wenn es sich dem Himmel naht.

Schwanengesang auf der Heide.

Übersetzt von Poestion.

An einem Sommerabende ritt
Allein ich auf öder Heide;
Kurz schien mir der Weg, sonst beschwerlich und lang,
Denn ich hörte süssen Schwanengesang,
Ja Schwanengesang auf der Heide.

Es strahlten die Berge in lieblichem Rot,
Und nah und fern aus den Lüften
Klang mir wie von Engelstimmen ein Chor
Im Tempel der Einsamkeit ans Ohr,
Der Schwanengesang auf der Heide.

So wundersam wurde ich früher nie
Von einem Klange bezaubert;
Im wachen Traume befand ich mich,
Ich wusste nicht, wie die Zeit verstrich
Beim Schwanengesang auf der Heide.

Der Name.

Übersetzt von Poestion.

Du schriebst wohl meinen Namen
In weissen Meeressand;
Doch bald die Wogen kamen —
Und spurlos er verschwand.

Du ritztest auf der Insel
In Schnee und Eis ihn ein;
Da schwand er im Gerinnsel
Beim warmen Sonnenschein.

Und auch in eine Linde
Schnittst du ihn ein im Wald —

Treulosen Sinns; die Rinde
Verwuchs darauf gar bald.

Betrübt und traurig wein' ich;
Du kennst ihn nun nicht mehr;
An zu viel Orten, mein' ich,
Stand wohl geschrieben er.

An jedem bis auf einen:
Nur nicht im Herzen dein!
Ich aber schnitt den deinen
Allein ins Herz mir ein!

Die blauen Augen.

Übersetzt von Küchler.

Von allem Blau, Geliebte mein,
Das schönste lacht im Auge dein:
So blau glänzt Himmelsbläue nicht,
So blau spriesst kein Vergissmein-
nicht!

Woher die milde Bläue dann,
Die zaub'risch fesselt jedermann?
Aus deiner Lieb', so warm und
rein,
Dem Herzen ohne falschen Schein.

9. Matthías Jochumsson.

Eggert Ólafsson.[1]

Übersetzt von Poestion.

Der Himmel droht, schwer rollt die See
Im Frühlings-Nebelflor.
Es war Herr Eggert Ólafsson,
Der abstiess vom kalten Skor.[2]

---

[1] Vgl. S. 62. — E. Ó. ertrank im Mai 1768 im Breiðifjörður, als er sich kurz nach der Hochzeit mit seiner jungen Frau auf der Fahrt von Sauðlauksdalur in der Barðastrandar-Sýsla nach seinem neuerbauten Hofe Hofstaðir in der Hnappadals-Sýsla (am Faxafjörður) befand, wo er fortan wohnen wollte. Vgl. über Eggert Ólafsson, der zu den bedeutendsten isländischen Männern zählt, Poestions „Isländische Dichter der Neuzeit", S. 246—264, 346—350 u. ö.

[2] Skor heisst der äusserste Teil eines weit ins Meer (in den Breiðifjörður) hinausragenden breiten, senkrechten Berges namens Stál in der Barðastrandar-Sýsla, dem südlichen Teile der grossen Halbinsel Vestfirðir im Nordwesten Islands.

Ein kluger Alter am Strande sass,
Der macht' ein besorgtes Gesicht;
Er sagte zu Eggert Ólafsson:
„Die Wolken gefallen mir nicht."

„Ich fahr' nicht auf Wolken, fahr' über die See!"
Entgegnete lachend der Held;
„Ich glaube an Gott, doch an Schreckbilder nicht,
Und das stürmische Meer mir gefällt."

Der kluge Alte verliess den Strand
Und sprach mit traurigem Sinn:
„Du fährst heut nicht über diese See,
Zu deinem Gott fährst du hin!"

Es war Herr Eggert Ólafsson,
Der abstiess vom kalten Skor.
Das Segel hisst' er, und selbst er sich
Den Sitz am Steuer erkor.

Pfeilgeschwind schiesst das Boot dahin;
Schon peitschte der Sturmwind das Meer.
Der letzte Vogel vom fernen Skor
Flattert zur Linken einher.

Die junge Frau auf dem „Bulke"[1]) sitzt,
Der Edlen Wange erbleicht.
„O Gott, die Woge ist steil und hoch,
Bis in den Himmel sie reicht!"

„„Noch höher das Segel!"" rief der Held;
Doch flinker war der Tod.
Der Bulk fiel zusammen, die Sturzsee schlug
Hin über das ganze Boot.

Es war Herr Eggert Ólafsson,
Der jetzt vom Meer-Ross sprang
Und im rasenden Breiðifjord,
Das Weib im Arme, versank.

---

[1]) Der aufgestapelte Gepäckhaufen im Vorder- oder Hinterteil eines offenen
Bootes.

„Das war Herr Eggert Ólafsson“,
Seufzt Islands Schutzgeist schwer;
„Wahrhaftig, einen trefflichern Mann
Bewein’ ich nimmermehr!“

Und droht der Himmel, rollt schwer die See
Im Frühlings-Nebelflor,
So hörst du noch jetzt einen Klaggesang
Fern her vom kalten Skor.

10. Kristján Jónsson.

Dettifoss. [1])

Übersetzt von Poestion.

Wo nie vom Gestein, dem düster-grauen,
Ein goldig Blümlein zum Himmel lacht,
Wo schneeweisse Wogen mit grimmigen Klauen
Die hohen Klüfte erfassen mit Macht,
Hier sprichst mit donnernder Stimme du immer,
Mein trauter Freund, schon als ich noch Kind —
Der Fels unter dir erbebt mit Gewimmer,
Dem Halme gleich im nachtkalten Wind.

Du singst ein Lied von den toten Ahnen
Und von den Zeiten des Heldentums,
Uns an die alte Freiheit zu mahnen
Und an den traurigen Abend des Ruhms;
Es spielen durch Wolken die hellen Strahlen
Der Sonne auf dir in lustigem Tanz,
Um über die tosenden Wogen zu malen
Des Regenbogens farbigen Glanz.

Gar fürchterlich bist du, doch wunderprächtig,
O Wasserfall du, so riesengross!
Und immer jagst du kraftvoll und mächtig
Dahin durchs einsame Felsenschloss!

---

[1]) Berühmter, von den isländischen Dichtern viel besungener Wasserfall der
Jökulsá í Axarfiröl im Nordosten Islands, der in Europa kaum von einem anderen
übertroffen wird, ja selbst bis zu einem gewissen Grade mit dem Niagarafall sich
vergleichen lässt (nach Poestion: Island, das Land und seine Bewohner).

Die Zeiten wechseln; kein Freudenschimmer
Erhellt den früher so fröhlichen Sinn;
Nur du, du brausest gleich schrecklich immer
Von steiler Höhe stürzend dahin!

Die Halme welken, die Stürme tosen,
Wild bäumt die Woge sich auf der See;
Auf roten Wangen erbleichen die Rosen
Im eiskalten Winde vor Kummer und Weh.
Es brennen Tränen auf blassen Wangen,
Denn keine Ruhe findet das Herz;
Doch ob nun Geschlechter gekommen, gegangen,
Du lachtest immer und triebst nur Scherz!

In deinen Wogen zu ruhn ich mich sehne,
Wenn einst mein Ende gekommen ist;
Hier, wo gewiss kein Mensch eine Träne
An meinem entseelten Leibe vergiesst.
Und wenn die Gemeinde mit Klagen und Weinen
Umsteht einen anderen toten Sohn,
Dann lache du, über meinen Gebeinen,
Wie Riesen lachen — mit stolzem Hohn!

Der Schwan.[1])

Übersetzt von Poestion.

Du alte Insel, rings umtost vom Meere
Und mit dem Leichentuch des Schnees bedeckt,
Du hast so wenig, das ersehnlich wäre,
Das Lebenslust und Seelenfreude weckt;
Die Wollust wird dich nie in Banden halten,
Wo Heklas wilde Feuerschrecken walten.

---

[1]) Der wilde Singschwan (Cygnus musicus) ist auf Island sehr häufig. Siehe Poestions „Island“, S. 271—273. Wo er sich auch zeigen mag, sei es im stillen Gebirgssee schwimmend oder „mit brausendem Flügelschlag und Gesang“ durch die Lüfte ziehend, überall verleiht er der Landschaft einen ganz besonderen, eigentümlichen Reiz, der besonders die Dichter mächtig anzieht und zu — meist schwermütigen — Liedern begeistert. (Vgl. das Gedicht „Schwanengesang auf der Heide“ von Steingrímur Thorsteinsson, S. 185.)

Doch eins ist stets zur Freude mir geblieben,
Zur Sommerszeit oft Sommertage lang;
Du bist es, Schwan, wenn, seltsam angetrieben,
Du singst den himmelschönen Liebessang.
Bei deinen wundersamen Sehnsuchtstönen
Muss ich der Jugend denken — ach — der schönen!

Du konntest mir die Sorgen selbst verjagen,
Dass heitre Blumen sprossten aus dem Weh —
Hört' deinem Sang ich zu an Frühlingstagen
Fern, fern an einem spiegelglatten See;
Es trug zu ihrem Traumland dann dein Singen
Oft meine Seele fort auf schnellen Schwingen.

Und wenn zum Meere sich die Sonne senkte,
Der Berg im Purpurfestgewande stand,
Die reinen Wogen Strahlenglanz besprengte,
Der mit dem Tode rang und drauf verschwand:
Da klang dein Sang von Wehmut weich und Sehnen,
Dass auch die Blume weinte — Silbertränen.

Am reinsten aber klingt dein Sang beim Scheiden,
Wenn sterbend du noch singst dein Abschiedslied.
O könnte, wenn ich sterbe — von den Leiden
Und Qualen dieses Erdendaseins müd —
Auch meine Seele so hinüberschweben,
Schuldfrei und rein, in jenes bessre Leben.

11. Hannes Hafsteinn.

Gebrochene Treu'.

Übersetzt von Küchler.

Sie sass so still, das Haupt gebeugt,
Mit mattem Blick und bleicher Wang';
Auf ihrem Schosse ruht' ein Blatt,
Drauf rollen Tränen heiss und bang.

Das alte Lied: ein Fremdling kam,
Fand Obdach und ein freundlich Wort;

Gelobt' die Treu', nahm ihren Schwur,
Betrog sie bald und — zog dann fort.

Und was ihr brannt' im Herzen tief,
Das kürzt' ihr Leben gar geschwind.
„Wer schützt mich nun in meiner Schand',
Sorgt für mein kleines Sündenkind?"

II. Bilder aus dem Volksleben. [1])

1. Ein Abend in einem Bauernheim.

Aus Jón Thórðarson Thóroddsens „Maður og kona ("Mann und Frau").
Für den vorliegenden Zweck zum ersten Male übersetzt von
M. Lehmann-Filhés.

Es war in einem Winter, bald nach dem Dreikönigstage. Zu
Hlíð hatten sich die Hausbewohner, wie es in den ländlichen Gehöften
üblich ist, zum Dämmerungsschlummer niedergelegt, nur der Schafhirt
war noch draussen. Unter den Gebäuden zu Hlíð [2]) gab es eine fünf
Fach lange „Badstube" [3]), durch Dielung nach oben abgeteilt; an dem
einen Ende befand sich hier oben eine Kammer, dies war das Schlaf-
stübchen der Eheleute Sigurður und Thordís; ihre Betten standen darin
verlängs zu beiden Seiten und zwischen ihnen mitten am Giebel ein
kleiner Tisch. Im übrigen Teile der oberen Badstube und vor der
Kammertür waren die Betten der Mägde und der Knechte, quer vor
der Giebelwand aber befand sich das Lager eines Weibes, namens
Thuríður; diese war eine Gemeindearme und sehr alt. Es war schwer
mit ihr auszukommen, wenn sie schlechter Laune war. — An diesem
Abend war, wie schon gesagt, der Bauer Sigurður ebenso wie die

---

[1]) Wer, ohne Zeit für tiefere Studien zu haben, mühelos einen Einblick in
Denken und Fühlen, Leben und Treiben des heutigen Isländers gewinnen will, dem
empfehle ich die Übersetzungen neuisländischer Novellen, wie solche von den
bekannten Islandforschern Poestion und Küchler verfasst worden sind (vgl. S. 229),
aufs angelegentlichste. Palleske.

[2]) Die Eigennamen sind überall in streng isländischer Form wiedergegeben; in
den Fällen, wo jene Namen auch dem Deutschen vertraut sind, wird es dem Leser
leicht sein, aus der isländischen Form die ihm geläufige herzustellen, z. B. Sigrid aus
Sigríður, Sigurd aus Sigurður u. s. Palleske.

[3]) Die „baðstofa", der gemeinsame Wohn- und Schlafraum. Siehe hierüber S. 30.

anderen Hausleute zur Ruhe gegangen; er lag in seinem Bett in festem
Schlaf und schnarchte laut. Auch die Hausfrau hatte sich niedergelegt, schlief jedoch nicht. Es beginnt nun zu dunkeln, und die Nacht
zieht heran, sie aber kann nicht einschlafen; endlich verdriesst es sie,
noch länger wach zu liegen, deswegen steht sie auf und tritt in die
Türöffnung der Kammer; dieselbe war offen, denn es befand sich keine
Tür darin. Die Hausfrau lauscht, ob draussen in der Badstube alles
schläft, und da dringt von jedem Bett her das Schnarchen oder das
Atmen von Schlafenden, ausgenommen von dem Bett der alten Thurſður,
worauf sie auch wahrnimmt, dass diese nicht schläft, sondern in ihrem
Bette aufrecht sitzt und etwas vor sich hinmurmelt, wovon Thordís
jedoch kein Wort verstehen kann. Endlich hört sie, wie die Alte mit
einer plötzlichen Bewegung aufspringt und durch die ganze Badstube
bis vorn an die Luke [1]) läuft; wie sie hier durch die Luke hinunter-
spuckt und dabei sagt: „Pfui, du Greuel, pfui, du Ekel! Pfui Teufel,
fort, Satan du! — Ach, du bist wohl froh, mir entwischt zu sein?
Pfui, pfui noch einmal!"

„Was ist dir denn geschehen, alte Thurſður?" fragte die Hausfrau.
Thurſður hörte aber nicht, was Thordís redete, oder achtete wenigstens
nicht darauf; sie geht wieder zu ihrem Bett, setzt sich darauf nieder und
beginnt wie vorher halblaut vor sich hin zu murmeln. Die Hausfrau
wendet sich um nach dem Bette der Alten, redet sie an und sagt:
„Es ist dir wohl ebenso ergangen wie mir, liebe Thurſður, du hast
auch in der Dämmerung nicht schlafen können." Das Weib sagt ja,
allerdings sei sie diesmal nicht eingeschlafen, auch sei es sehr nützlich
gewesen, dass einer gewacht habe. Die Hausfrau will nun wissen, ob
sie etwas gesehen habe, aber das Weib will nicht mit der Sprache
heraus; ihre Augen fingen an schwach zu werden, sagt sie, auch würde
fast niemand es glauben, wenn sie erzählte, es sei ihr etwas erschienen,
„doch darfst du dich nicht wundern", sagt sie, „wenn irgend ein Fremder
herkommt, bevor der Abend zu Ende ist." Die Hausfrau gelüstete es
sehr, das wichtige Geheimnis der Alten zu erfahren, und sie drang mit
Fragen in sie nach dem, was ihr erschienen sei, und endlich brachte
sie Thurſður zum Erzählen.

„Ich sass", sagte das Weib, „wie es meine Gewohnheit ist, hier
auf meinem Bett und tat gar nichts, bis hier auf dem Boden alles
schlief; da war mir, als käme ein seltsames Missbehagen über mich,
und da wollte ich mich niederlegen, gutes Frauchen, und nahm aus

---

[1]) Die Luke im Fussboden, die den Eingang in das obere Stockwerk bildet.

dem leeren Bett da drüben das alte lederne Kopfkissen, um es unter meine arme Hüfte zu stecken, ob ich dadurch vielleicht etwas Erleichterung haben könnte — au! au! nicht doch! noch immer lässt es mich nicht in Ruhe. — Nun zieht es in mein Kreuz hinauf, ach — ach! — Aber in dem Augenblick fiel mein Blick auf den Rand der Luke — — au, au! Willst du wohl! Und da sah ich dort einige verfl . . . verdammte Feuerfunken, und die zogen nach und nach auf

108. „Badstube" (gemeinsamer Wohn- und Schlafraum).
Nach einem Gemälde von Professor A. H. G. Schlött.

den Rand empor und schlichen ganz sachte mitten durch die Badstube, bis hier das äusserste Ende des leeren Bettes erreicht war, aber da begann mir die Sache unheimlich zu werden — — au, au, will dieser Schmerz mich denn umbringen! Ich stand also auf, mein Frauchen, eilte darauf zu, und ich bin ja nun ganz dazu geschaffen, solch unsauberes Gelichter zu vertreiben, und da wälzte sich dieses Teufelszeug wieder wie ein Knäuel durch die Badstube und die Stiege hinab, und da liess ich es fahren. Es war so gross wie ein ansehnlicher Bottich, ein feuerrotes Satansding, und funkelte an allen Seiten. Du kannst dich sicher darauf verlassen, liebe Thordís, dass heute Abend

nooh irgend ein lumpiger Kerl herkommt — wenn ich jetzt auch alt
bin und schwache Augen habe."

„Wer, meinst du, kann es sein, der heute Abend herkommen
wird?" fragte die Hausfrau.

„Ja, das weiss ich nicht, liebe Thordís", sagte die Alte, „aber am
ehesten glaube ich, dass er aus einem andern Bezirk sein wird, denn
in unserem Bezirk wüsste ich niemanden, der dieses Teufelszeug zum
Folgegeist[1]) hätte, wenn es nicht etwa der Bursche ist, der im Frühling
dahin nach Leiti kam, mir fällt sein Name nicht ein — Ásmundur
oder Ámundur, glaube ich, doch habe ich gehört, dass ihm ein Widder
folgt, der das Fell hinter sich herschleppt, und der Jón auf Grundir
hat einen Hund mit einem Licht am Schwanz, und der Bursche da in
Hvammur hat zwei Halbmonde. Es ist gewiss etwas, was ich nicht
kenne, mein Frauchen! Aber einen hässlicheren Spuk habe ich vor
keinem Menschen hergehen sehen."

„Dann wird es wohl so sein, wie du sagst, liebe Thuríður, wenn
heute Abend jemand zu uns kommt, so wird er wohl etwas weiter
her sein; aber bitten möchte ich dich, nicht viel davon zu sprechen,
denn sonst kann ich die Mädchen nicht dazu bringen, heut Abend in
den Stall zu gehen", sagte die Hausfrau.

„Sie tun doch aber sonst so gross, unsere hübschen, feinen
Püppchen hier, und man sollte denken, sie würden sich quer durch
das Haus wagen, wenn es auch nicht ganz geheuer wäre. Ich habe
mich niemals dessen geweigert, als ich noch gesund und rüstig war,
wenn ich auch von irgend einem Spuk um mich her wusste, auch ging
er nie von vorn auf mich los, so lange die verwünschte Rose noch
nicht meine Hüfte gepackt und mich umgebracht hatte, au, au!"

Damit hatte das Gespräch ein Ende. Die alte Thuríður blieb
auf ihrem Bette sitzen, langte nach einem Wandbrett über demselben,
nahm einen Fischbauch herunter und begann daran zu nagen, wobei
sie beständig mit sich selber sprach. Die Hausfrau aber ging zu dem
Bette einer Dienstmagd, die daselbst schlief, weckte sie auf und gebot
ihr, in die Küche zu gehen und Licht anzuzünden, denn nun sei es
an der Zeit, den Dämmerungsschlummer abzubrechen, sagte sie. Die
Magd erwacht schnell, und, nachdem sie sich, wie es so üblich ist,
eine Weile gekratzt und gegähnt und sich nach allen Seiten ausgereckt
hat, steht sie auf und geht hinaus und macht Licht an. Nun wacht
in der Badstube einer nach dem andern auf, und die Weiber setzen

---

[1]) Vgl. S. 33.

sich auf ihre Betten und fangen an zu arbeiten. Es waren drei
Dienstmägde, Sigríður, Guðrún und Ástríður; sie spannen, und ein
Knecht, Hrólfur mit Namen, sass nah dabei auf einem Kasten, denn
seine Aufgabe war es, des Abends für sie Wolle zu kämmen. Das
Licht hing am Türpfosten im Eingange zur Kammer; es war ein Loch
oben in den Türpfosten gebohrt und der Haken der Lampe hinein-
gesteckt. Man hatte für das Licht diesen Platz ausgesucht, damit es
sowohl drinnen in der Kammer wie draussen in der Badstube leuchten
und für den ganzen Raum also nur ein Licht nötig sein sollte. Unten
an den Türpfosten des Kammereinganges, nach innen zu und auf der
Seite, wo das Licht war, wurde ein Stuhl gestellt und ein Kissen
darauf gelegt; hier pflegte die Hausfrau des Abends zu sitzen, wenn
sie nähte oder eine andere Arbeit machte, zu welcher sie Licht
bedurfte. An dem andern Türpfosten der Kammer, aber ausserhalb
und an der Seite, die nach der Luke wies, stand eine kleine Truhe,
über die eine zusammengelegte Bettdecke gebreitet war; dies war der
Platz des Knechtes Thorsteinn, hier sass er stets, solange Licht brannte,
und beschäftigte sich mit allerlei Handfertigkeiten, arbeitete und
besserte an Fässern und Kübeln, verfertigte Schnallen und Hornlöffel,
schnitzte Randbretter für Bettstellen und Deckel für Suppengefässe,
höhlte Tabakdosen aus oder bastelte sonst dergleichen, dazwischen aber
hatte er das Amt, Sagas vorzulesen oder gereimte Erzählungen zu
rezitieren, denn er las sehr gut und verstand es vortrefflich, Dichtungen
vorzutragen.[1]) Thorsteinn war ungefähr fünfzig Jahre alt. Er war
etwas über mittelgross, hatte braunes Haar, ein blasses, mageres
Gesicht und sah schwächlich, doch nicht unansehnlich aus. Der
Bauer Sigurður schätzte ihn am meisten von seinem ganzen Gesinde,
auch war Thorsteinn ihm sehr folgsam, verrichtete jede Arbeit mit
Gewissenhaftigkeit und war ungemein ordentlich und sauber. Verheiratet hatte er sich nicht, doch war ihm von einer Bauerntochter, die
später mit einem anderen Manne vermählt worden und gestorben war,
ein Kind geboren. Dieses Kind hies Sigrún, sie lebte mit ihrem
Vater in Hlíð, war damals neun Winter alt und versprach hübsch zu
werden. Als nun das Licht angezündet und am Türpfosten angebracht war, setzte sich jeder auf seinen Platz; die Hausfrau sass auf
ihrem Stuhl und nähte, Thorsteinn an der anderen Seite der Tür und
arbeitete an einem Schaft zu einem Bohrer. Der Bauer Sigurður
erwacht nun ebenfalls und blickt sich um, da sieht er, dass die Leute

---

[1]) Diese Vortragsart hält die Mitte zwischen Sprechen und Singen.

schon bei der Arbeit sind; er fragt die Hausfrau, ob sie schon lange
wach seien, und sie sagt ihm, dass man erst vor kurzem Licht angezündet habe. Darauf geht er in eine Ecke der Kammer und holt eine
Rosshaarflechterei, befestigt deren eines Ende an einem Dachsparren
gegenüber seinem Bett, setzt sich dann nieder und beginnt zu flechten.
Eine Weile der Arbeitszeit vergeht nun, ohne dass in dem Raum viel
gesprochen wird. Jetzt kommt der Schafhirt nach Hause. Ihm war
des Abends keinerlei Werk zuerteilt, auch verstand er wenig von der
Wollarbeit; meist lag er um diese Zeit und schlief oder schäkerte
mit den Mädchen, und als sehr fleissig wurde er schon angesehen,
wenn er den ganzen Abend von einer einzigen Spindel das Garn
abwand oder um seinen Strumpf einige Male herumstrickte. Der
Schafhirt kommt also herein, geht an sein Bett, welches der Auf-
gangsluke gegenüber war, nimmt seinen Hut und seine Handschuhe,
schleudert sie auf das Fussende seines Bettes, schnellt sich empor
und der Länge nach quer auf das Bett und lässt seine grossen Füsse
bis mitten in die Badstube hineinragen. Niemand sprach ein Wort
zu ihm, auch redete er niemanden an. Eine Zeitlang schweigen nun
alle Anwesenden, jeder sitzt ruhig an seinem Platz bei seiner Arbeit.
Endlich nimmt die Hausfrau das Wort, indem sie zu Thorsteinn sagt:

„Lieber Thorsteinn, es kommt mir heute Abend hier gar zu still
und trübselig vor! Mache deinen Bohrer ruhig fertig, aber ich sehe
es meinen Mädchen an, dass sie nach Gewohnheit hoffen, du werdest
ihnen etwas vorlesen oder hersagen."

Thorsteinn sagt, das werde wohl nicht geschehen können, denn
er habe nun fast alle auf dem Gehöft vorhandenen Geschichten vorge-
lesen. Die Hausfrau erwidert, eine Dichtung würde nicht minder
willkommen sein, „auch hast du uns diesen Winter noch nicht oft
etwas Gereimtes vorgetragen". Die Dienstboten stimmten der Hausfrau
lebhaft bei, indem sie sagten, sie habe gut und klug geredet, und
forderten Thorsteinn auf zu rezitieren. Als aber beraten wurde, welche
Dichtung er vortragen sollte, wurden nicht sogleich alle einig. Dem
Bauern schien es am richtigsten, die Reime von Rollant oder Ferakut
zu wählen, weil diese so besonders tapfere Helden gewesen seien. Die
Mägde sagten, wenige Dichtungen möchten besser sein als die von
Brana. Der Knecht Hrólfur mischte sich wenig in das Gespräch,
sondern sagte nur, wenige der alten Helden seien ihm so lieb wie
Grettir, doch wisse er nicht recht, ob über ihn Reime geschrieben
seien. Der Hirt lag in seinem Bett und hörte den Reden der übrigen
zu, sagte aber im Anfang nicht viel, endlich aber glaubt er in dieser

Angelegenheit nicht ganz gleichgültig bleiben zu dürfen, also steht er
auf und sagt: „Sind die Reime von Herrauður und Bósi hier vorhanden,
Thorsteinn?" — Thorsteinn verneinte lächelnd. „Dann will ich, dass
die Jannes-Reime vorgetragen werden", sagte er und legt sich wieder
hin. Während dies unter den Leuten besprochen wird, ist Thorsteinn
in die Schlafkammer der Eheleute gegangen und kommt bald mit einem
dicken geschriebenen Gedichtbuche zurück, setzt sich nieder, blättert
eine Weile darin, wiegt mit wichtigem Schmunzeln den Kopf hin und
her und beginnt:

> „Einst ein mächt'ger König war,
> Cyrus man ihn nannte,
> Persien ganz und Asien gar
> Als Herrn ihn anerkannte."

Das ist der Anfang des ersten Gesanges von Úlfar dem Starken;
das Liebeslied, welches diesem Gesange vorhergeht, musste Thorsteinn
nämlich fortlassen, weil das vorderste Blatt des Buches unleserlich war.
Thorsteinn trug laut und lebendig vor, es war ein ausgezeichnetes
Vergnügen, ihm zuzuhören; alle Menschen in der Badstube verstummten
nun und lauschten, und es war, als würden sie heiterer und lebhafter
als zuvor; die Nadel der Hausfrau ging häufiger und behender. Die
Dienstmagd Ástríður begleitete Thorsteinn mit leiser Stimme; trillerte
zuweilen und blieb in einer Bewegung; Sigríður und Guðrún zogen
den Faden bedeutend länger aus dem Wollball in ihrem Schoss. Auch
dem Bauern Sigurður ging die Arbeit besser von Händen, er flocht
viel geschwinder als vorher und zog bei jeder Verszeile fest an, je
nachdem der Vortragende die Stimme hob. Thorsteinn trägt nun lange
und gut vor und kommt so zum Schluss des ersten Gesanges, dann
macht er eine Ruhepause, bevor er den zweiten Gesang beginnt, und
die Weiber fangen an, über das Gehörte zu sprechen. Da ereignet
es sich, dass der Hirt ganz plötzlich aufspringt und sagt, er habe deutlich gehört, dass ein- oder zweimal an die Haustür geklopft worden
sei, es müsse jemand gekommen sein. Auch Ástríður, die Magd, wollte
es gehört haben, und jeder sagte etwas, einige glaubten etwas gehört
zu haben, aber andere nicht; der Bauer sagte, es lohne sich nicht, an
die Tür zu gehen, denn es sei nicht Sitte von Christenmenschen, nach
Einbruch der Nacht an der Tür zu poltern, anstatt auf das Haus zu
steigen und ein „Grüss' Gott" ins Fenster zu rufen, auch seien es nur
böse Geister und Gespenster, die nicht mit drei Schlägen anklopften.
Während die Leute hiervon reden, hört man das Klopfen nochmals,
und diesmal sind es drei Schläge; da sagt der Bauer, jetzt müsse jemand

an die Tür gehen, und da läuft der Hirt hinaus und bleibt eine ganze
Weile draussen; als er aber wiederkommt, sagt er, er habe niemanden
bemerkt, er sei um das ganze Haus herumgegangen, aber kein Mensch
sei zu sehen gewesen, die Hunde jedoch seien alle bellend und heulend
hinausgestürzt. Dies schien allen sehr wunderbar, wenn sie auch ziemlich still dazu waren. Thorsteinn beginnt nun aufs neue vorzutragen
und fährt eine Zeitlang damit fort, und so nähert sich die Wachenszeit
ihrem Ende, da hören sie, wie die Hunde im Hausgange furchtbar
anfangen zu bellen, und es währt nicht lange, bis sie wahrnehmen, dass
an der Südseite des Hauses jemand (auf das Rasendach) emporklettert
und sich danach an das Fenster legt, welches über dem Bett der Hausfrau befindlich war. Der Bauer Sigurður eilt sogleich hinzu, indess
der Ankömmling am Fenster die Worte ruft: „Gott zum Gruss! Und
Heil den Leuten!"

„Gott segne dich!" antwortete der Hausherr und drückte seine
Nase so nah wie möglich gegen das Fenster, „wie heisst der Mann?"

„Hallvarður Hallsson".

„Hallvarður?" sagt der Bauer, „und Hallsson! Kennst du ihn
etwa, meine Liebe?" spricht er zu seiner Frau.

„Nein", sagt die Hausfrau, „frage ihn, wo er zu Hause ist!"

Der Bauer drückt wieder seine Nase an das Fenster und ruft
hinaus: „Hallvarður sagst du? Wo bist du daheim?"

„Was? Ich wollte um die Erlaubnis bitten, hier über Nacht zu
bleiben", versetzt der Ankömmling, denn er hatte Sigurðurs Frage nicht
verstanden.

„Es wird jemand zu dir hinunterkommen, aber wo bist du
daheim?"

„Aus dem Südlande", erwidert der Ankömmling.

„Er spricht, er sei aus dem Südlande", sagt der Bauer. „Liebe
Thordís, lass die Ástríður mir mit Licht nachkommen, ich gehe an
die Tür".

Der Bauer tut, wie er gesagt, geht hinunter an die Tür, und die
Magd Ástríður folgt ihm bald mit Licht; nach einem kleinen Weilchen
kehrt er zurück und bringt den Ankömmling mit. Der Gast trägt in
der einen Hand seinen Hut und seine Handschuhe, in der andern
einen kleinen gestreiften Quersack und ruft, schon indem sein Kopf
aus der Luke emportaucht, den Hausbewohnern zu: „Gott zum Gruss!
Heil und Segen euch allen!" Darauf tritt er vor jeden einzelnen hin
und begrüsst ihn mit einem Kusse; hiermit ist er gerade fertig, als
der Bauer Sigurður oben anlangt. Er ladet den Gast ein, sich zu

setzen, und die Hausfrau führt ihn zu dem Bett des Bauern Sigurður und fragt ihn, ob er nicht nass sei, was der Gast verneint. Darauf fragt sie ihn, ob er etwas zu trinken haben wolle, und er sagt, das sei nicht nötig; die Hausfrau aber glaubt aus seiner Antwort herauszuhören, dass er es wohl annehmen möchte, wenn es ihm gebracht würde, und geht, ihm Milch zu holen. Unterdessen fängt der Bauer ein Gespräch mit dem Gaste an und sagt:

„Ihr heisst Hallvarður? Ach ja, richtig."

„Ja, Hallsson", sagt der Gast.

„Hallvarður Hallsson, ganz recht, und seid im Borgarfjörður daheim, ganz recht", versetzt der Bauer.

„Nein, in Kjalarnes", sagt der Gast.

„Ach ja, ja, Kjalarnes", sagt der Bauer, „ganz recht, das muss also mehr in der Nähe sein?"

„Es kommt ganz darauf an, welchen Weg man geht: wenn man über Sandur und Kaldidalur geht, so will ich glauben, dass es ein wenig näher ist;[1] geht man am Berge Ok vorbei, und über die Arnarvatnsheiði, so wird es wohl auf dasselbe herauskommen, aber am kürzesten ist der Weg, den ich zu gehen pflege: Ich steige nämlich, mein Lieber, meist sogleich von Kjalarnes oder Kjós gerade auf einen Berg, oder gehe am Hvalfjörður entlang landeinwärts, erklimme den Thyrill und wähle dann meinen Kurs, indem ich alle die Gletscherberge von weitem zur Richtschnur nehme, und so komme ich nirgend zu Menschenwohnungen früher als im Skagafjörður oder sonstwo, aber das macht mir nicht jeder nach."

„In den Skagafjörður hinab, ganz recht, ist das nicht ein furchtbar anstrengender Gebirgsweg, auf dem man sich auch sehr leicht verirrt?" fragte der Bauer.

„Ja, das ist er, aber für mich taugt er gerade, ich habe mich noch nie auf ihm verirrt, mir sind überhaupt andere Dinge öfter begegnet als das Verirren, wenn ich auch manchmal solche Wege gemacht habe. Gar oft sagte der verstorbene Propst zu mir: „Ich weiss nicht, Hallvarður, wer zum Teufel hilft dir nur, dich überall zurechtzufinden?" Und das kann ich auch in Wahrheit behaupten, dass in den zehn Jahren, die ich bei ihm war, kein Wetter mich verhindert hat, alle meine Wege zu gehen, wenn es auch noch so schwarz gewesen wäre."

---

[1] Hallvarður mischt viel Seemanns-Dänisch in seine Reden, was kaum wiederzugeben ist.

„Ganz recht", sagte der Bauer, „habt Ihr denn jetzt die Berge
zur Richtschnur genommen?"

„Nein, jetzt ging ich durch bewohnte Gegenden, und ich war
gezwungen, so zu gehen, weil ich unterwegs einen Mann in Miö-
fjörður besuchen musste; ich bin übrigens aus dem Nordlande gebürtig,
wenn ich auch lange im Südlande gelebt habe."

„Wollt Ihr weit reisen?" forschte der Bauer.

„Jetzt bin ich auf dem Heimwege, ich war von unserm Bezirkshauptmann mit einem Briefe hierher nach der Pfarre zu dem lieben
Sjera Sigvaldi gesandt worden, und auch Geld war dabei: die Hinter-
lassenschaft einer Frau, die im vorigen Herbst im Südlande starb;
nun ist der Bezirkshauptmann ein Bekannter und Schulkamerad des
Sjera Sigvaldi, und darum bat er den Pfarrer, den Erben das Geld
auszuhändigen; dergleichen schickt man aber nicht mit dem ersten
besten Schurken oder durch unsichere Leute; nach dem Gewicht zu
urteilen, werden es gegen hundert Taler gewesen sein — also ersah
er mich dazu aus, die Summe zu überbringen, weil ihm zu Ohren
gekommen war, dass ich schon früher einmal mit Geld ausgesendet
worden und dass nichts verloren gegangen war."

„Mit Geld gesendet, ganz recht", sagte der Bauer, „ist von
Eurer Reise nichts Neues zu erzählen?"

„Ich weiss nichts Neues", sagte der Gast.

„Alles gesund und wohlbehalten?"

„Soviel ich weiss, ja, wenn es auch überall Krankheiten gibt;
doch sind keine bekannten Leute gestorben, nur, wie gewöhnlich, die
Kinder, und dann geschah jetzt kurz vor Weihnachten auf Akranes
der Schiffbruch, dabei ertranken drei Männer aus einem Boot, aber der
vierte kam mit dem Leben davon; sie fuhren von Reykjavík bei
sinkendem Tage fort, wurden von einer Bö aus Südosten überfallen,
und die See war unruhig, dazu war das Boot schadhaft und ganz un-
tüchtig, aber zu allem Unglück hatten sie auch noch das Schöpfgefäss
vergessen und hatten zum Schöpfen nichts im Boot als ein Lägel,
das voll Branntwein war; da wollte einer den Boden aus dem Lägel
herausbrechen und dann damit schöpfen, wurde aber durch den Bootsführer daran verhindert, denn ihm gehörte der Branntwein: man
behauptete, dass er gesagt habe: »Lieber bringe ich mich um, als dass
ich das Lägel ausgiessen lasse, denn das, was darin ist, habe ich nicht
umsonst bekommen«, und da füllte sich das Boot mit Wasser und
kenterte; demjenigen aber, der mit dem Leben davonkam, gelang es,

auf den Kiel zu kommen, und am anderen Tage wurde er von Engey aus gesehen und gerettet."

„Das hat sich furchtbar bestraft, dass der verdammte Branntwein so viel galt. Das nenne ich aber Neuigkeiten", sagte der Bauer.

„Aber das andere habt Ihr gewiss gehört, das von dem holländischen Kutter", fragte der Gast.

„Nein, das haben wir nicht gehört."

„Nun, ich dachte, es hätte sich herumgesprochen, er strandete im Herbst westlich im Seyðisfjörður, wurde mir erzählt, an den Drangar-Klippen, es war in dem Sturm aus Norden, den wir bald nach dem Heimtrieb der Schafe hatten, als sich der beständige nasse Westwind in einen rasenden Nordost verwandelte; da ist das Schiff an den Felsen in Stücke gegangen."

„Blieben denn die Leute am Leben?"

„Nein, ich bitte dich, nichts dergleichen, keine Menschenseele ausser dem Koch und dem Hunde des Schiffsherrn, welcher schwimmen konnte, er soll sich ganz jämmerlich gebärden und sich an keinen Menschen anschliessen und mit Tränen in den Augen auf die See hinaus sehen. Darum sage ich, die Tiere sind nicht ohne Verstand, wenn ihnen auch die Sprache versagt ist. Man konnte sich aber auch denken, dass es diesem Schiffe so ergehen würde, denn es soll eine ganz wahre Behauptung sein, dass es dasselbe Schiff war, welches im vorigen Jahre nach dem Ostlande kam und Menschenfleisch als Köder brauchte; sie verlangten überall einen rothaarigen Jungen zu kaufen und boten dafür zwei Tonnen Grütze, zwei Tonnen Brot, acht Angelschnüre und zehn Senkbleie, was noch einmal so viel ist, als sie für die beste Schlachtkuh zu geben pflegen, das heisst für das Fleisch allein, denn die Haut lassen sie ja zurück, und jetzt hatten sie die Absicht, den Koch zu nehmen und ihn als Köder zu verwenden." —

> „Mancher denkt, wenn unverweilt
> Ihn die Strafe nicht ereilt —" [1]

sagte der Bauer; „wurde denn von den Vorräten nichts gerettet?"

„Das glaube ich schon, es soll ein wahres Reissen um sie gewesen sein; ich sprach mit einem Mann, der aus dem Westlande kam und das alles ganz genau wusste; dort war alles zu haben, was sie mit sich fortschleppen konnten, die Angelschnüre, die Taue, die Grütze, die nur wenig verdorben war, gestreifte Hemden und Tücher so gross und dick wie Bärenfelle — sie sind wahrhaftig etwas wert! — und

---

[1] Passionspsalmen von Hallgrímur Pétursson XXX, 16 (vgl. S. 62).

die holländischen Käse soll man nicht unter einer Spezie bei ihnen
bekommen, den Sirup aber schöpften sie vom Strande mit den Händen
in ihre Hüte, und das alles ganz umsonst, denn als der Bezirkshauptmann endlich kam, der übrigens selbst für sich gesorgt haben
soll, war nichts mehr übrig, als das elende Schiffswrack, das aber nicht
teuer wurde, und die ganze Takelage für vier grobe Wollstrümpfe,
und Zucker und Eisen für gar nichts."

„Ich wünschte, ich wäre dort gewesen, um mir ein wenig Eisen
zu verschaffen", sagte der Bauer, — „ja, das nenne ich Neuigkeiten;
nein, wir hatten das nicht gehört, ganz recht, hier verlautete nichts
davon; — an den Drangar-Klippen, sagt einmal, ist das nicht irgendwo
in der Nähe des Drangar-Gletschers?"

„Ja, westlich davon, glaube ich; ich bin in diese verrufene
Gegend nie gekommen, dort soll es ja von Zauberern und allerlei
schlechtem Gesindel wimmeln; aber, was mir da einfällt", sagte der
Gast und griff mit der Hand in die Tasche, „beinahe hätte ich den
Brief vergessen, den der Pfarrer mich hier abzuliefern bat, ich glaube,
er ist an Euch"; — er betrachtete die Aussenseite eines Briefes, den
er aus einem Briefbündel herausnahm: „Heisst Ihr nicht Signor
Sigurður Jónsson in Hlíð[1])?"

„Ja, so muss es heissen, meine ich", sagte der Bauer und atmete
laut durch die Nase.

Der Gast übergab ihm nun den Brief; die Adresse war mit sehr
leserlicher Kursivschrift geschrieben und lautete:

„Dem Edelgeborenen Sgr. Sigurður Jónsson

zu Hlíð."

Der Bauer Sigurður nahm den Brief, besah ihn von aussen und
betrachtete ihn eine Weile und las darauf halblaut die Adresse: „Dem
Edelgeborenen Sgr. Sigurður Jónsson zu Hlíð", ganz recht, er ist an
mich, und es ist die Handschrift meines lieben Sjera Sigvaldi; was
mag er nur wollen, der gute Mann? Ich werde nur mit dem Lesen
solange warten, bis meine Frau mir meine Brille gesucht hat."

---

[1]) Veralteter Titel für Gemeindevorsteher, hier auf den Bauern angewandt,
um ihm zu schmeicheln. — In älteren Zeiten war der Titel „herra" auf hoch-
stehende Personen, besonders den Bischof beschränkt, während die Pfarrer síra oder
séra (vgl. franz. sire, engl. sir), die Gemeindevorsteher signor (ital. signore,
franz. seigneur — „sinnjor" wird schon von Sighvatr, dem Hofdichter Olafs des
Heiligen, gebraucht) genannt wurden; Briefe an Bauern hatten die Aufschrift monsjör
(monsieur). Jetzt erhält jeder das „herra"; die andern Titel sind nicht mehr
im Gebrauch, ausser séra (sjera), das wie bisher weiter als Anrede an Geistliche
angewandt wird.

In diesem Augenblick kommt die Hausfrau und bringt dem Gaste eine Kanne Milch. Da steht der Bauer auf, zeigt ihr den Brief und bittet sie um seine Brille; die Hausfrau sucht ihm dieselbe und reicht sie ihm, und nachdem er sie sich recht bequem auf die Nase gesetzt hat, betrachtet er nochmals die Adresse, erbricht dann den Brief, hält ihn so nah als möglich oben an das Licht und beginnt halblaut zu lesen, wie folgt:

Staður, 13. Jan. 17..

Liebenswerter, edelgeborener, trauter Freund!

Nächst der Absicht, Euch sowie Eurer liebenswerten Gattin für die vielfach erwiesene und an den Tag gelegte Freundschaft, Wohlwollen und Güte gegen mich und die Meinen, wie auch für das angenehme, kurzweilige und liebreiche Zusammensein und die unvergesslichen Wohltaten neulich in Eurem geehrten, rühmlichst bekannten Hause zu danken, ist der einzige Zweck dieses kurzen Schreibens der, wieder auf das zurückzukommen, was Ihr mich ersuchtet für Euch zu besorgen und ins Werk zu setzen, nämlich den Kuhkauf, und ist davon in kurzen Worten zu sagen, dass die Kuh, von der Ihr spracht und die Ihr mich batet für Euch anzuschaffen, sich nach dem Urteil Sachverständiger als sehr fehlerhaft erwiesen hat, als schwierig zu melken, mit schlechten Zähnen und sehr wenig ergiebig, weswegen ich im Hinblick auf Euch von dem Kaufe abstand; jetzt aber ist mir eine Kuh für Euch schon halb und halb versprochen worden, und diese Kuh wird vom Verkäufer und von nahen Bekannten geschildert als ein sehr schönes Tier, sechs Winter alt, nicht aussergewöhnlich ergiebig, aber lange milchend und sehr einträglich, auch ist zu erwarten, wenn es geht wie gewöhnlich, dass sie frühzeitig kalben werde, doch wagte ich auch diesmal den Kauf nicht abzuschliessen, bevor ich mit Euch geredet haben würde; aber der Mann, der sie zu verkaufen hat, will so bald als möglich eine Entscheidung haben, da viele die erwähnte Kuh zu kaufen wünschen. Ich habe ihn aufgefordert, bei günstigem Wetter am nächsten Sonntag hierherzukommen, daher ist es notwendig, dass Ihr die Güte habt, Euch zur angegebenen Zeit hier einzufinden und den oben erwähnten Kuhkauf mit ihm abzumachen; item muss ich vieles andere mit Euch besprechen, mir zu Vergnügen, Nutzen und Kurzweil. Entschuldigt diese flüchtigen Zeilen. Seid nun mit Eurer teuren Frau herzlichst gegrüsst von Eurem dienstbereit-verpflichteten, Euch liebenden

Freunde und Gönner

Sigvaldi Árnason.

Als der Bauer Sigurður diesen Brief genau und sorgfältig gelesen
hatte, zeigte er ihn der Hausfrau, und sie redeten darüber eine Weile.
Es trägt sich nun an dem noch übrigen Teil des Abends nichts weiter
zu, als dass dem Gast eine Abendmahlzeit bereitet wird, er ist sehr
aufgeräumt und erzählt von seinen Reisen und Heldentaten. Dann wird
nach Gewohnheit eine Hausandacht gelesen und darnach Hallvarður
zur Ruhe geleitet; man wies ihm ein Lager an in einem leeren Bett,
das in der Badstube nicht weit von dem Bett der alten Thuríður war.
Man konnte bemerken, dass Thuríður den Gast nicht mit freundlichen
Augen betrachtete, sie murmelte wie gewöhnlich etwas vor sich hin
und war sehr unwirsch, liess aber alles geschehen, und so legten die
Leute in Hlíð sich schlafen, und es ereignete sich weiter nichts.

2. An der Hürde.

Aus Jón Thóroddsens „Piltur og stúlka".

Nach der Übersetzung von J. C. Poestion.[1]

Mittlerweile kam der Herbst heran und die Zeit, wo die Hoch-
weiden abgesucht werden mussten.[2] Der gemeinschaftliche Weide-
platz der Bauern für Schöpse, Lämmer und unfruchtbare Schafe
war oben im Schöntalgrund. Dort pflegten die Bewohner des
Höll- und Tunga-Bezirks alljährlich das von den Gebirgen zu-
sammengetriebene Galtvieh in einer eigens hierzu eingerichteten, aus
Stein und Rasenstücken aufgeführten Hürde zu sammeln. Beide Gemeinden mussten, jede für sich, die Leute bestimmen, welche ins
Gebirge zu gehen und das Vieh zusammenzutreiben hatten. Da der
Vorsteher Jón einen grossen Viehstand hatte, musste er allein drei
Männer beistellen; unter diesen dreien war auch sein Sohn Indriði.

An dem für den Ritt in die Berge bestimmten Tage war sehr
schönes Wetter; es fanden sich daher viele Zuschauer bei der Hürde

---

[1] Jüngling und Mädchen. Eine Erzählung von Th. Thóroddsen. Aus dem
Neu-Isländischen übersetzt, eingeleitet und mit Anmerkungen versehen von
J. C. Poestion. Vierte, durchgesehene Auflage. Reclams Universal-Bibliothek
2226, 2227. — Poestion war der erste, der nachdrücklich auf die Bedeutung des
neuisländischen Schrifttums hingewiesen und es in die deutsche Literatur — durch
Übersetzung dieser Novelle, wie auch durch Übersetzungen isländischer Gedichte
(z. B. in Scherrs Bildersaal der Weltliteratur) — eingeführt hat. Seinen Spuren
folgte mit besonderem Eifer und Geschick Carl Küchler, durch Übersetzungen besonders von Gedichten auch M. Lehmann-Filhés u. a.   Palleske.

[2] Vgl. S. 123.

ein, da diese Zusammenkunft für eine der unterhaltendsten in der
Gegend galt. Die Leute brachten Speisen und Zelte mit, da man ja
mit dem Sortieren der Tiere selten an dem nämlichen Tage fertig
werden konnte, an dem dieselben von den Bergen zusammengetrieben
wurden.

Gegen den Abend hin waren bereits die meisten Männer zurückgekommen, nachdem sie das Gebirge abgesucht hatten; die Schafe
zerstreuten sich im Tale, man holte die Speisesäcke hervor, setzte sich
nieder und wartete auf diejenigen, welche noch nicht zurückgekommen
waren. Endlich fehlte niemand mehr als des Vorstehers Sohn Indriði,
von dem man nun meinte, dass er sich verirrt habe. Man sprach
schon davon, Leute nach ihm auszusenden, als sich plötzlich oberhalb
des Talabhanges Hundegebell vernehmen liess; bald kam auch ein
Haufen Schafe in Sicht, und man sah nun, dass es Indriði war, welcher
dieselben vor sich her trieb. Er hatte den Auftrag bekommen, ein
kleines Seitental des Schöntalgrundes abzusuchen; da er aber hier
kein einziges Schaf fand und doch nicht unverrichteter Dinge zurück-
kehren und mit leeren Händen zur Hürde kommen wollte, ging er
weiter durch das Tal und hinter mehrere Berge, bis er zu einem
grossen See kam. Hier fand er viele Schafe und trieb nun diese
heim; der Gang war aber so beschwerlich gewesen, dass er mit zer-
rissenen Schuhen[1]) und Strümpfen ankam.

Nun war es aber bereits so spät geworden, dass man nicht mehr
an das Sortieren der Tiere denken konnte; man begab sich daher in
die Zelte und brachte die Nacht in denselben zu. Am nächsten
Morgen war wieder klares und schönes Wetter; man stand zeitig auf,
trieb die Schafe in die Hürde hinein und begann nun die Sonderung.
Immer mehr Volk kam aus den Gemeinden herbei; auch Sigríður von
Tunga war mit ihrer Mutter gekommen; sie sah zu, wie die einzelnen
Bauern ihre Schafe nach den in die Ohren eingeschnittenen Zeichen
aussuchten. Von Zeit zu Zeit unterhielt sie sich auch, indem sie mit
den andern Mädchen, die gekommen waren, spielte.

Indriði lief hin und her, wie es die andern Knaben machten;
zufälligerweise kam er auch einmal dahin, wo die Mädchen ihre Spiele
trieben; sein Blick fiel schon aus der Ferne auf Sigríður, und er
erkannte dieselbe sogleich wieder. Sigríður erblickte ihn ebenfalls,
und auch sie erkannte ihn allsogleich. Beide liefen jetzt einander

---

[1]) Der isländische Schuh ist ziemlich primitiv und kann bei einer längeren
Wanderung über unebenen Boden leicht zerreissen (Poestion, a. a. O.). Vgl. hierzu
auch S. 27.

entgegen, trafen sich am halben Wege und küssten sich. Indriði nahm
zuerst das Wort und sagte:

„Ich kenne dich, du liebes Mädchen! Du bist von Tunga und
heissest Sigga[1]); ich habe dich recht lieb."

„Ich habe dich auch recht lieb, guter Indriði! Ich kenne dich
seit dem vorigen Jahre, aber ich habe dich nun schon solange nicht
gesehen."

Dieses kurze Gespräch war mit solcher, nur Kindern gestatteten
Freundlichkeit und Aufrichtigkeit geführt, dass man leicht sehen konnte,
wie rein und unschuldig noch ihre Seele war, und der musste weit
auf dem Wege der Verdorbenheit gekommen sein, der beim Anblick
dieser Kinder nicht zu sich selbst gesagt hätte: „O, dass ich doch im
Herzen wieder ein Kind geworden wäre; dann brauchte ich nicht
meine Gedanken vor den Menschen zu verbergen!"

Indriði nahm Sigríður bei der Hand; „lass mich dich jetzt meiner
Mutter zeigen", sagte er; „ich habe ihr so oft von dir erzählt und wie
lieb ich dich habe."

Sie gingen hierauf beide zu Ingibjörg, welche Sigríður mehrmals
küsste und ihr sagte, dass sie ein liebes Mädchen sei und dass Indriði
recht gut gegen sie sein solle.

Inzwischen hatte die männliche Jugend beschlossen, ein Bauernringen[2]) zu veranstalten, und zwar sollten sich dabei alle nur etwas

---

[1]) Abkürzung für Sigríður.

[2]) Der Ringkampf (isländ.: glíma) hat sich auf Island in einer eigentümlichen
Form erhalten, die, wie es scheint, schon in der alten Zeit genau so üblich war.
Statt des anderwärts gebräuchlichen Leibringens besteht der Ringkampf hier darin,
dass jeder der beiden Kämpfenden den Gegner mit der rechten Hand am Saum, mit
der linken am Schenkelteil der Hose, etwas unterhalb der Hüfte, erfasst, und die
Kunst liegt nun darin, teils durch einen Ruck mit den Armen, besonders aber durch
verschiedene unvermutete Schläge mit den Füssen — die sogenannten Ringkniffe
oder „fang-brögð" (Einzahl: f.-bragð) — den Gegner zu Boden zu werfen. Es gibt
eine Menge solcher Kniffe, welche alle ihre besonderen Namen haben; einer der
gewöhnlichsten besteht darin, dass man den Gegner durch Ansetzen des Knies an
die Innenseite seines Schenkels in die Höhe zu heben versucht; andere dieser
Kniffe sind: man hebt den Gegner durch das Ansetzen von Hüfte gegen Hüfte
empor, oder schlägt demselben entweder durch einen Schlag mit der Ferse gegen
seine Ferse oder durch einen Schlag mit der Wade gegen seine Wade oder durch
einen plötzlichen Schlag mit der Hand auf die Kniekehlen die Beine aus usw.
Alle diese Kniffe sind von der Art, dass ein schwächerer, aber gewandterer Gegner
oft einen stärkeren, aber plumperen besiegen kann. — Das „Bauernringen" (isländ.:
baendaglíma) ist ein Massenringkampf zweier Parteien; die zwei tüchtigsten Kämpfer
werden zu Führern oder „Bauern" (wie man sie nennt) gewählt, und diese suchen

erwachsenen jungen Leute beteiligen können. Indriði musste auch mithalten, ebenso Ormur von Tunga.

Man teilte sich in zwei Parteien; die aus der Tunga-Gemeinde bildeten die eine, die aus der Hóll-Gemeinde die andere Partei. Jede Partei wählte sich einen „Bauern" oder Anführer, welcher die Schar ordnete und bestimmte, wie der Kampf stattfinden sollte.

Die Schwächsten sollten zuerst mit einander ringen, hierauf die Kerntruppen und zuletzt die Anführer selbst; sodann wurde der Ringplatz abgesteckt, und das Spiel nahm seinen Anfang. Die Frauen und die älteren Männer, welche mit der Sortierung der Schafe nichts zu schaffen hatten, bildeten die Zuschauer und verfolgten den Ringkampf mit dem grössten Interesse.

Anfangs hatte die Partei der Tunga-Gemeinde Unglück. Da trat Ormur von Tunga vor; sein Gegner war ein junger Mann von der Hóll-Gemeinde-Partei, namens Bjarni; sie hatten nicht lange gerungen, als Ormur dem Bjarni das Knie auf die Innenseite seines einen Schenkels setzte, ihn auf diese Weise emporhob und dann zu Boden schleuderte. Hierauf brachte Ormur noch zwei andere von der Gegenpartei zu Falle. Da erhob sich aus der Indriðahóll-Gemeinde ein Mann, der Thorgrímur hiess und den Zunamen Trölli (d. h. Unhold) hatte; dieser fasste Ormur kräftig an, und man sah alsbald, wie ungleich ihre Kräfte waren; er schwang den Jungen wie einen Kreisel herum; Ormur aber war geschmeidig und sicher auf den Füssen und fiel gleichwohl nicht zu Boden. So ging es eine Weile fort, bis Thorgrímur anfing müde zu werden; als Ormur dies bemerkte, griff er denselben mit erneutem Eifer an; allein Thorgrímur stand unbeweglich wie ein Fels, und es war dem Ormur ganz unmöglich, irgend einen Kniff gegen ihn anzuwenden. Endlich ward Thorgrímur dessen überdrüssig und wollte dem Spiele ein Ende

---

sich in der Regel wechselweise ihre Leute unter den Teilnehmenden an, bis alle unter die beiden Parteien verteilt sind. Gewöhnlich werden zuerst die zwei schwächsten in den Kampf geschickt; gegen den Sieger wird sodann der nächst schwächste der Gegenpartei vorgeführt, und so weiter, bis jener fällt; hierauf wird gegen den neuen Sieger ein Gegner von der Partei des zuletzt Gefallenen ausgeschickt, und man fährt nun, während der Kampf beständig an Interesse zunimmt, auf solche Weise fort, indem immer tüchtigere Kämpfer ins Feld rücken, bis zuletzt die beiden „Bauern" selbst mit einander ringen. Die bændaglíma und der Ringkampf überhaupt werden noch immer eifrig betrieben und kunstgerecht gelernt, und zwar nicht nur in der Schule, wo der verstorbene Dr. Hallgrímur Scheving einer der treuesten Beschützer dieser gesunden Leibesübung war, sondern auch an den Fischereiplätzen, gelegentlich der Bergbegehungen, wie eben im vorliegenden Falle, oder wo sonst grössere Scharen von jungen Leuten sich sammeln. (Poestion, nach Kaalund.)

machen; er liess Ormur los, um ihn um den Rücken zu fassen; Ormur
jedoch kam ihm zuvor, lief ihm an die Beine, hob ihn mit einem Ruck
in die Höhe und warf ihn so zu Boden. Die Tunga-Gemeinde-Partei
erhob nun ein lautes Siegesgeschrei, und alle priesen Ormurs Kühnheit
und Stärke. Hierauf trat Ormur auf dem Kampfplatze vor und sagte:
„Einen gewaltigen Kämpen haben wir hier zu Boden gestreckt; wen
habt ihr jetzt entgegenzustellen, ihr Leute von Hóll?"

„Der Mann ist weder gross noch stark", entgegneten diese, „an
dem kleinen Indriði von Hóll ist nun die Reihe vorzugehen, und es
wird dir kaum schwer fallen, mit ihm fertig zu werden."

Indriði trat vor und begann alsbald mit Ormur zu ringen; er war
bei weitem nicht so stark wie dieser, aber dafür so geschmeidig, dass
derselbe ihm nicht die Füsse hinauszuschlagen vermochte; überdies
ermüdete Ormur gar bald, da er sich früher sehr angestrengt hatte.

Während des Ringens kamen sie in die Nähe einer kleinen Erd-
erhöhung, welche sich am Rande des Ringplatzes befand; Ormur
bemerkte dieselbe nicht. Indriði aber sprang rücklings über dieselbe
und riss in demselben Augenblick Ormur an sich, so dass dieser das
Gleichgewicht verlor und auf das eine Knie vorwärts fiel. Dies erregte
bei der Hóll-Partei grosses Gelächter, und man spottete darüber, dass
ein solcher Held von einem so kläglichen Schicksale betroffen werden
sollte. Dies konnte Ormur nicht anhören, und er wollte daher aufs
neue seine Kräfte mit Indriði messen; allein die Leute von Hóll liessen
es nicht zu und sagten, dass die erste Entscheidung deutlich genug
gewesen sei. Hierauf wurde der Ringkampf in der Ordnung fortgesetzt,
wie es bestimmt war, und schliesslich blieb niemand mehr übrig als
die Anführer selbst; diese rangen lange und mit grosser Kraft, bis sie
endlich beide zugleich zu Boden fielen.

Bei diesem Spiele hatten sich alle ausgezeichnet unterhalten; nur
Ingveldur von Tunga ärgerte sich sehr darüber, dass ihr Ormur von
Indriði zu Falle gebracht worden war. „Wie konntest du dich von
dem abscheulichen Buben zu Boden werfen lassen", sagte sie, „und
warum rächst du dich nicht an ihm?" Ormur antwortete, dass es sich
nicht schicke, solches nachzutragen.

„Das werde ich dir sobald nicht vergessen", sagte Ingveldur;
„ich schäme mich auch nicht weniger darüber, als du selbst; es sieht
aus, als hätte ich dir nie ordentlich zu essen gegeben."

Während die Jugend von dem Wettkampfe in Anspruch genommen
war, hatten die Bauern die Sortierung der Schafe fortgesetzt, und man
war nun so weit gekommen, dass die Bewohner der zunächstliegenden

Höfe sich ihre Schafe aussuchen sollten; dieselben mussten nämlich bis zuletzt warten, während diejenigen, welche am entferntesten wohnten, die Hürde immer zuerst durchsuchten.

Unter denjenigen, welche bei der Schafeverteilung zugegen waren, befand sich auch ein Mann, namens Ásbjörn, der sich so gut auf die Schafe verstand, dass er jedes wieder erkannte, welches er nur einmal früher gesehen hatte; er wusste auch, was für eine Viehmarke jeder Mann in den nächst benachbarten Provinzen hatte. Er stand in der Mitte des Eingangs zur Hürde und untersuchte jedes Schaf, bevor es hinausgeführt wurde, und sagte, wem es gehörte, ohne jemals Widerspruch zu finden. Entstand zwischen den Leuten ein Streit wegen der Marken, so wurde er herbeigeholt, um denselben zu schlichten; denn es war eine abgemachte Sache, dass sein Ausspruch stets mit dem gedruckten Markenverzeichnisse übereinstimmte.

„Wem aber dieses Schaf gehört, das weiss ich nicht", sagte Ásbjörn und befühlte die Ohren eines zweijährigen Schafes. „Ruft mir doch den Vorsteher von Tunga; es kommt nur darauf an, ob hier ein Biss-Einschnitt[1]) gewesen ist; doch sieht es beinahe aus, als ob es eine Schramme wäre, da hier am Ohr, Leute; oder was sagst du, Jón von Laekjamót? Das obere Zeichen ist das vom Vorsteher in Tunga: eine Blattmarke an beiden Ohrenspitzen und eine Feder auf der Innenseite des linken Ohres; — wenn es aber, wie hier auf der Innenseite des rechten Ohres, ein Einschnitt ist, so gehört das Schaf dem Jón von Gil; es ist ein ganz schönes Tier, wem es auch gehören mag. Wo ist der Vorsteher?"

„Hier bin ich, Ásbjörn! Was gibt es?"

„Gehört dieses zweijährige Schaf Euch, Signor Bjarni?"

„Das weiss ich nicht; wenn es meine Marke trägt, gehört es mir, sonst nicht."

„Ja nun, die Sache ist etwas zweifelhaft. Die Blatt-Marken an den Ohrenspitzen und die Feder sind da; doch seht lieber selbst! Hier ist es, als ob das Ohr verletzt worden wäre; es sieht fast einem schlecht gemachten Schnitt ähnlich; dann gehört das Schaf dem Jón von Gil; Eure Marken sind ganz gleich, wie Ihr Euch noch erinnern werdet, nur mit dem Unterschiede, dass Jón noch den Schnitt hinzufügte, als er in meine Gemeinde kam."

„Ich wage nicht darüber zu entscheiden, lieber Ásbjörn! Es ist am besten, mehrere Leute herbeizurufen, um über die Sache zu urteilen.

---

[1]) Der „Biss-Einschnitt" (isl. biti) hat die Form eines spitzwinkligen Dreiecks (nach J. C. Poestion). Im übrigen vgl. S. 122.

Holt mir den Schafhirten Guðmundur und bittet auch Jón von Gil
selbst zu kommen; ich will nicht, dass man mir etwas anderes zu-
spreche, als was mir von Rechts wegen zukommt".

Es wurde nun nach Guðmundur und Jón geschickt, und Guðmundur
kam zuerst.

„Kennst du dieses zweijährige Schaf, Gvendur?"[1]), frug Ásbjörn,
„gehört es dem Gemeindevorsteher?"

Guðmundur untersuchte das Schaf von allen Seiten und sagte
endlich, dass er darüber nichts Bestimmtes sagen könne.

„Ei, was für ein Hirte ist das", sagte Ásbjörn, „der seines Herrn
Schafe nicht kennt. Ich bin gleichwohl geneigt anzunehmen, dass es
ihm gehört. Es kommt mir vor, als hätte ich dieses Schaf schon früher
gesehen, im Winter einmal, als ich in Tunga vorüberging; darauf
schwören möchte ich allerdings nicht — nein, schwören will ich darauf
nicht; und dann diese Schramme, welche sich auf dem Ohre befindet."

Jetzt kam auch Jón von Gil herbei und untersuchte das Zeichen.

„Es scheint mir, dass da kein Zweifel sein kann, wem das Schaf
gehört", sagte er; „es trägt meine Marke und gehört mir."

„Das Zeichen ist nun zwar nichts weniger als deutlich; aber es
ist eine andere Sache, wenn du darauf schwören kannst, dass es dein
ist", antwortete Ásbjörn.

„Ja, beides ist der Fall", sagte Jón, „denn es trägt meine Marke;
ich besitze nicht so viele Schafe, dass ich Lust hätte, mir das, was
mir gehört, von jedem Hunde wegnehmen zu lassen."

„Da darf ich aber doch beinahe sagen, dass es dir nicht gehört."

Nun kam gerade Klein-Sigríður von Tunga dahin gelaufen, wo
die beiden Männer über das zweijährige Schaf verhandelten, und rief,
bevor sie noch bei ihnen ankam:

„Ah, da ist ja meine liebe Kolla[2]) vom Gebirge zurückgekommen!"

„Wo ist sie?" fragte Bjarni.

„Hier! Da ist sie, meine Kolla, ich erkenne sie."

„Ist dies deine Kolla?" fragte Ásbjörn laut.

„Ja, lieber Ásbjörn! Sie ist von der Leit-Hnifla[3]) meiner Mutter;
aber wo ist denn die grüne Schnur hingekommen, die sie im Ohre hatte?"

„Nun, hörst du jetzt, mein Guter?", sagte Ásbjörn zu Jón, „das

---

[1]) Verkürzte Form für Guðmundur.
[2]) Name für ein ungehörntes Schaf.
[3]) Hnifla (hnifla) ist der Name für ein Schaf mit Ansätzen zu kleinen Hörnern;
„Leit-Hnifla" ein solches Schaf, wenn es der Herde vorausgeht, dieselbe leitet.

ist der kleinen Sigríður Kolla; oder glaubst du vielleicht, dass das Kind lügt? Und hier war auch eine Schnur durch das Ohr gezogen; die ist aber ausgerissen. Später ist die Wunde wieder zusammengewachsen, und daher kommt auch die Narbe. Ja, es war mir auch, als ob ich sie kennen sollte, obschon ich nicht gleich ins Reine damit kommen konnte; aber jetzt seh' ich es genau, sie ist von der Hnifla-Rasse."

„Es geht nun wie gewöhnlich, lieber Ásbjörn", antwortete Jón, „du hältst es mit demjenigen, bei dem du dir am ehesten einen Bissen Speise oder einen Schluck Schnaps zu erschleichen vermeinst; aber diesmal soll es dir nicht gelingen, mich zu berauben; das Schaf gehört mir, des sei Gott Zeuge; man muss es ja auch an den Ohren sehen."

„Da sagst du jetzt eine Lüge!" rief Ásbjörn, ganz erbittert darüber, dass Jón sagte, er sei parteiisch.

„So, das ist die Lüge!" rief Jón und gab dem Ásbjörn einen Nasenstüber, dass er blutete.

Ásbjörn liess das Schaf los, um sich auf Jón zu stürzen; allein der Vorsteher Bjarni verstellte ihm den Weg und hielt ihn fest, während zwei andere sich des Jón bemächtigten und denselben hinderten, dem Ásbjörn ein weiteres Leid zuzufügen.

Ásbjörn war sehr aufgebracht darüber, dass er sich nicht auf Jón stürzen konnte, und bat den Vorsteher weinend um die Erlaubnis, dem elenden Kerl eine Tracht Prügel geben zu dürfen; „denn ich bin nicht gewohnt, für nichts eins auf die Nase zu bekommen; oder war er vielleicht dazu berechtigt, weil ich ihn einen Lügner nannte? Das ist er auch, und darum hab ich etwas so Schlimmes nicht gesagt."

Bjarni stellte sich, als ob er es nicht höre, und versuchte die beiden auf jede Weise zu beruhigen. Es gelang ihm auch, sie wieder auszusöhnen, so dass sie schliesslich einander küssten und gegenseitig um Verzeihung baten. Das zweijährige Schaf aber liess Bjarni zu Jóns Herde bringen und sagte, es hätte nun schon so viele Verdriesslichkeiten gegeben, dass es am besten sei, dafür zu sorgen, dass sich dergleichen nicht wiederhole.

Als die kleine Sigríður sah, dass Kolla fortgetrieben wurde, brach sie in Tränen aus; sie liebte ja ihre Kolla so sehr und hatte sich schon so lange darauf gefreut, sie wieder vom Gebirge zurückkommen zu sehen. Sie setzte sich nun hinter die Wand der Hürde und liess ihren Tränen freien Lauf.

Indriði von Höll stand in der Nähe und sah Sigríður weinen. „Nein, ich kann die kleine Sigga nicht weinen sehen" sagte er zu sich selbst und näherte sich ihr.

„Was ist dir geschehen, liebe Sigga? Ich habe dich so lieb,
dass mir beinahe selbst die Tränen in die Augen kommen, wenn ich
dich weinen sehe", sagte er und legte seine Hand auf Sigríðurs
Schultern. „Sag' mir, was ist dir geschehen?"

„Ach, ich bin so traurig, weil ich meine Kolla verliere. Sie ist
so schön, und nun hat der Vater sie mir von dem garstigen Jón
nehmen lassen; es war das einzige Schaf, welches mir gehörte, und
es ist so lustig, selbst ein Schaf zu haben."

„Deshalb sollst du nicht weinen, gute Sigga", sagte Indriði, „ich
habe zwei Lämmer hier in der Hürde, und du kannst dir dasjenige
auswählen, welches dir am besten gefällt. Die Mutter hat gesagt, dass
ich dir das eine geben soll; komm, ich werde sie dir zeigen."

Sigríður freute sich darüber sehr. Indriði geleitete sie dahin,
wo sich die Lämmer befanden; es waren zwei recht schöne Mutter-
lämmer, und er liess nun Sigríður wählen, welches sie wollte.

Sigríður erzählte ihrem Vater von dem Geschenke; er sagte, dass
Indriði schön gehandelt habe und Sigríður ihm dafür einen Kuss geben
solle; „du aber, Indriði, sollst einmal im Winter nach Tunga herüber-
kommen und die kleine Sigga besuchen; denn es sieht aus, als ob ihr
jungen Leute besser miteinander auskämet als eure Eltern, und dagegen habe ich nichts einzuwenden."

3. Eine Christnacht in der Schutzhütte.

Aus Gestur Pálssons „Sigurður formaður".

Nach der Übersetzung von Carl Küchler.[1]

Der Herbstfischfang in Vík war der beste gewesen, dessen sich
die ältesten Leute erinnerten. Die Boote waren fast immer bis zum
Rande gefüllt heimgekehrt, und das Wetter war, obwohl hin und wieder
einmal der Wind aus der oder jener Richtung gepfiffen hatte, prächtig gewesen.

---

[1] Grausame Geschicke. Zwei Erzählungen aus dem Neu-Isländischen von
Gestur Pálsson. Einzige autorisierte Übersetzung von M. phil. Carl Küchler. Reclams
Universal-Bibliothek Nr. 4360. — G. P. in der deutschen Literatur heimisch gemacht zu
haben, ist in erster Reihe das Verdienst Carl Küchlers, doch haben auch M. Lehmann-
Filhés und Schweitzer je eine Novelle von ihm übersetzt. Vgl. die sorgfältige Dar-
stellung der neuisländischen Novellistik in Küchlers „Geschichte der Isländischen
Dichtung der Neuzeit (1800—1900)," I. Heft. Novellistik. Leipzig 1896.

Den besten Fang hatte in jenem Herbste in ganz Vík Sigurður von Baer gemacht, der älteste Sohn der Witwe, die jenen Hof besass. Er war zwanzig Jahre alt und übertraf alle jungen Leute in den umliegenden Gemeinden an Tüchtigkeit und seemännischer Erfahrung. Diesen Herbst war er zum erstenmal Führer eines Bootes gewesen, und das allgemeine Urteil über ihn war, dass er seine Sache prächtig gemacht habe. Sigurður war ein riesenhafter Mann, mit gewaltig breiten Schultern und aufrechtem Gange, von ausserordentlicher Körperkraft, dabei aber gutmütig und friedfertig.

Er hatte einen Bruder, der Einar hiess und ein Jahr jünger war als er. Einar war Bootsmann bei seinem Bruder, diesem aber in vielen Beziehungen unähnlich. Er war von schmächtigem Wuchse und zart gebaut, nicht recht fest auf der Brust und konnte nicht viel schwere Arbeit verrichten; aber trotzdem war er ein lebendiger Geselle, allezeit vergnügt und immer zu lustigen Streichen aufgelegt.

Sigurður dagegen war eher ein trockener Bursche, wenn er mit Leuten zusammenkam, und beteiligte sich selten an den Spielen der übrigen jungen Männer, wie sie damals gepflogen wurden. Jeden Tag, wo man am Lande blieb, war es auf den Sandbänken oberhalb der Fischerhütten voll von Fischern, die dort spielten. Entweder veranstaltete man einen Bauernringkampf, oder man erprobte seine Kräfte durch leichteres Ringen und ähnliche Spiele. Da stellte man sich gegenseitig Rätsel oder übte sich in Wortgefechten und griff, wenn man nicht gleich eine andere Antwort wusste, wohl auch einmal zu Steinen. Bisweilen kamen wohl auch alle diejenigen aus dem ganzen Fischerplatze, die sich am besten darauf verstanden, Reime zu schmieden, in einer Hütte zusammen und wetteiferten dort miteinander, Knittelverse zu dichten. Überhaupt wurde bei einer solchen Gelegenheit alles das ins Werk gesetzt, was jungen, lebenslustigen Leuten einfallen kann, um sich die Zeit zu vertreiben und Munterkeit im Gange zu halten.

Obwohl die beiden Brüder einander in vielen Dingen unähnlich waren, bestand zwischen ihnen doch das beste Verhältnis. Sigurður behandelte Einar weit eher als seinen Sohn wie als jüngeren Bruder. Wenn Einar krank war — und das kam öfter vor —, dann wich Sigurður nicht von seiner Seite und pflegte und wartete ihn fast wie ein Kind. Aber auch Einar liebte seinen Bruder von Herzen und tat nichts, was nicht Sigurður erst gut geheissen hätte.

Nur in einem glichen sich die Brüder, und das war: dass sie sich beide im Dunkeln entsetzlich fürchteten. Sigurður war darin fast noch schlimmer als Einar und traute sich, wenn es finster geworden war, wie man so sagt, fast nicht, über den Hausflur zu gehen. Man machte sich wegen ihrer Furchtsamkeit oft über die beiden Brüder lustig, besonders über Sigurður; und das war auch kein Wunder, da er ja ein reiner Riese an Kraft war. Aber er konnte sich immer damit entschuldigen, dass sich der Riese Grettir in der altisländischen Heldensage ja ebenso vor der Dunkelheit gefürchtet habe.

Diese Furcht der beiden Brüder vor der Dunkelheit hatte jedoch, wie so manches andere, ihren ganz natürlichen Grund. Sie stammten nämlich aus einer Gemeinde, wo man abergläubischer war als sonst irgendwo. Man glaubte dort an eine Unmenge von Móris und Skottas,[1] die von allen gesehen und gehört wurden, von Geisterseherm und Nicht-geisterseherm. Und zu den alten Gespenstern kamen noch ebensoviele neue, als Leute in der Gemeinde starben. Hatte jemand seinen Geist ausgehaucht, dann ging er sofort in heller Lohe um, nicht nur bei seinen Verwandten, Bekannten und Nachbarn, sondern er wanderte auch aus einer Gemeinde in die andere. Wenn jemand aus einem Hause, wo einer gestorben war, eine Reise unternahm, dann hatte das Gespenst immer Zeit, ihm zu folgen, wohin er auch ging; und es machte es sich zum Vergnügen, auf jedem Hofe schon vor ihm anzu-kommen, wo es sich die Zeit dann damit vertrieb, irgend jemandem, der draussen stand und an nichts weiter dachte, sein totenbleiches Haupt entgegenzustrecken oder oben auf dem Hause hinzureiten und sich dann an der Stubenwand hinabgleiten zu lassen, die Kühe im Stalle mit den Schwänzen zusammenzubinden, das Feuer in der Küche auszulöschen oder irgend einer Dienstmagd mit eiskalter Hand eine Ohrfeige zu versetzen, so dass sie beinahe in Ohnmacht fiel. Und manchmal, wenn sich einer in aller Unschuld eine Prise nehmen wollte und die Finger in seinen Tabaksbeutel steckte, fand er zu seinem Entsetzen schon ein paar eiskalte Finger darin vor, die sich auch eine Prise nehmen wollten. Wenn sich so etwas zutrug, dann konnte man immer sicher sein, dass entweder bald jemand von einem Hofe zu Besuche käme, wo irgend ein Gespenst hauste, oder dass irgend ein naher Verwandter oder Freund gestorben war, der nun umging, um seinen Freunden und Verwandten seinen Tod anzuzeigen.

Mit solchen Geschichten waren die beiden Brüder von Kindes-beinen an auferzogen worden, so dass es in der Tat nicht zu ver-wundern war, dass sie sich im Dunkeln fürchteten. Die meisten

---

[1] Über diese Gestalten des Volksaberglaubens vgl. Jón Árnason: Isländische Volkssagen, übersetzt von M. Lehmann-Filhés, 2 Bände. Auch K. Maurer: Isländische Volkssagen der Gegenwart.

Ereignisse, zu denen die Leute keine Ursache finden konnten, wurden Gespenstern zugeschrieben. Wenn ein Pferd in der Dunkelheit scheu wurde, dann hatte es natürlich etwas Unreines gesehen; wenn sich jemand im Dunkel der Nacht oder im Schneewetter verirrte, dann war er irre geführt worden; wenn irgend eine absonderliche Krankheit ein Tier befiel, dann wurde das fast allemal einem Gespenste in die Schuhe geschoben.

Selbstverständlich fürchteten sich nun nicht alle in der dortigen Gemeinde so sehr in der Dunkelheit wie Sigurður. Aber es ist mit der abergläubischen Furcht wie mit so vielem anderen: der eine besitzt sie in höherem, der andere in geringerem Masse, trotzdem der Anlass dazu schliesslich ein und derselbe gewesen ist. —

Nun war es gegen Weihnachten geworden, und alle, die nicht in Vík daheim waren, rüsteten sich zur Heimfahrt.

Auch die beiden Brüder Sigurður und Einar wollten, wie sie immer pflegten, nach Hause zu ihrer Mutter und bis etwa Mittwinter oder bis zur Winterfischzeit daheim bleiben.

Aber an dem Tage, wo sie hatten aufbrechen wollen, wurde Einar krank, so dass an diesem Tage nichts aus der Reise wurde. Am nächsten Tage, dem Tage vor dem Weinachtsheiligabend, ging es Einar zwar etwas besser, aber er war doch nicht recht reisefähig. Nun wussten die Brüder, dass sich ihre Mutter um sie ängstigen würde, wenn sie ihre Reise bis nach Weihnachten verschöben; bis nach Hause aber brauchten sie zwei Tage, so dass sie, wenn sie überhaupt zum Feste daheim sein wollten, an diesem Tage aufbrechen mussten. Einar war ganz ausser sich und wollte durchaus fort; aber Sigurður entschied, dass er ruhig dabliebe, und brachte ihn nach einem Hofe in Vík, ganz in der Nähe des Fischerplatzes, wo er Weihnachten über bleiben sollte. Sie waren beide überzeugt, dass er dann völlig wieder auf den Beinen sein würde, und machten aus, dass er Sigurður nach dem Feste nachfolge.

So rüstete sich denn Sigurður allein zur Heimfahrt. Seine Mutter hatte ihnen ein Pferd geschickt, auf das sie ihr Gepäck und ähnliches laden sollten; sie selbst aber wollten zu Fusse gehen, da der Weg ja gut war.

Sigurður nahm nun Abschied von seinem Bruder, dem es offenbar ausserordentlich zu Herzen ging, dass er allein zurückbleiben sollte; aber es half eben nichts.

Der Weg, den Sigurður ziehen musste, lag so, dass er die erste Tagereise noch durch Dörfer kam: die zweite aber musste er über die

Heide von Fjörður und durch die Täler, die von dieser aus wieder in die Niederung führen.

Das Wetter war an dem Tage, wo Sigurður, das Pferd am Zügel führend, aus Vík aufbrach, prächtig; der Himmel war klar, und es herrschte starker Frost. Gegen Abend gelangte Sigurður nach dem „Heidehofe" und übernachtete dort.

Am Morgen des Weihnachtsheiligabends stand Sigurður auf, sobald es hell wurde. Das Wetter war zwar noch gut, aber der Bauer meinte doch, Sigurður solle lieber warten, bis es völlig Tag sei, damit man besser sehen könne, was wohl aus dem Wetter würde. Jedoch Sigurður brannte darauf, sobald wie möglich weiterzukommen, weil er sah, dass er, wenn er noch länger verweile, kaum mehr bei Tageslicht über die Heide kommen würde. Im Dunkeln aber wollte er um keinen Preis mehr unterwegs sein.

Darum brach er denn auch sofort auf.

Es war ihm so wunderbar leicht ums Herz, und ihm war so froh zumute, als er das Tal dahin zog, wie es ja vielen Leuten geht, wenn sie frühzeitig bei gutem Wetter aufbrechen und sicher zu sein glauben, abends daheim einzutreffen.

Es lag ein halbdichter neblichter Schleier über dem Tale, der immer durchsichtiger wurde, so dass die Talgründe und Höhen deutlicher sichtbar wurden. Und als es ganz hell ward, sah er, dass der Himmel heiter war und das Wetter wahrscheinlich aushalten würde.

Als er das Tal hinauf gelangt war, wo der Weg nach der Heide hin abzweigt, machte er halt, um sich eine kleine Weile auszuruhen, und gab dem Pferde etwas von dem Heu, das er aus dem „Heidehofe" mitgenommen hatte.

Während er dort Atem schöpfte, blickte er um sich. Es war jetzt völlig Tag geworden. Unter ihm lag das Tal in stahlgrauem Schimmer, da es nur erst von einer ganz dünnen Schneedecke überzogen war. Zu beiden Seiten desselben erhoben sich dunkle, riesenhafte Felsklippen, zwischen denen herunter sich tiefe Schluchten hinab ins Tal zogen. Hoch darüber aber glänzten die schneeweissen Bergkuppen mit einzelnen Spitzen und Vorsprüngen, die gegen den lichtgelben Morgenhimmel manchmal ganz sonderbare Gestalten annahmen. Einige von ihnen lehnten sich, wie ihres langen und eintönigen Lebens überdrüssig, hinten über, als wollten sie sich niederlegen und bis zum jüngsten Tage ausruhen; andere wieder neigten sich nach dem Tale herüber, als wollten sie Ausschau halten, ob irgend ein lebendes Wesen so verwegen sei, das Tal herauf zu ziehen und über Berghänge und Gletscher zu ihnen herauf zu klettern.

Sigurður empfand wohl, obgleich er sich nicht weiter Rechenschaft darüber ablegte, wie die Natur da droben in ihrer Einsamkeit doch so rein und erhaben sei; aber weil er so ein achtsamer Wanderer war, begann er doch auch, genauere Umschau nach dem Wetter zu halten. Es war fast windstill, und der Himmel war klar; nur um die Spitze des höchsten Gipfels über dem unteren Ende des Tales hatte sich eine lichte Schneewolke festgesetzt.

Sigurður stand noch eine kurze Weile und begann dann die Abhänge nach der Heide hinanzuklettern. Diese sind ebenso steil als hoch und von einer Unmenge von Klüften zerrissen, so dass man nur langsam über sie vorwärts kommt. Und schon mancher Wanderer hat erfahren müssen, dass man an einem schönen Sommertage ebensoviele Zeit braucht, um über sie hinweg zu kommen, wie das ganze Tal entlang zu reiten, das doch auch nicht etwa besonders kurz ist.

Während nun Sigurður die Heidehänge hinankletterte, liess er doch die Schneewolke am unteren Ende des Tales nicht aus dem Auge.

Er gewahrte bald, dass sie grösser wurde. Es war fast, als ob sie sich im Augenblicke vervielfältigte. Unter ihr bildeten sich andere lichte Wolkensäulen, und bald war der Berggipfel am Ende des Tales ganz in Wolken gehüllt. Aber es dauerte nicht lange, so hüllten sich auch die kleineren Bergspitzen zu beiden Seiten des Tales in lichte Wolkenschleier, die sich langsam an den Abhängen hinunterzogen und dichter und dunkler wurden.

Als Sigurður den Rand der Heide erreichte und über die Hochebene hinblickte, war er bald nicht mehr in Zweifel darüber, dass da droben ein Schneesturm losgebrochen sei. Er gewahrte, wie sich schneeweisse dichte Massen da oben herumwälzten, gegen einander wirbelten und einander überstürzten.

Schon am Rande der Heide war der Wind ziemlich heftig und blies Sigurður gerade ins Gesicht.

Es war nicht zu verwundern, dass ihn ein leiser Schrecken durchrieselte, als er über die Heide hinblickte; und das erste, was er dachte, war: „Das einzige Gute ist nur, dass mein Bruder Einar nicht mit ist".

Zuerst flog ihm der Gedanke durch den Kopf, dass es wohl das Richtigste wäre, wieder umzukehren. Aber als er dann darüber nachdachte, dass er den Weg über die Heide doch genau kenne, und dass er sie oft bei schlechtem Wetter im Winter durchkreuzt habe, wenn zwar

auch in Gesellschaft anderer Reisegenossen, da entschloss er sich ohne
weiteres, seine Wanderung fortzusetzen.

Es fiel ihm auch seine Mutter daheim ein, und er sagte sich, dass
sie in entsetzlicher Angst leben würde, wenn keiner von den beiden
Brüdern nach Hause käme, besonders da das Wetter so schlecht war.

Daher wanderte er denn ohne Zögern in die Heide hinein, schritt
scharf aus und zog das Packpferd hinter sich her.

Aber immer näher rückten die lichten Wolkenmassen auf der
Heide vor ihm an ihn heran, und er war noch nicht weit gelangt, als
sie ihn wirbelnd umtanzten. Als er sich umblickte, sah er, dass der
Schneesturm schon bis hinab in den Talgrund gelangt war; und je
weiter er vorwärts schritt, desto beschränkter war sein Gesichtskreis.
Die Schneewolken hüllten ihn von allen Seiten nur so ein; sie wirbelten
um ihn her und schossen dann, von dem immer mehr zunehmenden
Winde gepeitscht, davon; rechts und links, vor und hinter ihm war
alles eine einzige dichte, dunkle Schneewand, die unter heulendem
Sturme immer näher an ihn heranbrauste.

Es überlief Sigurður eiskalt, wenn er daran dachte, wie diese
Fahrt über die Heide enden würde.

Würde sie überhaupt jemals ein Ende nehmen?

Wenn es in diesem Lande, das dem Menschen sowieso schon
genug Mühsal auferlegt, etwas Furchtbares und Entsetzliches gibt, dann
ist es gewiss eine einsame Irrfahrt droben in den nicht enden wollen-
den Schneefeldern.

Die Leute sprechen so oft davon, dass unser Leben hienieden
ein ewiger Kampf mit der Natur sei.

Und doch ist es in Wirklichkeit gar kein Kampf, weil niemand
die Natur besiegt und auch gar niemand sie zu besiegen hoffen
darf. Wenn aber der eine Kämpfer gar keine Hoffnung haben kann,
den anderen je zu überwinden, so wird überhaupt nichts aus dem
Kampfe.

Die Natur hat, wenn ihr Gesetz es gebietet, sowohl die Gewalt
wie die Macht, jeden Lebensfunken auszulöschen, der sich oben auf
den Bergen regt, und jedes lebende Wesen, das sich da oben rührt,
irgendwo in der Gletscherwelt verschwinden zu lassen, wohin niemals
in aller Ewigkeit ein Sonnenstrahl dringt, und wo kein Sommer dem
Lichte zuführt, was sie verbergen will. Sie kann jedes Schiff auf dem
Meere vernichten, so dass nicht ein Stückchen davon übrig bleibt, jede
menschliche Wohnung vom Erdboden vertilgen und ganze Länder-
strecken in wüste Einöden verwandeln.

Und es nützt nichts, zu fragen: „Warum tust du das?"
Ihre Gesetze sind ihr Geheimnis; und das enträtselt niemand.

Sie allein darf die im Kampfe Gefallenen begraben, wo sie will,
und ihnen nachsenden, wen sie will; — sie hat niemandem Rechenschaft
darüber abzulegen.

Was kümmern sie Menschentränen und menschlicher Kummer?

Sie zieht ihre eigenen Wege, und alles, was sich ihr entgegenstellt,
muss fallen — gleichgültig, ob es ein Bergriese oder nur ein Stein,
ein Mensch oder ein Wurm ist —; alles muss fallen, weil es ihr
entgegentritt, wenn sie die Erfüllung ihrer geheimnisvollen Schreckens-
gesetze fordert.

Für sie ist alles klein, weil sie allein gross ist.

Deswegen ist es auch so entsetzlich, allein über die Heide zu
ziehen, wenn die Natur erbarmungslos wütet.

Da ist keine menschliche Hülfe in der Nähe. Die Natur und der
Wanderer kämpfen einen einsamen Kampf in der fürchterlichen Einöde.
Da ist niemand, der Kunde geben kann von dem, was da oben geschehen.
Und wenn der Angstschrei des Wanderers erschallt, so packt ihn
wütend der Sturm und schleudert ihn irgendwo hinaus in die Gletscher-
welt, wo er erstirbt und nie wieder gehört wird.

Es war darum kein Wunder, dass Siguröur ein Schauer überkam,
als er an seinen Weg über die Heide dachte.

Er überlegte sich noch einmal, ob er nicht lieber umkehren
sollte. Aber auf der einen Seite hatte er keine grosse Lust dazu,
und auf der anderen getraute er sich fast eher, den Weg über die
Heide als wieder über die Heidehänge zurück und das Tal hinab
zu finden.

Das Unwetter war jetzt so heftig geworden, dass er das Pferd
kaum mehr hinter sich herzuziehen vermochte; denn es wandte sich
um und wollte wieder zurück. Es blieb ihm deshalb nichts anderes
übrig, als hinterher zu gehen und es anzutreiben.

Es war in dem Schneetreiben ordentlich dunkel um ihn geworden,
und er konnte manchmal kaum mehr drei Schritte vor sich sehen;
aber trotzdem blieb er auf dem rechten Wege, weil dieser einerseits
durch eine Menge Steinhaufen gut gekennzeichnet war und er ihn
auch sonst noch erkennen konnte, da der Sturm den Schnee zum
grossen Teile von der Heide wieder wegfegte. Aber nach und nach
bedeckte er den Weg doch dichter und dichter, und je weiter Siguröur
in die Heide hinein gelangte, desto schwieriger wurde es, den rechten
Pfad innezuhalten.

Aber das Allerschlimmste war, dass sein Gesicht immer und
immer wieder so dicht von einer Schneekruste bedeckt wurde, dass er
kaum noch etwas sehen konnte. Einmal über das andere musste er
stehen bleiben, um zu versuchen, die Schneekruste mit der immerhin
noch etwas wärmeren Hand aufzutauen und von seinen Augen zu
entfernen.

Sigurður meinte im stillen, er wolle Gott danken, wenn er lebendig
bis an die Schutzhütte käme, und beschloss, die Nacht dort zu verbringen,
obwohl er wusste, dass es gerade keine vergnügte Christnacht werden
würde.

Er war überzeugt, dass er noch auf dem richtigen Wege wäre,
und glaubte, dass er, soweit er ermessen konnte, nun bald an der
Schutzhütte sein müsse.

Aber es war gerade, als ob das Wetter immer schlimmer würde,
der Sturm noch mehr anwachse und das Schneegestöber immer mehr
zunehme. Das Pferd wurde immer widerspenstiger und verlangsamte
das Vorwärtskommen; ja, schliesslich legte es sich gar nieder, und
Sigurður glaubte, er würde es nie wieder auf die Beine bringen.
Nachdem er es mit Not und Mühe endlich wieder ein Stück fortgezerrt
hatte, stiess er plötzlich in der Finsternis auf einen der als Wegweiser
dienenden Steinhaufen, der, wie er erkennen zu können glaubte, nicht
mehr weit von der Unterkunftshütte entfernt war.

Nach vieler Mühsal und unsäglichen Beschwerden langte er denn
endlich auch glücklich dort an.

Die Unterkunftshütte war, wie die meisten derartigen hier zu Lande,
nur ein roher, einfacher Bau. Erst nachdem eine Menge Leute ihren
Tod in der Heide gefunden hatten, kamen die angrenzenden Bezirke
nach jahrelangen Verhandlungen überein, ein Unterkunftshaus da oben
zu errichten. Und als schliesslich diejenigen Gemeindevorsteher, die
der Heide im Norden und Süden am nächsten wohnten, von den
Bezirksverwaltungen angewiesen worden waren, die Hütte auf Kosten
ihrer Gemeinden zu errichten, da dachte man mehr daran, einen kleinen
Vorteil aus der Sache zu ziehen — wie das ja bei der einen und
anderen Gemeindeangelegenheit so gemacht wird — als daran, das
Haus für die Wanderer, die im Schneesturme dort Schutz suchen
würden, so gut wie möglich herzustellen. Aber trotzdem mochte es
ja im Anfange gehen; wenigstens fand man im ersten Herbste Feuerholz, etwas Heu und Zündstoffe da oben vor, und ausserdem hatte man
eine Feuerstelle errichtet, eine Bank aufgestellt und einen Spaten und
mehreres andere zum allgemeinen Nutzen gestiftet. Das Haus war

natürlich nicht verschlossen, aber die Tür mit einem hölzernen Riegel versehen. Freilich, ehe nur im ersten Herbste der erste Schnee kam, war alles Heu verschwunden, von Feuerholz war nichts mehr zu sehen, und nach Zündstoffen konnte man suchen. Und seitdem hatte man auch nichts wieder hingebracht. Es dauerte aber nicht lange, da war sogar der Spaten verschwunden. Am längsten sah es noch ein Topf mit an, bis er sich eines Herbstes in einer finsteren Nacht auch noch davongemacht hatte. Man sprach natürlich auf den Bezirksversammlungen zu beiden Seiten der Heide viel darüber, dass es doch wohl nötig sei, sich besser um die Schutzhütte zu kümmern; aber es wurde nichts daraus, weil die Bezirksverwalter die Gemeindekinder gegenseitig beschuldigten, die Gebrauchsgegenstände aus der Hütte gestohlen zu haben.

Am allerschlimmsten aber stand es um das Häuschen, als eines Herbstes schliesslich gar die Tür gestohlen worden war, so dass der Gemeindevorstand im Süden der Heide endlich einen männlichen Entschluss fasste und der Unterkunftshütte eine neue Tür schenkte. Damit aber hatte die Ausrüstung ein Ende.

Die Hütte war so eingerichtet, dass sich an dem einen Ende, etwa in halber Manneshöhe, ein Zwischenboden befand, wo man schlafen konnte; am anderen Ende war aber keiner, da man dort seine Pferde hinstellen sollte, wenn man überhaupt welche hatte. —

Nachdem Sigurður in die Schutzhütte gelangt war und sich darin umgesehen hatte, schloss er die Tür und lehnte sein Sattelzeug und Gepäck inwendig gegen diese, weil er fürchtete, der Sturm könne sie aufreissen. Um sie noch fester zu verschliessen, stemmte er seinen Gebirgsstock schräg dagegen und gab dann seinem Pferde zu fressen. Er selbst kroch hinauf auf den Zwischenboden und legte sich dort, nachdem er es sich so bequem wie möglich gemacht hatte, nieder.

Er schloss die Augen und versuchte zu schlafen. Aber er war nicht imstande Schlaf zu finden. Es überkam ihn eine so eigentümliche Unruhe, gerade jetzt, wo er aus dem Schneesturme in die Stille der Hütte gekommen war und sich ausruhen wollte. Er konnte nichts dagegen machen, so viele Mühe er sich auch gab, dass ihm immer wieder die Gespenstergeschichten einfielen, die ihm in seiner Jugend erzählt worden waren. Eine nach der anderen gingen sie ihm durch den Kopf, nahmen in seiner Phantasie noch grössere Ausdehnung an, wuchsen und wurden zu lebendigen Folgegeistern, die er vor sich sah, und von denen er die Augen nicht wenden konnte, — bis er schliesslich in entsetzlicher Angst in die Höhe fuhr, nicht wissend, ob er wachte oder schlief, und nach der Decke starrte, um zu sehen, ob er etwas erblickte. Aber er sah nichts. Dann legte er sich wieder und fühlte, wie ihm der kalte Schweiss aus allen Poren drang.

Er versuchte die Augen offen zu halten; er begann an alles mögliche andere zu denken, er horchte auf den Sturm und das Unwetter draussen; er hörte, wie das Schneetreiben um die Hütte raste, und fühlte beinahe, wie der Sturm eine Schneewehe an dem Giebel zusammenfegte, unter dem er lag.

Aber als er die Augen eine kleine Weile offen gehalten und in die Finsternis gestarrt hatte, schien es ihm, als ob er überall farbige Flocken an seinen Augen vorbeischiessen sähe, und dann fielen ihm wieder die Gespenstergeschichten ein.

Er hörte das Pferd an dem anderen Ende der Hütte das Heu käuen, das er ihm gegeben hatte; und als er hörte, wie ruhig es war, gerade als ob es daheim an seiner Raufe stände, da wurde es ihm auch wieder etwas leichter zumute.

Aber jetzt hatten seine Kleider angefangen, an ihm aufzutauen, und das liess ihn so vor Kälte erschauern, dass er wieder aufstehen musste, um sich durch Schlagen mit den Armen zu erwärmen.

Nachdem er das eine Weile getan hatte, wurde er warm, und nun überkam ihn der Schlaf mit solcher Gewalt, dass er wieder hinauf auf den Zwischenboden kroch, sich wieder niederlegte und aufs neue zu schlafen versuchte.

So verging eine kleine Weile. Er hörte, wie das Unwetter draussen etwas nachliess. Sein Pferd hatte aufgehört zu käuen. Die Dunkelheit und Stille in diesem einsamen Raume hier oben im Gebirge kam ihm irgendwie ganz fürchterlich vor. Er konnte nicht einschlafen, wie sehr er sich auch mühte. Allemal, wenn er die Augen schloss, fielen ihm jene vielen Unglücklichen ein, die draussen in der Heide, und besonders in der Gegend der Schutzhütte, umgekommen waren, die zum Teile wohl auch mit Aufbietung ihrer letzten schwachen Kräfte bis hierher gelangt und in der Hütte gestorben waren.

Da konnte er sich nicht mehr halten, sondern öffnete die Augen wieder und starrte in das Dunkel, ob er vielleicht etwas sähe; und nun war er wieder völlig wach.

Ruhelos und voller Angst wälzte er sich von der einen Seite auf die andere.

Da schien es ihm plötzlich, als hätte er gehört, wie etwas auf dem Dache der Schutzhütte hinkröche, sich quer auf den Dachfirst setze, und langsam, langsam vorwärts rutsche.

Entsetzt richtete er sich auf, und nun hörte er deutlich, wie es im Dachfirste krachte.

Sein Pferd fuhr gleichfalls in die Höhe und kam zu ihm an den Zwischenboden hin, drückte sich, so fest es konnte, an diesen und legte seinen Kopf auf Sigurðurs Füsse, die dieser bis an den Rand vorgestreckt hatte.

Dann erklang auf einmal ein Poltern und Rumpeln, so dass es in allen Balken krachte, gleich als ob eine Haut voller Steine über das Dach der Hütte herabgezogen würde.

Gleich darauf hörte man einen dröhnenden Schlag gegen die Tür, und dann folgte ein Schlag dem anderen.

Sigurður fühlte, wie ein Kälteschauer seinen ganzen Körper überrieselte, und auch das Pferd zitterte und bebte und suchte sich gleichsam noch näher an ihn zu drängen.

Aber die Schläge gegen die Tür wurden matter und matter; sie schienen langsam an Kraft zu verlieren, und schliesslich hörten sie ganz auf.

Sigurður kam die ganze Nacht kein Schlaf in die Augen.

Als die Schläge aufhörten, kroch er von dem Zwischenboden herunter, schlang die Arme um den Hals seines Pferdes und streichelte es, bis es ruhiger wurde.

Dann führte er es hinüber nach dem anderen Ende der Hütte, legte sich dort nieder, und das Pferd legte sich neben ihn. Dann raffte ihm Sigurður die Überreste des Heus zusammen, und das Pferd begann wieder daran zu käuen.

So lagen sie, der Mann und das Pferd, den übrigen Teil der Nacht nebeneinander wie ein paar Brüder, eins so furchtsam wie das andere und eins so froh wie das andere, in dieser entsetzlichen Nacht ein lebendes Wesen neben sich zu haben.

Als Sigurður glaubte, dass nun wohl der Morgen dämmern müsse, stand er auf und wankte nach der Tür.

Er brauchte lange dazu, sie von innen zu öffnen, und stiess sie dann auf.

In demselben Augenblicke aber sah er, dass draussen vor der Tür, etwas zur Seite, ein Mann lag.

Er wandte sein Antlitz der Tür zu und war halb von Schnee bedeckt.

Sigurður warf nur einen kurzen Blick auf ihn und brauchte dann nicht länger in Zweifel zu sein. Er kannte diese Gesichtszüge gar zu gut, wenn sie jetzt auch etwas bleich geworden waren.

Es war sein Bruder Einar.

Einar hatte keine Ruhe mehr finden können, als Sigurður fort war; er war hinter ihm her geeilt und hatte ihn nicht eher einholen können als hier, als in diesem Augenblicke. Er war über die Schnee-wehe, die sich während der Nacht an die Giebelseite des Hauses gelegt hatte, hinauf auf den Dachfirst gegangen, hatte erkannt, dass er an der Unterkunftshütte sei, hatte sich dann an der Seite hinabgleiten lassen und versucht, in die Hütte zu kommen.

Aber das war ihm unmöglich gewesen; und darum lag er nun hier, bleich und — tot.

III. Winke für Islandreisen.[1]

1. **Vorbereitungen** (im vorhergehenden Winter). Reitunterricht. Durcharbeitung zuverlässiger Bücher über Island. Aufstellung des Reiseplans (Fahrplan von „Det Forenede Dampskibsselskab" in Kopen-hagen, Kvaesthusgade 9, und „Dampskibsselskab Thore", ebenda, Havne-gade 43, zu erbitten; Weltpostkarte, deutsche Sprache, aber lateinische Schrift). Womöglich schriftliche Erkundigung betr. eines Führers (am besten schon im Januar oder Februar) bei Konsul Ditlev Thomsen in Reykjavík, dem Vorsitzenden des isländischen Touristenvereins, oder den unter 4 a genannten Führern selbst.

2. **Unmittelbare Zurüstungen zur Reise.** Warme Kleidung, vor allem wollenes Unterzeug und Mantel; sonst strengste Beschränkung auf das Allernötigste. Für längere Reisen im Innern höchstens noch ein Beinkleid zum Wechseln. Die Einkäufe für die Reise ins Innere am besten erst in Reykjavík zu machen (vgl. 4 c).

3. **Hin- und Rückfahrt.**

a) Günstigste Reisezeit: Juli und August.

b) Fahrgelegenheit: Die Dampfer der unter Nr. 1 genannten Gesellschaften. Für solche, die etwa nur Nord- oder Ost-Island besuchen

------

[1] In Anbetracht des geringen zur Verfügung stehenden Raums müssen sich diese Angaben, die einstweilen als ein dürftiger Ersatz für den dringend zu wünschenden „Führer durch Island" dienen mögen, natürlich auf das unbe-dingt Notwendige beschränken. Vor allem versteht es sich von selbst, dass für ein Land von der Grösse Süddeutschlands auf wenigen Zeilen nicht annähernd alle Reiseziele angegeben werden können.   Palleske.

wollen, ausserdem die Dampfer von „Otto Wathnes Arvinger" in Kopenhagen, Havnegade 31.

c) Kosten der Seefahrt: Schiffe von „Det Forenede D. S." Kopenhagen—Island hin und zurück 1. Klasse 160 Kronen (2. Klasse ist für weitere Seereisen nicht zu raten!); Kost (gut) täglich 4 Kr.[1]) Schiffe von „D. S. Thore" hin und zurück 100—115 Kr., je nach dem Schiffe, das man benutzt; Kost (gleichfalls gut) täglich 2,50 Kr.

d) Die Fahrt selbst: Einmalige Fahrtdauer Kopenhagen—Reykjavík einschl. der Aufenthalte 8—10 Tage. — Auf der Fahrt werden angelaufen: Leith in Schottland (Zeit zum Besuch von Edinburg, unter Umständen auch zu einem kurzen Ausfluge nach Glasgow oder ins schottische Hochland), die Faeröer mit Thorshavn und bisweilen 1—2 weiteren Küstenplätzen.

4. Aufenthalt in Reykjavík.

a) Auskünfte beim Konsul Ditlev Thomsen; Beschaffung des Führers, vgl. Nr. 1. Für solche, die weder Isländisch, noch Dänisch oder Englisch verstehen, empfiehlt sich die Gewinnung eines deutsch redenden Führers, z. B. des Hülfslehrers am Gymnasium cand. mag. Bjarni Jónsson oder des Sprachlehrers Thorgrímur Gudmundsen, auch wohl eines Studenten oder sprachgewandten älteren Schülers.

b) Besichtigung der Sehenswürdigkeiten, auch der näheren Umgebung (vgl. Nr. 6 a).

c) Einkäufe; können dem Führer überlassen werden. Vor allem Konserven, Essgeräte, Spirituskocher und Spiritus (sehr nützlich ist „Hartspiritus", z. B. in Edinburg zu kaufen), Windhölzer, Lichter, Speiseschokolade, Hartbrot, Biskuit, Roggenbrot, Wein u. a., Waschgefäss, Eimer, Kessel, Kaffeekanne, Blechschachteln für Zucker, Tabak usw. Kleine Reiseapotheke mit Vaseline, Karbolwasser, Heftpflaster, Arnika, Watte, Magentropfen u. dgl. Die Verpackung wird in den Geschäften besorgt. — Je nach Bedürfnis und Gewohnheit wird manches den genannten Dingen hinzugefügt werden; auch die grössere oder geringere Ausdehnung der Reise, sowie der Umstand, ob sie ausser den bewohnten auch unbewohnte Gegenden berührt, spielt dabei eine Rolle. Kaffee, Milch und Butter sind auf den Bauernhöfen zu haben, seltener Eier und Fleisch (Hammel), oft Forellen, auch Lachse. — Unerlässlich ist die Beschaffung von wasserdichtem Oberzeug (Hosen, Mantel, Südwester), gleichfalls in Reykjavík, ferner die eines Paars langschäftiger Reitstiefel. Mückennetz für die Gegenden an den Seen.

---

[1]) 1 Krone = 1,13 M.

Entsprechende Ausrüstung für Damen. Für unbewohnte Gegenden
Zelt, das übrigens auch in den bewohnten recht nützlich sein kann.

5. Einige Angaben über das Reisen im Innern.

a) Art der Beförderung: Zu Pferde. Nur von Reykjavík nach
Oddi daneben Post (S. 151). Auf wenigen kurzen Strecken auch Rad
benutzbar.

b) Tägliche Ausgaben für den allein Reisenden, der möglichst
bequem zu reisen wünscht (nach Bruun):

4 Reitpferde (2 für den Reisenden, 2 für den Führer), je 2 Kr. täglich　8 Kr.

1 Zeltpferd . . . . 2 „

2 Packpferde mit 4 Packkisten, je 2 Kr. täglich . . . . . . 4 „

1 Ersatzpferd . . . . 2 „

Führer . . . . 5 „

Weide für 8 Pferde . . . . 1 „

Mitgenommene Lebensmittel und Bezahlung auf den Höfen . . 5 „

Überfahrt mit Bootfähren, gelegentliche weitere Führer u. a. . 3 „

zusammen 30 Kr.

Wer mit geringeren Bequemlichkeiten sich begnügt, z. B. ohne
Zelt und mit nur 2 Packkisten, kommt mit täglich 20—25 Kr. aus;
noch weiter vermindern sich die Kosten durch gemeinsames Reisen
mit andern. Bei kleineren Reisen können die Packpferde erspart
werden, indem man statt ihrer eine Packtasche (thverbakstaska) für
Lebensmittel usw. benutzt, die hinten auf den Sattel geschnallt wird.
Längere Reisen im unbewohnten Hochlande sind kostspieliger.

6. Einige Vorschläge für Ausflüge und Reisen.[1]

a) Nähere Umgebung von Reykjavík (Ausflüge bis zu einem
Tage): „Waschküche von R." (heisse Quellen); Insel Viðey (Eider-
gänse); Laugarnes (Krankenhaus für Aussätzige); Hafnarfjörður und
Bessastaðir; Kollafjörður (Hof am Fusse der Esja) u. a. m.

b) Kleinere und grössere Reisen ins bewohnte Innere (von Reykjavík und Akureyri aus) und Küstenfahrt: Krísuvík 2 Tg.; Thingvellir
2 Tg. (auch Wagen und Rad zu benutzen); R.-Thingvellir-Geysir-
Gullfoss 5 Tg. oder (mit Einbeziehung der Hekla und Rückweg durch
den Süden) etwa 10 Tg.; Akureyri-Goðafoss (Múli)-Mývatn-Húsavík
5—6 Tg.; Fahrt um Island mit Besuch der wichtigsten Anlegeplätze

---

[1] Recht lehrreich ist die eingehende Beschäftigung mit der Karte von D. Bruun
(S. 149) unter gleichzeitiger Benutzung einer grösseren Karte (S. 229); von
hervorragendem Nutzen für Kenner des Englischen ist Look: Guide to Iceland.
Charlton 1882.　　　　　　　　　　　　　　　　　　　　　Palleske.

9—10 Tg. (unter Auslassung einiger Plätze kann man hier und da kleinere oder grössere Ausflüge ins Land mit der Seereise verbinden).

c) Quer durch Island (sehr anstrengend, nur für abgehärtete Reisende): Von Reykjavík nach dem Skagafjörður (über den Kjalvegur) einschl. verschiedener Seitenstrecken 8—10 Tg.; von Reykjavík nach Akureyri (über Reynivellir, Thingnes, Kalmanstunga, Haukagil, Blönduós, Silfrastaðir) 7—8 Tg.; von Reykjavík nach Akureyri (über den Sprengisandur) etwa die gleiche Zeit.

IV. Verzeichnis deutscher Bücher und grösserer Aufsätze über Island (mit Ausschluss der älteren Zeit).[1]

1. Gesamtdarstellungen, Reisewerke und dgl.

Winkler: Island, seine Bewohner, Landesbildung und vulkanische Natur. Braunschweig 1861. — Preyer und Zirkel: Reise nach Island im Sommer 1860. Leipzig 1862. — Vogt: Nordfahrt. Frankfurt a. M. 1863. — Keilhack: Isländische Reisebriefe. Gera 1884. — Poestion: Island. Das Land und seine Bewohner nach den neuesten Quellen. Wien 1885 — Schweitzer: Island, Land und Leute, Geschichte, Literatur und Sprache. Leipzig und Berlin 1885. — Keilhack: Reisebilder aus Island. Gera 1885. — Vetter: Der Eyjafjallajökull. Jahrbuch des Schweizer Alpenklubs 1887. — Derselbe: Islands Donnersmark. Beilage zur (Münchener) Allgemeinen Zeitung 1888, Nr. 13, 14. — Derselbe: Eine Besteigung der Hekla. Vom Fels zum Meer 1889. — Baumgartner: Island und die Faröer. Freiburg i. Br. 1889. — Zillich: Von Lübeck nach Reykjavík. Mitteil. der Geogr. Gesellschaft Lübeck 1893. — Cahnheim: Zwei Sommerreisen in Island. Verhandlungen der Gesellschaft für Erdkunde zu Berlin 1894, Heft 5. — Heusler: Bilder aus Island.

---

[1] Alle die vielen in den verschiedensten Blättern verstreuten Aufsätze über Island zu sammeln, wäre mir unmöglich gewesen und hätte auch wenig Zweck gehabt; ich habe mich deshalb im allgemeinen auf Aufsätze von einem gewissen Umfange in solchen Zeitungen oder Zeitschriften beschränkt, die wenigstens in grösseren Büchereien leichter zugänglich sind. — Weitere Nachweise, auch über Arbeiten in fremden Sprachen, bietet der seit 1903 alljährlich erscheinende „Mímir. Icelandic Institutions with Addresses", herausgegeben von Professor Willard Fiske in Florenz, Lungo il Mugnone 11.   Palleske.

Deutsche Rundschau 1896, Nr. 22, 23. — Kahle: Ein Sommer auf
Island. Berlin 1900. — Derselbe: Fabeleien über Norwegen und
Island. Wissenschaftliche Beilage der (Münchener) Allgemeinen Zeitung,
17. 1. 1902. — Pudor: Island-Fahrt. Mitteilungen der K. K. Geogr.
Gesellschaft in Wien 1902, Heft 9, 10. — Zugmayer: Eine Reise
durch Island im Jahre 1902. Wien 1903. — Poestion: Die Isländer.
Die Zeit, Wien 1904, Nr. 505.

Ansichten von Island (Mappe des isl. Touristenvereins, Photo-
graphien u. a.) sind zu beziehen durch die Buchhändler Björn
Jónsson, Jón Ólafsson, Sigfús Eymundsson (ist selbst Photograph!)
und Sigurður Kristjánsson in Reykjavík.

2. Erdkunde, Geologie, Naturwissenschaft, Karten und dgl.

a) Erdkunde, Steinkunde und Geologie.

Sartorius von Waltershausen: Physisch-geographische Skizze
von Island mit besonderer Rücksicht auf vulkanische Erscheinungen.
Göttingen 1847. — Ebel: Geographische Naturkunde von Island.
Königsberg 1850. — Sartorius von Waltershausen: Geologischer
Atlas von Island. Göttingen 1853. — Derselbe: Über die vulkanischen
Gesteine Siciliens und Islands. Göttingen 1853.   Bunsen: Physi-
kalische Beobachtungen über die hauptsächlichsten Geisir Islands.
Poggendorffs Annalen, Band 72. — Derselbe: Über die Prozesse der
vulkanischen Gesteinsbildungen Islands. Ebenda, Band 83. — Zirkel:
De geognostica Islandiae constitutione observationes, Bonnae 1861
(Dissertation). — Winkler: Island, der Bau seiner Gebirge und dessen
geologische Bedeutung. München 1863. — Lang: Über die Be-
dingungen der Geysir. Nachrichten von der königl. Ges. der Wissensch.
und der G. A. Universität zu Göttingen, 7. April 1880. — Schirlitz:
Isländische Gesteine. Inaug.-Diss. Wien 1882. — Keilhack: Ver-
gleichende Studien zwischen isländischen Gletscher- und norddeutschen
Diluvialablagerungen. Jahrb. d. Kgl. Preuss. Geolog. Landesanstalt und
Bergakad. für 1883. Berlin 1884. — Derselbe: Über postglaciale
Meeresablagerungen in Island. Zeitschr. der Deutschen Geolog. Ges.
Jahrg. 1884. — Derselbe: Islands Natur und ihr Einfluss auf
die Bevölkerung. Deutsche geogr. Blätter, Band VIII. Bremen 1885.
— Nathorst: Über die Beziehungen der isländischen Gletscherab-
lagerungen zum norddeutschen Diluvialsand und Diluvialton. Neues
Jahrb. für Mineralogie usw. 1885. — Schmidt: Die Liparite Islands
in geologischer und petrographischer Beziehung. Inaug.-Diss. Berlin

1885 (auch in der Zeitschr. der Deutschen Geolog. Ges. 1885.) —
Keilhack: Beiträge zur Geologie der Insel Island. Zeitschr. der
Deutschen Geolog. Ges., Jahrg. 1886. Berlin 1887. — Huyssen:
Über das Vorkommen des Doppelspats auf Island. Ebenda, 40. Band,
1888. — Reyer: Island, Decken im Zusammenhang mit Tuffvulkanen.
Senkungsfelder. Exhalationen und Thermen. Theoretische Geologie,
Stuttgart 1888. — Bäckström: Über angeschwemmte Bimssteine und
Schlacken der nordeuropäischen Küsten. Bihang till Vet. Akad. Hand-
lingar 16, II, Nr. 5. Stockholm 1890. — Derselbe: Beiträge zur
Kenntnis der isländischen Liparite. Geolog. Fören. i Stockholm För-
handlingar 1891 (auch als Inaug.-Diss. Heidelberg 1892.) — Eccardt:
Grundzüge der physikalischen Geographie von Island. Beilage zum
40. Jahresber. des Kgl. Realgymn. zu Rawitsch 1898. — Löffler:
Island. Zeitschrift für Schulgeographie, 16. Jahrg. Wien 1895. —
Thóroddsen: Geschichte der isländischen Geographie, übers. von
Gebhardt, 2 Bände. Leipzig 1897—98. —

Von Thóroddsen sind ferner folgende Arbeiten über Erd-
kundliches zu nennen:

Reise durch Ostisland 1882. Petermanns Mitteilungen, Gotha
1884, Heft 11. — Eine Lavawüste im Innern Islands. Ebenda 1885.
Heft 8 und 9. — Die Hornküste. Das Ausland, 60. Jahrg. Stuttgart
1887. — Eine Reise nach dem Nordkap in Island. Petermanns Mit-
teilungen, Gotha 1888, Heft 4. — Reise im südlichen Island 1889.
Ebenda 1889, Heft 11. — Zwei Reisen ins Innere von Island. Ebenda
1892, Heft 2 und 8. — Reisen in Island und einige Ergebnisse
seiner Forschungen. Verhandlungen der Ges. für Erdkunde zu Berlin
XX, 1893. — Forschungsreise in Island im Jahre 1893. Ebenda
XXI, 1894. — Forschungsreise in Island im Jahre 1894. Ebenda
XXII, 1895. — Untersuchungen in Island in den Jahren 1895—1898.
Zeitschrift der Ges. für Erdkunde zu Berlin XXXIII, 1898.

Weiter folgende Arbeiten desselben Verfassers über Geo-
logisches:

Die vulkanischen Eruptionen und Erdbeben auf Island während
der geschichtlichen Zeit. Gaea. Natur und Leben XIX. Köln 1883. —
Neue Solfataren und Schlammvulkane in Island. Das Ausland,
62. Jahrg. Stuttgart 1889. — Der grösste Vulkanausbruch auf Island
in historischer Zeit. Nach Th. Thóroddsen von M. Lehmann-Filhés.
Ebenda, 62. Jahrg. 1889. — Die Gletscher Islands. Petermanns Mitteilungen 1892, Heft 3. — Das Erdbeben in Island im Jahre 1896.
Ebenda 1901, Heft 3.

Karten von Island: Björn Gunnlaugsson: Uppdráttur
Íslands, 1844. Grössere Ausgabe zu 4 Blättern (Massstab 1 : 480 000),
kleinere in einem Blatte (Massstab 1 : 960 000). — Morten Hansen:
Ísland eptir eldri og nýrri uppdráttum. — Uppdráttur Íslands, gjörður
að fyrirsögn Thorvaldar Thóroddsen. Kopenhagen 1900 (Massstab 1 : 600000). — Eine gute Karte findet sich ferner in Poestions
„Island" (Massstab 1 : 1 450000). Auch andere Bücher über Island
enthalten meist kleinere oder grössere Karten.

b) Pflanzenwelt.

Windisch: Beiträge zur Kenntnis der Tertiärflora von Island.
Inaug.-Diss. Halle a. S. 1886. — Strömfeldt: Einige für die Wissen-
schaft neue Meeresalgen aus Island. Botanisches Zentralblatt, Band
XXVI. Kassel 1886. — Buchner: Über die Bestandteile des islän-
dischen Mooses (Cetraria islandica). Inaug.-Diss. Erlangen 1891. —
Schmidt: Flüchtige Blicke in die Flora Islands. Deutsche botanische
Monatsschrift XIII. Erfurt 1895.

c) Tierwelt.

Staudinger: Entomologische Reise nach Island. Stettin 1857. —
Nielsen: Ornithologische Beobachtungen zu Eyrarbakki in Island.
Ornis 1886 und 1887. — Benedikt Gröndal: Verzeichnis der bisher
in Island beobachteten Vögel. Ebenda 1886. — Derselbe: Ornitho-
logischer Bericht von Island 1886, 1887—88. Ebenda 1886 und
1897. — Derselbe: Isländische Vogelnamen. Ebenda 1887. — Derselbe: Zur Avifauna Islands. Ebenda 1901. — Jón Gunnlaugsson:
Ornithologische Beobachtungen aus Reykjanes in Island. Ebenda
1895— 96. — Riemschneider: Reise nach Island und 14 Tage am
Mývatn, ornithologische Skizze. Ornithologische Monatsschrift 1896. —
Bachmann: Einiges über das Vogelleben auf Island. Vier Wochen
auf den Vestmanna-Inseln 1902.

3. Das neuisländische Schrifttum und seine Geschichte.

Schweitzer: Geschichte der skandinavischen Literatur von
ihren Anfängen bis auf die neueste Zeit, 3 Teile. Leipzig 1886—89. —
Küchler: Die drei Heroen der neuisländischen Novellistik. Das XX.
Jahrhundert, Zürich 1896, Nr. 11, 12. — Poestion: Isländische
Dichter der Neuzeit in Charakteristiken und übersetzten Proben ihrer
Dichtung. Mit einer Übersicht des Geisteslebens auf Island seit der
Reformation. Leipzig 1897. — Küchler: Geschichte der Isländischen

Dichtung der Neuzeit (1800—1900). 1. Heft: Novellistik. Leipzig 1896.
2. Heft: Dramatik 1902. — Poestion: Zur Geschichte des isländischen
Dramas und Theaterwesens. Wien 1903.

M. Lehmann-Filhés: Proben Isländischer Lyrik, verdeutscht
von M. L.-F. Berlin 1894. — Poestion: Eislandblüten. Neuisländische lyrische Anthologie in Übersetzungen. München 1904.

Indriði Einarsson: Schwert und Krummstab. Historisches
Schauspiel in 5 Aufzügen, übersetzt von Küchler. Berlin 1900.

Von Novellen liegen folgende deutsche Übersetzungen vor:

a) Von Jónas Hallgrímsson: Auf der Moossuche, übers.
von Küchler. Moderne Rundschau, Wien 1891, Heft 5.

b) Von Jón Th. Thóroddsen: Jüngling und Mädchen, übers. von
Poestion, 4. Aufl. Reclams Univ.-Bibl. Nr. 2226—27. — Die steinerne
Frau, übers. von Schweitzer in seinem Werke „Island". Leipzig 1885.

c) Von Gestur Pálsson: Der Wackelhans, übers. von Schweitzer
Magazin für die Lit. des In- und Auslandes 1884, Nr. 44. — Das
Liebesheim, übers. von Küchler, 1. Ausg. Kopenhagen 1891, 2. Ausg.
Leipzig 1894. — Sigurd der Bootsführer, übers. von M. Lehmann-Filhés.
Aus fremden Zungen 1891, Heft 4. — Die Verlobten, übers. von Küchler.
Die Romanwelt 1894, Heft 33, 34. — Ein Frühlingstraum, übers. von
Küchler. Aus fremden Zungen, Stuttgart 1895, Heft 1. — Drei Novellen
vom Polarkreis, übers. von Küchler. Leipzig 1896. Reclams Univ.-
Bibl. Nr. 3607. — Grausame Geschicke, zwei Erzählungen, übers.
von Küchler, ebenda, Nr. 4360.

d) Von Einar Hjörleifsson: Hoffnungen, übers. von M. Lehmann-Filhés. Die Frau (Monatsschrift) 1894, Heft 12.

e) Von Jón Stefánsson: Der Kirchgang. — Pastor Sölvi
Beide übers. von Küchler (Nordische Novellen. Leipzig 1896).

f) Von Jónas Jónasson: Lebenslügen, vier Erzählungen, übers.
von Küchler. Leipzig 1904. Reclams Univ.-Bibl. — Ein Eid, übers.
von M. Lehmann-Filhés. Berl. Evang. Sonntagsblatt 1898, Nr. 32—39.

4. Die Sprache (Grammatiken, Wörterbücher).

Carpenter: Grundriss der neuisländischen Grammatik. Leipzig
1881. — Auch altnordische Grammatiken und Lesebücher sind zur Einführung in das Neuisländische sehr geeignet, wie z. B. die Bücher von
Poestion (Hagen und Leipzig 1882 und 1887), Noreen (Halle 1892,
3. Aufl. 1903), Holthausen (Weimar 1895 und 1896), Kahle (Heidelberg 1896) u. a. m.

Björn Halldórsson: Lexicon Islandico-Latino-Danicum. Havniae MDCCCXIV. — Erik Jónsson: Oldnordisk Ordbog. Kopenhagen 1863 (isländisch-dänisch). — Cleasby-Vigfússon: An Icelandic-English Dictionary. Oxford 1874. — Jón Thorkelsson: Supplement til islandske Ordböger. Besonders wichtig ist der 3. Teil (Tredje Samling). Reykjavík 1890—94 (isländisch-dänisch). — Helms: Neues vollständiges Wörterbuch der Dänischen und der Deutschen Sprache. Leipzig 1858. — Neues Taschen-Wörterbuch der dänischen und deutschen Sprache. Leipzig 1897.

Isländische Bücher erhält man durch die oben genannten Buchhändler in Reykjavík oder durch dänische Buchhandlungen, z. B. Höst og Söner, Kopenhagen, Gothersgade 49.

5. Geschichte, Volkskunde, Kulturgeschichte und dgl.

Maurer: Gesammelte Aufsätze zur politischen Geschichte Islands. Leipzig 1880.

Derselbe: Isländische Volkssagen der Gegenwart. Leipzig 1860. — M. Lehmann-Filhés: Isländische Volkssagen. Aus der Sammlung von Jón Árnason ausgewählt und aus dem Isländischen übertragen, 2 Bände. Berlin 1889 und 91. — Dieselbe: Volkskundliches aus Island. Zeitschr. des Vereins für Volkskunde 1898, Heft 2, 3. — Bartels: Isländischer Brauch und Volksglaube in Beziehung auf die Nachkommenschaft. Zeitschr. für Ethnologie 1900. — Kahle: Aus isländischer Volksüberlieferung. Germania 36, 369 ff. — Derselbe: Über Steinhaufen insbesondere auf Island. Zeitschr. des Vereins für Volkskunde 1902.

Poestion: Isländische Märchen, aus den Originalquellen übertragen. Wien 1884. — A. Oberländer-Rittershaus: Die Neuisländischen Volksmärchen. Ein Beitrag zur vergleichenden Märchenforschung. Halle a. S. 1902.

Küchler: Islands höheres Schulwesen und das isländische Universitäts-Projekt. Akademische Revue, Jan. 1895. — M. Lehmann-Filhés: Kulturgeschichtliches aus Island. Zeitschr. des Vereins für Volkskunde 1896, Heft 3, 4. — Dieselbe: Über Brettchenweberei. Berlin 1901. — Krticzka Freiherr von Jaden: Islands Frauen und ihr Anteil an der heimischen Kultur und Literatur. Jahresber. des Vereines für erweit. Frauenbildung in Wien für Okt. 1900—Okt. 1901. — Valtýr Guðmundsson: Die Fortschritte Islands im 19. Jahrhundert. Aus dem Isländischen übersetzt von Palleske. Beilage zum 31. Jahresber. des städt. Gymn. zu Kattowitz 1902.

Nachtrag.

Unmittelbar vor Toresschluss geht mir durch das Entgegen-kommen von Herrn H. Singer, dem Herausgeber des „Globus", ein Verzeichnis der grösseren in Band 57—85 dieser Zeitschrift veröffent-lichten Arbeiten über Island zu. Dieses lasse ich hier folgen: Petzet: Reiseerinnerungen aus Island. Mit Abb. Bd. 58, Nr. 14, 15. 1890. — Gebhardt: Der Gletschersturz am Skeiðarár-jökull auf Island (März 1892). Bd. 62, Nr. 6. 1892. — Th. Thórodd-sen: Forschungsreise auf Island (1893). Bd. 64, Nr. 19. 1893. — Gebhardt: Wieviel Menschen können auf Island leben? Bd. 67, Nr. 24. 1895. — Eine Reise (Dr. Ehlers') zu den Aussätzigen auf Island. Bd. 67, Nr. 3. 1895. — M. Lehmann-Filhés: Dr. Thóroddsens Reise im südöstlichen Island im Sommer 1894. Bd. 68, Nr. 10. 1895. — Dieselbe: Dr. Th. Thóroddsens Forschungsreise in Island 1895. Bd. 68, Nr. 19. 1895. — Dieselbe: Ergebnisse von Dr. Thóroddsens Forschungen auf Reykjanes. Aus dem Isländ. im Auszuge mitgeteilt. Mit einer Karte. Bd. 69, Nr. 5. 1896. — Gebhardt: Das Erdbeben auf Island am 26./27. August und 5./6. September 1896. Mit einer Karte. Bd. 70, Nr. 20. 1896. — Th. Thóroddsen: Eine 200 Jahre alte Schrift über isländische Gletscher (im Auszuge mitgeteilt von M. Lehmann-Filhés). Bd. 71, Nr. 7. 1897. — Hansen: D. Bruuns archäologische Untersuchungen in Island und Grönland. Bd. 71, Nr. 9. 1897. — Gebhardt: Isländische Münchhausiaden. Bd. 72, Nr. 11. 1897. — Derselbe: Statistisches aus Island. Bd. 73, Nr. 18. 1898. — Der-selbe: Island in der Vorstellung anderer Völker. Bd. 74, Nr. 4. 1898. — Derselbe: Zwei Besteigungen isländischer Gletscher (durch Thórodd-sen). Bd. 76, Nr. 17. 1899. — Palleske: Das Pferd auf Island, den Faeröern und Grönland (nach D. Bruun). Bd. 81, Nr. 23. 1902. — M. Lehmann-Filhés: Isländische Futterkräuter. Bd. 83, Nr. 17. 1903. — Gebhardt: Über eine neugefundene Höhle auf Island. Bd. 84, Nr. 24. 1903. — M. Lehmann-Filhés: Die Waldfrage auf Island. Mit einer Abb., Bd. 85, Nr. 16. 1904.

Berichtigungen:

S. 13 (Abbildung 14): . . . . . im Nordlande.
S. 48 (Überschrift): Die Landesverwaltung.

Gebrüder Böhm, Buch- und Kunstdruckerei, Kattowitz O.-S.